JN313194

疾患別
動物看護学
ANIMAL NURSING HANDBOOK
ハンドブック

日本獣医生命科学大学 獣医保健看護学科 臨床部門 編著

緑書房

ご 注 意

本書は、最新の獣医学的知見をもとに、細心の注意をもって記載されています。しかし獣医学の著しい進歩からみて、記載された内容がすべての点において完全であると保証するものではありません。実際の症例へ応用する場合は、各獣医師の指示の下、注意深く看護を行ってください。本書の獣医学的記載による不測の事故に対して、著者、編集者ならびに出版社は、その責を負いかねます（株式会社　緑書房）。

はじめに

　近年、動物看護師の役割は大きく変わろうとしています。動物看護師は、獣医師の治療方針のもとで看護動物の援助や飼い主家族の支援をする専門職として、大きな役割を果たすようになってきています。そのために必要になってきたのが、獣医学の種々の知識です。
　獣医療の中心が獣医師であることはいうまでもありません。しかし、動物看護師が動物病院において適切な動物看護を実践していくためには、獣医学の知識が欠かせません。今、目の前にいる看護動物がどのような病態であるのか、疾病がどのような経過にあるのか、といった身体的な問題を知らなくては、どのような看護が必要かを判断することはできないからです。また、獣医師がおこなう治療の目的も理解する必要があります。
　さらに、言語的なコミュニケーション手段を持たず習性や生態もちがう看護動物の心理的な状態を予測すること、看護動物を取り巻く社会的な影響として環境や飼い主家族の特徴をとらえることも大切です。現在の状況を正しく分析することによって、今後予測される問題をも検討し、どのような看護を提供すべきかを判断しなければなりません。
　看護動物を目の前にしたときに、まず知っておかなければならない基本的な知識があります。①動物種による特徴（生理・習性、犬では犬種の用途、なりやすい病気、被毛の手入れ法、留意すべきことなど）、②年齢（発達段階）による身体的、心理・社会的特徴、③疾患と関連の深い臓器（解剖図、生理・機能）について、④疾患の原因、症状、発生機序、予後、⑤疾患の診断・治療に際して一般的におこなわれる検査・目的と所見にともなう看護の原則、⑥疾患に対して一般的におこなわれる治療の種類・目的・内容・効果と看護の原則、⑦外科療法の場合は内容と経過、術後の合併症について、⑧一般的な疾患に対する看護について、⑨内服する薬の効能と副作用について、⑩さまざまな動物看護の知識や飼い主家族の心理や支援に関する知識、といった実に多くのことを知らなければなりません。これらの知識を持って初めて、それぞれの対象に合った動物看護が実践できるのです。
　看護動物を理解するときはこのような基本的な知識から、病像、生活像（飼い主家族との関連）、動物像を統合してみる視点が必要になります。そして、健康を回復する課程に関しては身体的、精神的、社会的視点が必要になるでしょう。それぞれのアセスメントポイントを考えながら、動物看護の過程を展

開していく知識を身につけていきましょう。

　本書の各章には動物看護目標という項目を置いています。動物看護目標とは動物看護師が介入することで解決、緩和、軽減を目指すべきことです。内容は身体的な問題はもちろん、飼い主家族の意識の変革を促すといったことまで、幅広く目標を実現することは容易ではありません。しかし、これらの目標を目指し、適切な看護を提供していくことこそが動物看護師に期待された役割なのです。

　本書は、このような看護を実践していく上での手がかりとなることを願って、日本獣医生命科学大学 獣医学部 獣医保健看護学科 臨床部門の教員で分担し、執筆いたしました。動物看護を系統的に学ぶには十分とはいえないかもしれませんが、臨床での学習が意欲的に進み、動物看護学という学問を深めるための一助になることを願っています。また、動物看護を学ぶ人が、誰のために、何のために動物看護を実践するべきかを自分自身で深め、よりよい看護の提供に少しでもお役に立てれば、著者一同の望外の喜びです。

2012年3月

　　　日本獣医生命科学大学 獣医学部 獣医保健看護学科 臨床部門 教授
　　　　　　　　　　　　　　　　　　　　　　　左向敏紀

執筆者一覧 (掲載順)

■**皆上大吾** .... 運動器系 010
　（日本獣医生命科学大学　獣医保健看護学科　臨床部門）

■**松原孝子** .... 呼吸器系 034
　（日本獣医生命科学大学　獣医保健看護学科　臨床部門）

　　　　　　　　　　　　　　　　　　　　　　　　　循環器系 058

■**石岡克己** .... 消化器系 090
　（日本獣医生命科学大学　獣医保健看護学科　臨床部門）

■**牧野ゆき** .... 泌尿器系 109
　（日本獣医生命科学大学　獣医保健看護学科　臨床部門）

■**森　昭博、左向敏紀** .... 内分泌系 128
　（日本獣医生命科学大学　獣医保健看護学科　臨床部門）

■**水越美奈** .... 神経系 151
　（日本獣医生命科学大学　獣医保健看護学科　臨床部門）

■**百田　豊** .... 感覚器系 177
　（日本獣医生命科学大学　獣医保健看護学科　臨床部門）

■**森　昭博** .... 生殖器系 208
　（上掲）

■**百田　豊** .... 外皮系 222
　（上掲）

注：各章の看護アセスメントおよび看護解説の執筆者
1〜4章、6〜10章 …… 松原孝子（上掲）
5章 ……………………… 牧野ゆき（上掲）

2012年4月現在

目　次

はじめに 3
執筆者一覧 5

第1章　運動器系 10

　　運動器系とは 10
　　運動器系のしくみ 10
　　観察ポイント 11
　　検査 17
　　運動器系の病気 19
　　看護時と日常的な生活での配慮 20
　　看護アセスメント 20
　　代表的な疾患 24
　　　　1-1．肘関節形成不全 24
　　　　1-2．橈尺骨骨折 25
　　　　1-3．股関節形成不全 25
　　　　1-4．膝蓋骨脱臼 26
　　　　1-5．前十字靱帯断裂 29
　　看護解説 31

第2章　呼吸器系 34

　　呼吸器系とは 34
　　呼吸のしくみ 34
　　観察ポイント 36
　　検査 37
　　呼吸器系の病気 38
　　看護時と日常的な生活での配慮 38
　　看護アセスメント 38
　　代表的な疾患 46
　　　　2-1．鼻腔内腫瘍 46
　　　　2-2．猫喘息 48
　　　　2-3．咽頭麻痺 49
　　　　2-4．短頭種気道（閉塞）症候群 50
　　　　2-5．気管虚脱 50
　　　　2-6．肺水腫 51
　　看護解説 54

第3章　循環器系 58

　　循環器系とは 58
　　心臓のしくみ 58
　　観察ポイント 59

検査 61
循環器系の病気 62
看護時と日常的な生活での配慮 62
看護アセスメント 63
代表的な疾患 64
    3-1. 僧帽弁閉鎖不全症 64
    3-2. 肥大型心筋症 69
    3-3. 血栓塞栓症（動脈血栓症、動脈塞栓症） 71
    3-4. フィラリア症（犬糸状虫症） 74
    3-5. 動脈管開存症 77
    3-6. 肺動脈狭窄症 78
    3-7. 心室中隔欠損症 79
    3-8. 房室ブロック 81
    3-9. 高血圧症（二次性高血圧症） 83
    3-10. 乳糜胸 84
看護解説 86

第4章　消化器系 90

消化器系とは 90
消化器のしくみ 90
観察ポイント 91
検査 95
消化器系の病気 96
看護時と日常的な生活での配慮 97
看護アセスメント 98
代表的な疾患 99
    4-1. 巨大食道症 99
    4-2. パルボウイルス感染症 102
看護解説 106

第5章　泌尿器系 109

泌尿器系とは 109
泌尿器のしくみ 109
観察ポイント 110
検査 112
泌尿器系の病気 113
看護時と日常的な生活での配慮 114
看護アセスメント 115
代表的な疾患 116
    5-1. 慢性腎不全 116
    5-2. 異所性尿管 118
    5-3. 膀胱破裂 119
    5-4. 膀胱炎 121
    5-5. 尿石症（ストルバイト結石、シュウ酸カルシウム結石など）.... 123
看護解説 126

第6章　内分泌系 128

内分泌系とは 128
視床下部・下垂体のしくみ 128
甲状腺のしくみ 130
観察ポイント 130
検査 131
甲状腺の病気 132
看護時と日常的な生活での配慮 132
上皮小体のしくみ 133
副腎のしくみ 133
観察ポイント 134
検査 134
副腎の病気 135
看護時と日常的な生活での配慮 135
膵臓のしくみ 136
観察ポイント 136
検査 137
膵臓の病気 137
看護時と日常的な生活での配慮 138
看護アセスメント 138
代表的な疾患 142
　6-1. 甲状腺機能亢進症 142
　6-2. 甲状腺機能低下症 144
　6-3. 副腎皮質機能亢進症 145
　6-4. 糖尿病 147
看護解説 149

第7章　神経系 151

神経系とは 151
中枢神経のしくみ 152
末梢神経のしくみ 154
観察ポイント 155
検査 157
神経系の病気 157
看護時と日常的な生活での配慮 159
看護アセスメント 160
代表的な疾患 163
　7-1. てんかん 163
　7-2. 椎間板ヘルニア 166
　7-3. 特発性前庭疾患 170
看護解説 174

第8章　感覚器系 177

感覚器系とは 177
耳のしくみ 177

観察ポイント	178
検査	178
代表的な疾患	184
8-1. 犬の外耳炎（外耳道炎）	184
目のしくみ	187
観察ポイント	187
検査	189
看護時と日常的な生活での配慮	194
看護アセスメント	194
代表的な疾患	196
8-2. 乾性角結膜炎	196
8-3. 緑内障	200
看護解説	205

第9章　生殖器系　　208

生殖器系とは	208
生殖器のしくみ	208
観察ポイント	209
検査	210
生殖器系の病気	211
看護時と日常的な生活での配慮	214
看護アセスメント	215
代表的な疾患	216
9-1. 前立腺疾患	216
9-2. 乳腺腫瘍	218
9-3. 子宮蓄膿症	219
看護解説	221

第10章　外皮系　　222

外皮系とは	222
外皮系のしくみ	222
観察ポイント	224
検査	227
外皮系の病気	231
看護時と日常的な生活での配慮	232
看護アセスメント	232
代表的な疾患	234
10-1. 膿皮症	234
10-2. マラセチア皮膚炎	236
10-3. 毛包虫症	238
10-4. 犬アトピー性皮膚炎	242
看護解説	246

索引	250
おわりに	255

注：各章には★**看護解説**があり、看護をしていく上で理解すべき言葉を解説しています。

第1章 運動器系

運動器系とは

　動物は生命を維持するため、またはほかの個体に意思を伝達するために、自らの意思で身体を動かします。身体を動かす指令を出す器官は神経系ですが、その指令を受けて実際に身体を動かしている器官を総称して運動器系とよびます。これには**骨**、**筋肉**、**関節**、**腱**、**靱帯**などが含まれます。また、脊髄や末梢の運動神経を含む場合もあります。特に陸上で生活する脊椎動物は、体に強い重力がかかるため、非常に発達した運動器系をもっています。

運動器系のしくみ

　動物が体を動かすためには、骨、関節、筋肉などが協調して作用しなければなりません。脳からの「動け」という指令は脊髄や末梢神経を伝わり、まず筋肉が収縮します。筋肉の収縮を骨に伝えるのが腱の役割であり、関節や靱帯は骨の動きを制御し、骨を一定の方向へ滑らかに動かすはたらきをします。

◎骨

　骨はコラーゲン繊維とカルシウムやリンなどの塩類からなる硬い組織です。運動器系の中では、身体の支持や骨格筋の力を伝えるための支柱としての役割をもっています。また、それ以外にも肋骨や脊椎のように内臓や神経を保護したり、赤血球や白血球などの血球を作ったり、カルシウムやリンを貯蔵したりするはたらきをもっています。
　骨同士が関節や靱帯などで連結し、身体の形を形成したものを骨格とよび（図1）、**体軸骨格**、**体肢骨格**、**内臓骨格**にわけられます。

①体軸骨格

　頭蓋骨、脊椎骨、肋骨、胸骨などが含まれます。軸として身体を支持し、脳、脊髄、内臓などを保護するはたらきをします。

② **体肢骨格**

　上腕骨、橈骨、尺骨、大腿骨、脛骨などの四肢の骨が含まれ、動物が実際に動くための重要なはたらきをします。おもに、長骨という両端がふくらんだ円柱状の骨で構成されていて、両端のふくらんだ部分を**骨端**、中央のまっすぐな部分を**骨幹**、骨端と骨幹をつなぐ部分を**骨幹端**とよびます。

③ **内臓骨格**

　ほかの骨と接続せずに発達する骨で、犬や猫では陰茎骨がこれに相当します。運動器系には含まれません。

◎ **筋肉**

　運動器系の筋肉は骨格筋とよばれ、骨格に付着して、筋収縮によって骨や関節を動かすはたらきをします（**図2**）。骨格筋の末端部分には腱があり、筋肉と骨を強固に結びつけています。骨と筋肉の付着部のうち、筋肉が収縮したときに動く側を終止部、動かない側を起始部とよびます。

◎ **関節**

　関節は骨と骨をつなぎ、滑らかに動かします。関節の動きの大きさに応じて、**可動関節**と**不動関節**にわけられます。

　肘関節、肩関節、股関節、膝関節などの体肢骨格の関節の多くは可動関節にあたります。可動関節は関節軟骨、滑膜、関節包という特殊な組織でおおわれています（**図3**）。これらの組織に取り囲まれる領域を関節腔とよび、なかは関節液で満たされて、関節が滑らかに動けるようになっています。

　一方、体軸骨格の関節の多くはあまり可動性のない不動関節であり、骨と骨を結びつける組織によって、線維軟骨結合、軟骨結合、骨結合、靱帯結合にわけられます。

　関節の疾患の多くは可動関節と線維軟骨結合である椎間板に発生するので、臨床的にはこの2つが重要になります。

観察ポイント

　運動器系疾患の多くは骨や関節などのいたみをともないますが、動物はいたみを訴えることができないため、観察者が症状に気づいてあげなければ病気を発見することはできません。動物の運動器系疾患の症状は、立っているときの姿勢（立位姿勢）や歩き方（歩様）の異常として現れます。これらの異常を的

1. 運動器系

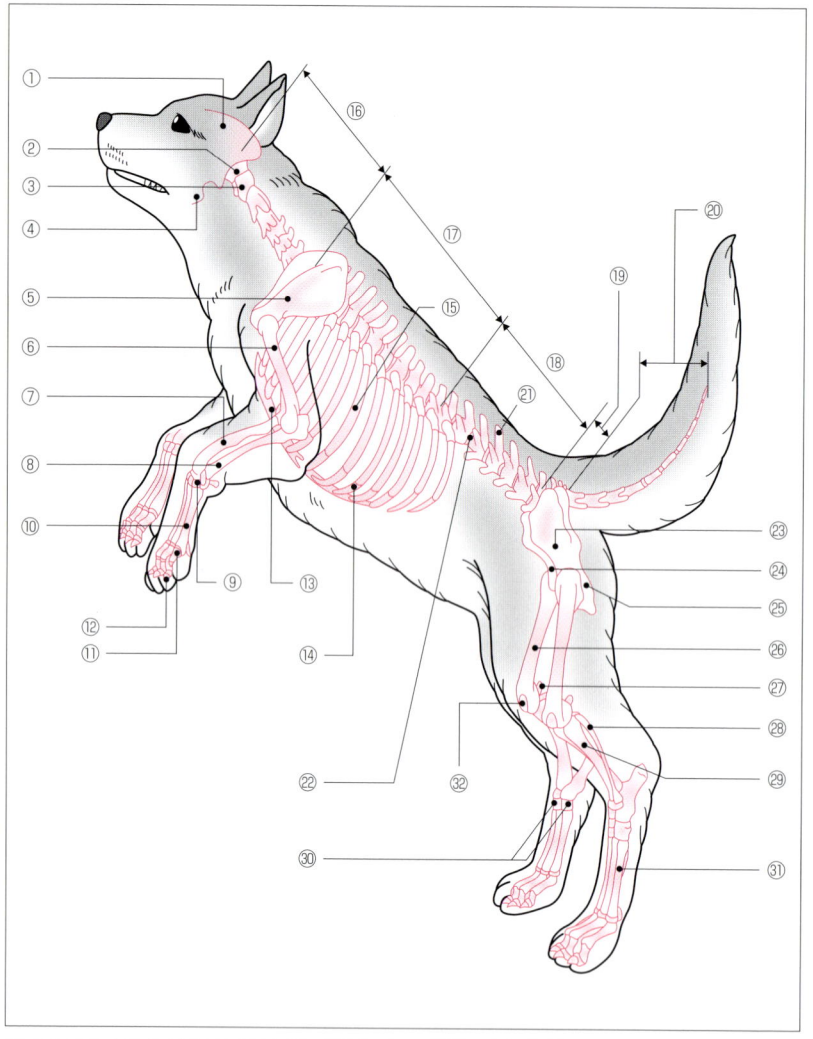

図1 全身の骨格模式図（側面図）

① 頭蓋骨
② 環椎（C1）
③ 軸椎（C2）
④ 下顎骨
⑤ 肩甲骨
⑥ 上腕骨
⑦ 橈骨
⑧ 尺骨
⑨ 手根骨
⑩ 中手骨
⑪ 基節骨
⑫ 末節骨
⑬ 胸骨
⑭ 肋軟骨
⑮ 肋骨
⑯ 頚椎（7個）
⑰ 胸椎（13個）
⑱ 腰椎（7個）
⑲ 仙椎（3個）
⑳ 尾椎（20個）
㉑ 棘突起
㉒ 椎間円板
㉓ 腸骨
㉔ 恥骨－寛骨を形成
㉕ 坐骨
㉖ 大腿骨
㉗ 腓腹筋種子骨
㉘ 腓骨
㉙ 脛骨
㉚ 足根骨
㉛ 中足骨
㉜ 膝蓋骨

①頚椎	⑥棘下窩	⑪関節環状面	⑯鋸筋面	㉑内側鉤状突起
②胸骨柄	⑦肩峰	⑫外側鉤状突起	⑰肩甲下窩	㉒茎状突起（橈骨）
③上腕骨	⑧大結節	⑬橈骨	⑱結節間溝	
④棘上窩	⑨肘頭	⑭尺骨	⑲小結節	
⑤肩甲棘	⑩外側上顆	⑮茎状突起（尺骨）	⑳肘頭窩	

図1　全身の骨格模式図（正面図）

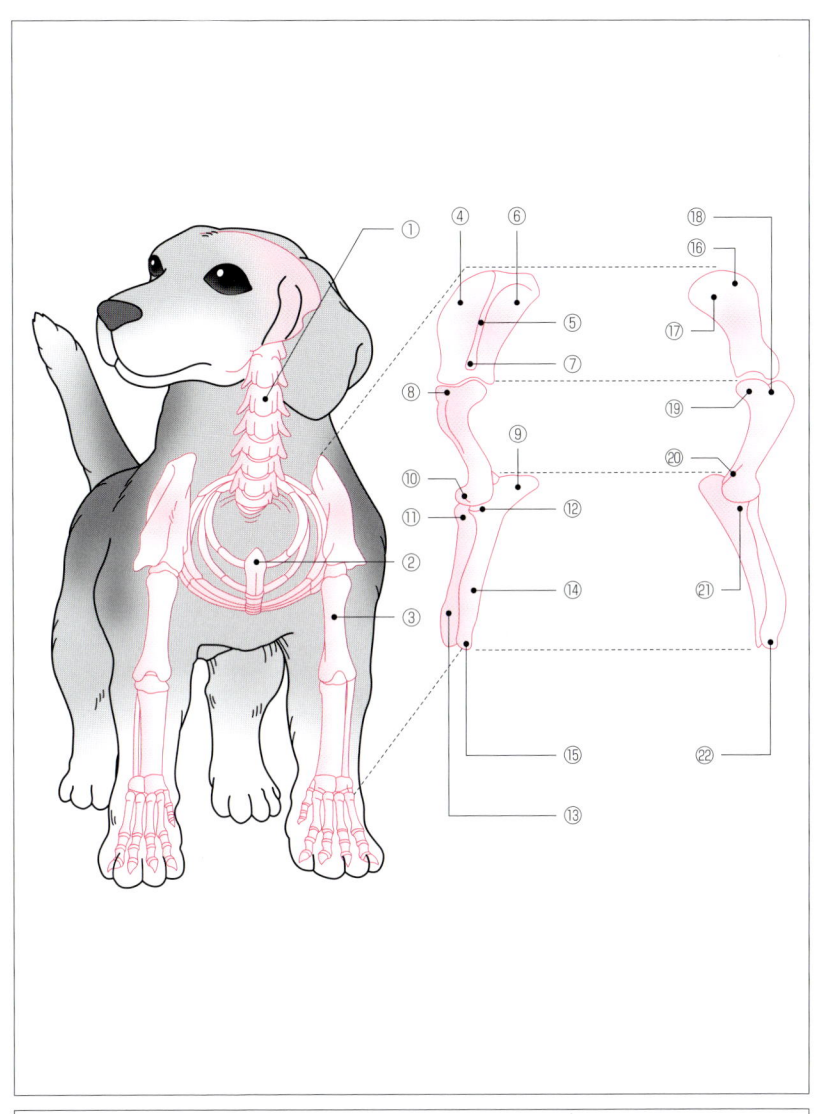

1．運動器系

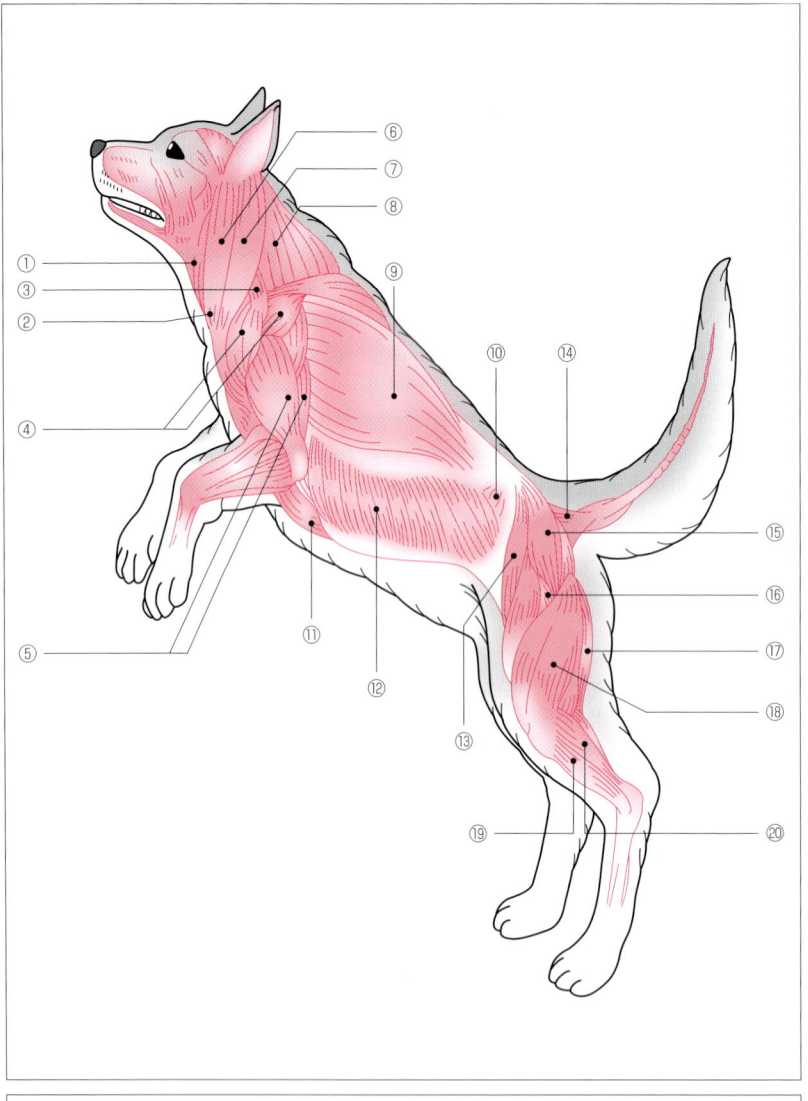

①胸骨舌骨筋
②鎖骨上腕筋
③肩甲横突筋
④三角筋
⑤上腕三頭筋
⑥胸骨頭筋
⑦鎖骨頭筋頚部
⑧僧帽筋
⑨広背筋
⑩内腹斜筋
⑪深胸筋
⑫外腹斜筋
⑬縫工筋
⑭仙尾筋
⑮浅殿筋
⑯大腿筋膜張筋
⑰半腱様筋
⑱大腿二頭筋
⑲足根関節の屈筋
　および趾伸筋
⑳足根関節の伸筋
　および趾屈筋

図2　全身の筋肉模式図（側面図）　※図中に示す筋肉は表面上にみえるもののみを示した。

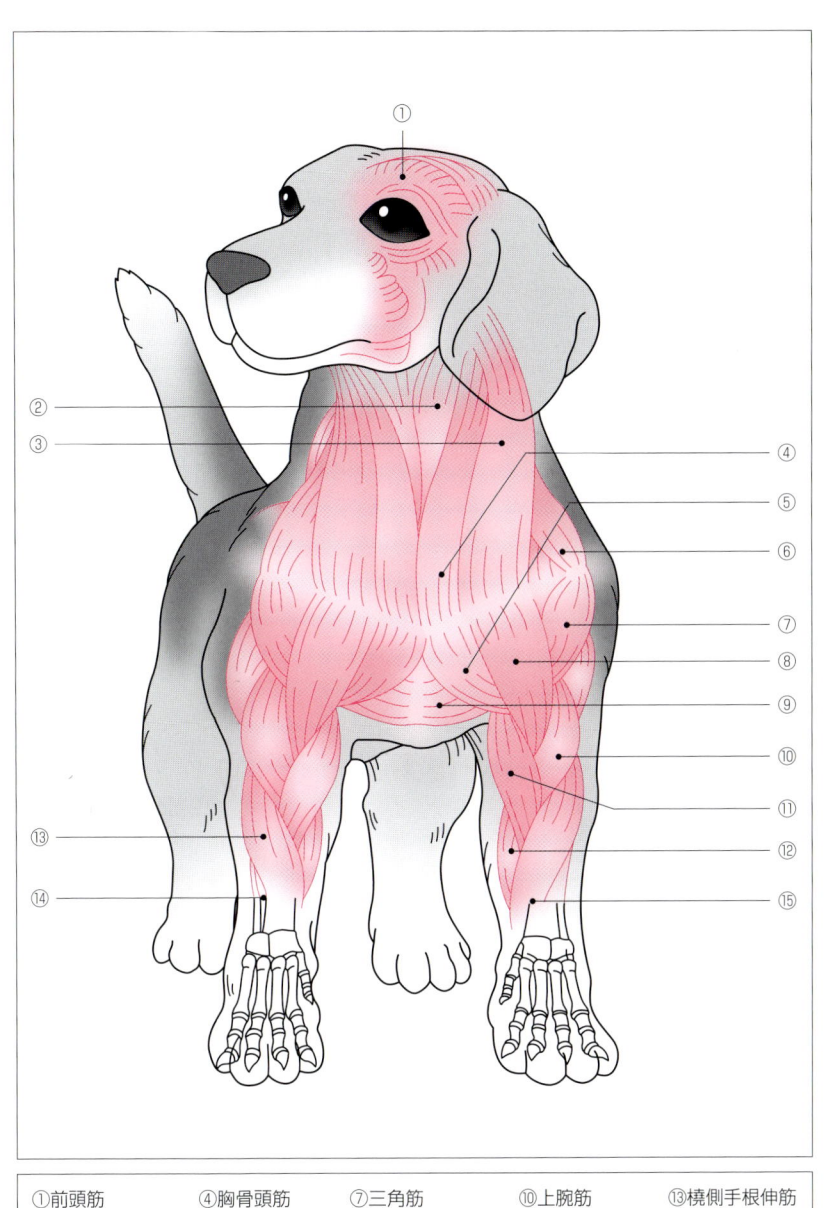

①前頭筋　④胸骨頭筋　⑦三角筋　⑩上腕筋　⑬橈側手根伸筋
②胸骨舌骨筋　⑤浅胸筋　⑧鎖骨上腕頭筋　⑪上腕二頭筋　⑭尺骨手根伸筋
③鎖骨頭筋頸部　⑥肩甲横突筋　⑨深胸筋　⑫円回内筋　⑮総指伸筋

図2　全身の筋肉模式図（正面図）　※図中に示す筋肉は表面上にみえるもののみを示した。

1. 運動器系

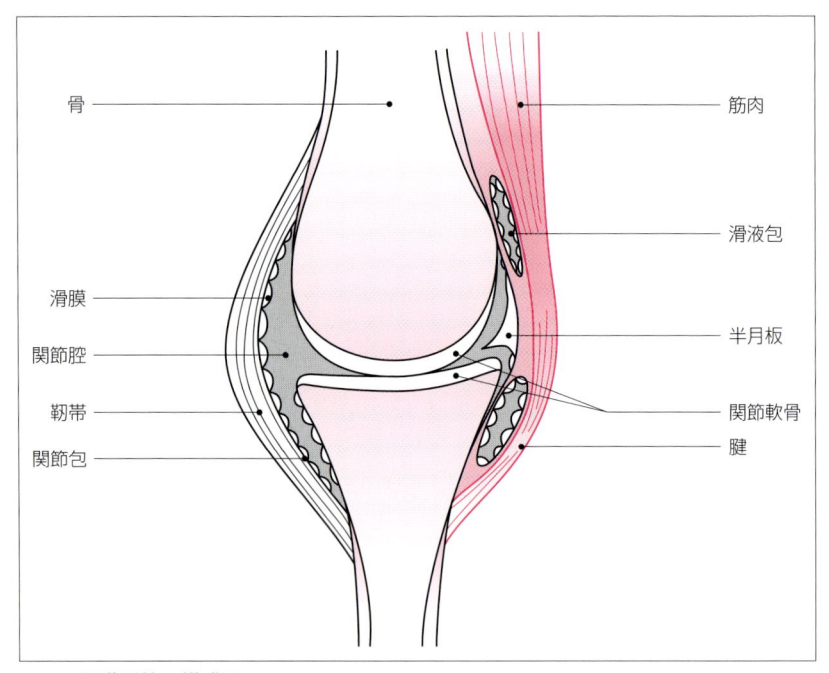

図中ラベル:
- 骨
- 筋肉
- 滑液包
- 滑膜
- 関節腔
- 半月板
- 靭帯
- 関節軟骨
- 関節包
- 腱

図3　可動関節の模式図

確に見極めるためには、正常な立位姿勢や歩様を十分に知っておくことが必要です。普段から正常な動物の行動（姿勢や歩様）をよく観察することがもっとも重要です。

①立位姿勢の異常

　一般的に、立位姿勢のときはいたみのある患肢（かんし）への体重負荷を減らそうとするため、患肢と反対側の肢に体を傾けるようになります。したがって、立位姿勢で体がどちらかに傾いている場合には、傾いている側とは反対側の肢にいたみがあるといえます。さらにいたみの程度がひどくなると、患肢を宙に浮かせて全く体重をかけなくなります。この状態を肢の挙上と表現し、挙上している肢に骨折や脱臼などの非常に強いいたみをともなう疾患があると考えられます。

　立位でのほかの観察ポイントとしては、肢の震え、肢の筋肉のつき方の左右差（患肢は使わなくなるので筋肉が萎縮します）、頭の位置（首がいたいと頭を下げた状態になります）、尻尾の動きなどが挙げられます。

②歩様異常

　歩様を観察する際には、特に歩行時の足音のリズムと頭の位置に注目します。正常な動物では、足音のリズムは規則正しく聞こえます（チャッ・チャッ・チャッ・チャッと聞こえる）。なお、歩行時の頭の位置はほとんど変わりません。

　しかし、肢にいたみがある動物は患肢の着地時間が短くなるため、足音のリズムが乱れます。また、ほとんどの場合に頭の上下運動がみられます。動物は無意識のうちにいたみのある肢への体重負荷を減らすため、前肢にいたみがある場合には前肢の患肢側を着地するときに頭を振り上げ、正常な前肢を着地するときに頭を下げます。また、頭を左右に振って患肢側への体重負荷を減らそうとします。

　一方、後肢にいたみがある場合では患肢を着地するときに頭を下げ、正常な肢を着地するときには頭を振り上げます。

　椎間板ヘルニアなどの肢の麻痺を起こす神経系の病気では、肢を動かすことができないので患肢を引きずるように歩きます（ナックリング）。この際、普段擦れることのない爪の上部を擦って歩くので、爪の上部が擦り減ります。**爪切りの際などに爪の上部がこすれていないかを確認**しましょう。

　動物を散歩させているときは、歩様を観察するチャンスです。特に運動器系の疾患が疑われない動物でも、十分に観察しましょう。歩様を意図的に観察するためには、観察者以外に動物を歩かせる人が必要になります。動物の肢がすべらない、できるだけ広い安全な場所（少なくとも 10 m くらい歩ける広さ）でおこないましょう。

検査

①触診

　運動器系の病気では、いたみのある部位を特定することが非常に重要です。たとえば、立位姿勢や歩様の異常からいたみのある肢が左前肢であることを発見できたとしても、それが関節（手根関節か、肘関節か、肩関節か）のいたみなのか、骨（指骨か、中手骨か、橈骨か、尺骨か、上腕骨か）のいたみなのか、あるいはパッドや爪のいたみなのかはわかりません。

　いたみのある部位を特定するためには、患肢を構成するすべての関節、骨、パッド、爪をそれぞれ十分に触診し、いたみの有無、腫れ、熱感などを確認します。また、関節については屈曲、伸展、回旋、外転などの力を加え、そのときのいたみや関節の可動域（range of motion：ROM）も確認します。

1. 運動器系

　四肢を触診する際には、患肢側を上にして看護動物を横臥位に保定します。通常、肢の先端から触診を開始し、肢の付け根方向に向かって検査を進めます。非常に強いいたみがある場合、患部を触診した際に動物が咬んだり、暴れたりする場合もありますので十分に注意してください。

② X線検査

　触診によって患部を絞り込むことができ、そのいたみの原因が骨や関節によるものと疑われる場合にはX線検査をおこないます。撮影する関節や骨によって、保定方法や撮影方向が大きく変わります。

　骨や関節の疾患の診断はX線画像の評価でおこなわれる場合が多く、正しい診断のためには正しいポジションでの撮影が必須です。特に、骨や関節のX線検査では左右の肢の比較が重要ですので、左右対称になるようにしっかりと保定します。

　図4は、股関節DV像です。左の写真では大腿骨が平行で骨盤も左右対称

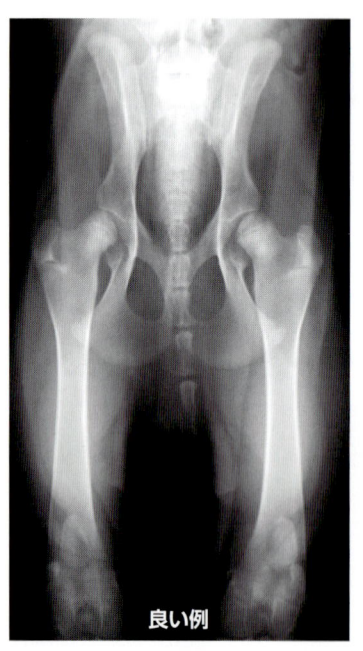

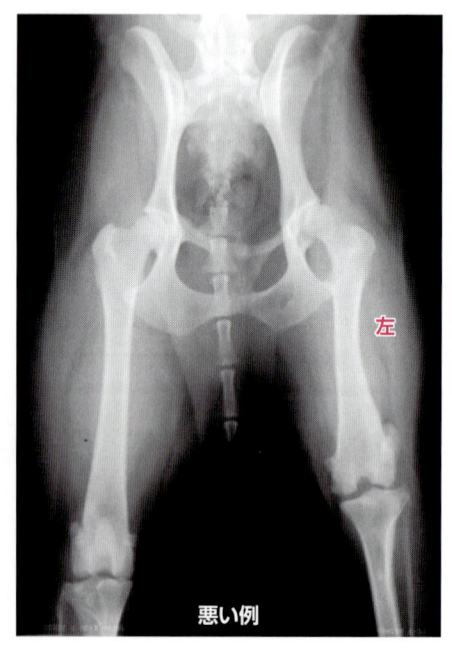

図4　股関節X線画像
股関節DV像の良い例（左）と悪い例（右）です。左の写真では大腿骨が平行で骨盤も左右対称に写っていますが、右の写真では大腿骨が平行でないばかりか、左の足が伸びていないため、大腿骨の長さが違ってみえています。

に写っていますが、右の写真では大腿骨が平行でないばかりか、左の足が伸びていないため、大腿骨の長さが違うようにみえています。

③関節液検査

関節の異常があると、関節の中に貯留している関節液の量や性質が変化します。さらに、関節液の性質の変化は病気の種類によって異なります。したがって、異常が疑われる関節の関節液を採取し検査することで、関節の異常の有無や疾患の種類などを特定できる場合があります。

関節液を採取する際には、穿刺部位を毛刈りし、外科手術をおこなう際のような消毒を施したうえで、23Gの注射針を腱や靱帯を避けて関節腔内に穿刺します。十分なサンプル量が得られた場合、関節液性状の確認、細菌培養、および関節液塗抹標本を作成します。

運動器系の病気

骨や関節などの運動器系の病気は、骨折など突発的な事故によって生じるものを除くと、多くは先天的な素因で生じ、生育環境などの後天的素因の影響を受けてさまざまな時期に発症します。

現在は、獣医整形外科学の発展により多様な治療法が選択できますが、残念ながら治療をおこなっても完全に治癒しない病気が多く存在します。代表的な疾患としては、ラブラドール・レトリーバーやゴールデン・レトリーバーに発生する股関節形成不全などが挙げられます。このような先天的素因をもって生まれた動物に関しては、生育環境を整えることで発症を遅らせ、発症しても進行を遅らせることができると考えられます。したがって、運動器系の病気では飼い主家族への生活指導が非常に重要です。

また、重度の整形外科疾患をもつ犬では、さまざまなレベルで日常生活の介護が必要になります。特に整形外科疾患の発生が多い大型犬では、飼い主家族の負担は相当なものになります。動物の抱える問題を正確に評価することはもちろん、飼い主家族の抱える問題についても適切に評価し、アドバイスできるようにしましょう。

運動機能障害からくる生活行動の不自由に対しては、苦痛を緩和し、入院生活や家庭での療養生活が安全・安楽に過ごせるように援助する必要があります。そのためには、診断や治療について熟知するとともに、合併症について理解を深め、注意深い観察能力をもたなければなりません。

運動器系・骨・関節疾患の看護では、機能回復訓練を積極的に促すこと

1. 運動器系

と、退院後の家庭における療養指導が重要です。この機能回復訓練はリハビリテーションといい、現在では獣医師の指導・監督のもとで動物看護師が担う役割の1つになっています。具体的には、疾患からくる運動機能の回復を援助すること、関節拘縮予防、正常な関節可動域の保持、筋力低下予防が含まれます。さらには入院ケージの工夫、他動運動、簡単な筋力増強訓練などもあります。つまり、動物看護師には二次的変形を予防する十分な知識をもち、必要に応じて適切な判断を下し、健全なリハビリテーションを実践する責任があるのです。

看護時と日常的な生活での配慮

運動器系疾患の外科的治療は、疾患の原因除去、鎮痛、脊椎・四肢の機能再建などを目的におこなわれます。手術後は運動を制限し、患部を固定して安静にします。言葉を理解することができない動物に対して、安静の必要性を理解し協力してもらうことはできませんので、詳細な観察と入院生活行動の援助が重要になります。さらに、機能回復に向けた訓練もおこないます。治療の目的を達成するためには、退院後の家庭での療養生活の中で、飼い主家族のかかわりが重要になります。飼い主家族の負担や不安に寄り添うことも動物看護師の役割といえるでしょう。

一般的な手術看護と共通することですが、手術中の経過や、手術の内容、麻酔の種類、出血量などを把握しておきます。状態によっては、酸素吸入やICUケージなどの準備が必要になることもあります。

看護アセスメント

次に挙げる項目を観察し、必要な看護介入をアセスメントしていきます。
・呼吸数、呼吸の方法、呼吸音
・末梢循環障害の有無（チアノーゼ）などからみることのできる呼吸機能の状態
・脈拍、患肢の浮腫の有無、冷感の有無、末梢動脈の拍動、増強する疼痛などの循環機能の状態
・創部のガーゼや包帯への血液の滲出の有無
・創部ドレーンからの滲出液の量と性状
・赤血球やヘモグロビン濃度など検査データの確認
・出血の状態および量

・一定時間ごとに患肢の動きや知覚から神経麻痺の徴候を把握

　疼痛があれば、手術の創部によるものか、同一体位や肢位による圧迫か、包帯の締めすぎかなど、原因をアセスメントします。そのために、
・動物の様子や行動の変化
・輸液量
・皮膚の状態（脱水傾向はないか）、嘔吐の有無
・尿の量・性状・比重など
・水分・電解質のバランス
・術後の固定装具は正しく装用されているか
・正しい肢位や体位が保持できているか

　をみます。合併症の徴候としては、
・手術後4日目以降の発熱や創部の発赤・腫脹・熱感・疼痛などの炎症症状
・ガーゼ上への滲出液の性状（色やにおい）
・消化器症状として吐き気、嘔吐
・褥瘡の好発部位や、包帯をつけている場所などの圧迫部位に発赤はみられないか
・その疾患の手術後の合併症の徴候など

　もみていきます。つまり、手術後の呼吸や循環状態が安定して、疼痛がコントロールされ、水分・電解質のバランス・栄養状態が改善し維持されるように、看護と援助が必要といえます。回復の過程では、合併症や感染症が起こらないように、飼い主家族と回復の目標を共有し、療養生活の指導や支援ができるように看護介入します。

　運動器系の疾患をもつ動物では、体重の増加、過剰な運動、すべりやすい床などの生活環境が増悪因子になります。したがって、退院後に生活指導をおこなう際は、これらの増悪因子についても考慮する必要があります。

①体重制限

　体重が増加すると、それだけ骨や関節にかかる負荷が増加します。理想体重は品種や体格によって異なりますので、ボディーコンディションスコア（BCS）をもとに理想体型を維持するとよいでしょう。

②運動制限

　一般的には、受傷後もしくは手術後最低2週間はケージレスト（ケージ内留置）して安静にします。その後の運動制限の必要性と程度については担当獣医師に確認しておきます。

1. 運動器系

③環境整備

屋内で飼育されている動物の場合、住環境の整備にも配慮が必要です。すべりやすいフローリング床にはカーペットを敷くなどの工夫が必要です。また、病気の種類や重篤度によって、段差や階段などの昇降が悪影響を及ぼす場合もあります。動物の生活エリアを区切り、段差をなくすなどの配慮も必要です。

④関節の運動機能

関節可動域が狭くなったり消失したりして関節運動が障害されると、さまざまな生活行動が難しくなります。また、疼痛がともなうこともあります。関節の運動機能低下のおもな原因は関節の炎症、結合組織・筋の弾力性の低下、関節軟骨の変性、外傷、中枢神経の障害などがあります。

関節可動域の測定、腫脹・発赤・熱感の有無や程度、疼痛の部位や程度、発現する時の状態を観察していきましょう。炎症がみられる場合は、発熱もともないますので、バイタルサインを測定しておきます。同時に白血球数などの検査データも把握し、感染予防にも努めることが必要になります。また、体重が重いと関節にも負担がかかります。体重の変化も見ておきましょう。そして、実際に生活行動の動作を観察します。援助の方向性は、生活行動のできないところを援助すること、疼痛の緩和、良肢位（関節にとって負担の少ない角度）の保持に努めることです。

⑤転倒転落のアセスメント

運動機能が障害されていると転倒や転落の危険性があります。看護動物の状態から転倒・転落しやすい状態をアセスメントしリスクを把握することが大切です。既往歴の中で、今まで転倒・転落、失神したことがあるか、視力障害があるか、麻痺があるか、骨や関節に異常があるか、筋力が低下しているか、移動に介助が必要か、ふらつきがあるか、寝たきりの状態か、鎮痛剤・麻薬など薬剤は内服しているか、といったことから危険度を考えていく必要があります。

⑥関節痛のアセスメント

関節痛には、急性疼痛と慢性疼痛があります。持続期間が短く、終わりが予測可能ないたみを急性疼痛といい、いたみの程度は軽度から強度のものまであります。一方、持続期間が長く、終わりが予測不可能なものを慢性疼痛といいます。慢性疼痛の発症のしかたは持続するもの、再燃するもの、突然起きるもの、徐々に起きるものとさまざまであり、いたみの程度も軽度から強度まで多

岐にわたります。

　動物看護師は看護動物の行動からいたみの評価をしなくてはなりません。疼痛はあるのかないのか、疼痛があるものの日常の生活行動はできるのか、疼痛のため日常生活行動ができないときは食事と排泄ができるのか、それともひどい疼痛のために動けないほどなのか、などを判断します。疼痛は日常生活に支障が出ない程度にコントロールされなければなりません。疼痛によって呼吸の増加、食欲の低下、睡眠や休息の障害が起こらないように配慮することが大切です。獣医師と薬物療法の相談をしましょう。

　また、疼痛が増悪する因子として寒冷刺激があります。クーラーが直接当たらないようにする、シャンプーの後に急に冷やさないようにするといったように、環境にも配慮しなくてはなりません。

　非薬物的な疼痛緩和の方法としては、安静、冷罨法（れいあんほう）・温罨法（おんあんほう）などの援助があります。炎症性の関節痛では、安静にすることが大切です。1つの動作の後にはしばらく休ませるようにし、関節の負担を軽減しましょう。また、炎症期は冷罨法、慢性期では温罨法などをおこなうと疼痛の感受性を下げる援助になります。

1. 運動器系　疾患看護

●代表的な疾患
1-1. 肘関節形成不全

1）特徴

○**病態**
- 肘関節を形づくる骨（上腕骨、橈骨、尺骨）の形成異常と変性による3つの進行性疾患（離断性骨軟骨症、肘突起癒合不全、内側鉤状突起分離）をまとめて肘関節形成不全とよぶ。
- 遺伝的素因が大きく関与し、4～10カ月齢で発症することが多いとされる。
- 特に大型犬や超大型犬（ラブラドール・レトリーバー、ゴールデン・レトリーバー、ロットワイラー、ジャーマン・シェパード、バーニーズ・マウンテン・ドッグ、ニューファンドランドなど）で発症することが多く、一般的には両側の肘関節に異常が生じる。
- 加齢、急速な成長、体重増加などが原因として挙げられる。

○**症状**
- 前肢の跛行
- 肘関節の可動域の低下（屈曲・伸展できない）
- 肘の圧痛

2）検査・診断

○**身体検査**
●**触診**
- 肘関節の腫れ、発熱
- 肘の最大伸展、最大屈曲時にいたみが誘発される
- 肘を90度に保った状態で肘関節を内側、外側にねじるといたみが誘発される
- 肘関節の可動域（ROM）の減少
- 肘関節の伸展、屈曲時に捻髪音

○**検査**
●**X線検査**
- 離断性骨軟骨症：肘関節のAP像で確認できることが多いとされる。上腕骨内側顆の軟骨欠損によるX線欠損像、あるいは関節面の扁平化が認められる。
- 肘突起癒合不全：屈曲位のラテラル像で確認できることが多いとされる。肘突起と尺骨骨幹端の分離が認められる。
- 内側鉤状突起分離：X線検査では肘関節の骨関節炎が認められるのみで、原因となる内側鉤状突起の分離は確認できないことが多いとされる。そのため、診断には関節鏡やCTが必要になることがある。

●**その他の検査**
- 関節液検査によって、関節液の粘稠性低下（ムチンの減少）、マクロファージや滑膜細胞を主体とした有核細胞数の増加を調べる。

3）治療

〈内科的治療〉
- 適正な運動管理、食事管理、体重制限、疼痛管理をおこなう。

〈外科的治療〉
●**離断性骨軟骨症**
- 臨床症状がみられる犬では、手術が一般的な治療法である。関節切開、あるいは関節鏡により剥離した軟骨を除去し、軟骨が剥離した部位に関しては掻爬をおこなって治癒を促進する。術後2～4週間は消炎鎮痛剤の投与のほかに、患部の冷却、他動的関節可動域運動、歩行運動などの理学療法をおこなう。

- ●肘突起癒合不全
- ・分離した肘突起の除去やスクリューによる固定がおこなわれる。肘突起の除去をおこなった場合には、離断性骨軟骨症と同様の理学療法をおこなうが、スクリュー固定をおこなった場合には、骨同士が結合するまで理学療法を遅らせるのが一般的である。
- ●内側鉤状突起分離
- ・関節の変形の重篤度により異なるが、手術をおこなう場合には、関節切開もしくは関節鏡により分離した内側鉤状突起を除去する。

＊看護アセスメントについては P.27 の Step Up を参照。

1-2. 橈尺骨骨折

1) 特徴

○病態
- ・小型犬では高い場所からの落下などの衝撃により容易に骨折するが、もっともよく骨折する部位は橈尺骨である。特にトイ犬種（トイ・プードル、ポメラニアン、イタリアン・グレーハウンド、パピヨン、ヨークシャー・テリアなど）に多くみられる。
- ・橈尺骨骨折は特に細くなっている遠位 1/3 の部位に好発する。

○症状
- ・激しいいたみ
- ・患肢の挙上

2) 検査・診断

○身体検査
●触診
- ・患部を触れないくらいの激しい疼痛
- ・骨折部位の著しい腫脹、熱感、内出血
- ・本来曲がるはずのない橈尺骨骨幹部の可動性

○検査
● X 線検査
- ・前腕部の AP 像、ラテラル像にて、橈尺骨遠位 1/3 の位置で骨折がみられる。
- ・ほとんどの場合、橈骨とともに尺骨も骨折している。

3) 治療

- ・骨プレートによる橈骨の固定、もしくは創外固定をおこなう。術後は安静とし、患部の冷却療法を中心に理学療法をおこなう。その後、徐々に患肢への負重を増やすようにする。創外固定法では、患部を清潔に保つことが重要である。

＊看護アセスメントについては P.27 の Step Up を参照。

1-3. 股関節形成不全

1) 特徴

○病態
- ・発達過程における股関節の形態異常が原因で股関節が不安定となり、股関節の構造が変化し、最終的に股関節の亜脱臼や脱臼につながる病気。
- ・遺伝的素因と生育環境が大きく関与する。

2) 検査・診断

○身体検査
●触診
- ・股関節伸展時にいたみが誘発される

1. 運動器系　疾患看護

- 特に大型犬種（ラブラドール・レトリーバー、ゴールデン・レトリーバー、バーニーズ・マウンテン・ドッグなど）で多く発生し、通常両側の股関節に異常がみられる。

○症状
- モンローウォーク（腰を左右に振る歩行）
- 後肢の跛行
- 立ち上がるのに時間がかかる
- 関節可動域の低下
- 疼痛による歩行困難
- 患肢を使用しないことによる筋肉の廃用性萎縮

- 後肢外転時にいたみが誘発される
- 後肢の筋肉に左右差が認められる
- オルトラニサイン陽性

○検査
● X 線検査
- 股関節を評価し、寛骨臼や大腿骨頭の変形、骨棘形成、脱臼などを評価する。

3）治療

〈内科的治療〉
- 体重管理、非ステロイド性抗炎症剤などで疼痛管理。

〈外科的治療〉
- 骨盤三点骨切り術（TPO）、大腿骨頭切除関節形成術（FHO）、股関節全置換術（THR）。
- 成長期の運動制限と食事管理をおこない、予防することが大切。

＊看護アセスメントについては P.27 の Step Up を参照。

1-4. 膝蓋骨脱臼

1）特徴

○病態
- 膝蓋骨脱臼は、膝蓋骨が大腿骨の滑車溝に位置せず、内側もしくは外側へ脱臼（関節を構成する骨同士の関節面が正しい位置関係を失っている状態）していることをいう。
- 多くは内方脱臼だが、大型犬では外方脱臼も認められる。
- 約半数の症例で両側に生じ、遺伝素因が疑われている。小型犬（トイ・プードル、ヨークシャー・テリア、ポメラニアン、チワワなど）に好発する。

2）検査・診断

○身体検査
●触診
- 膝蓋骨を触診し、脱臼の有無を確認する。
- 膝蓋骨脱臼の重症度は異常の程度により以下のように分類する。

〈グレードⅠ〉
膝蓋骨を圧迫すると脱臼するが、圧迫を解除すると正常位に戻るもの。

〈グレードⅡ〉
圧迫した時もしくは膝を曲げたときに自然に脱臼し、脱臼したままになるが、再度圧迫すると正常位に戻せるもの。

〈グレードⅢ〉
常に脱臼した状態であり、圧迫すると正常位に戻せるもの。

〈グレードⅣ〉
常に脱臼した状態であり、圧迫しても正常位に戻せないもの。

○症状
・間欠的な跛行
・後肢の挙上

○検査
● X線検査
・膝蓋骨の位置と大腿骨など骨の変形の程度の把握、滑車溝の評価をする。

3）治療

〈内科的治療〉
・グレードⅠの症例では、いたみの程度により非ステロイド性消炎鎮痛剤の投与などをおこなう。

〈外科的治療〉
・グレードⅡ～Ⅳの症例では手術が適応となる。骨や筋肉の異常の程度によって術式は異なるが、基本となる術式は滑車溝形成術である。

＊看護アセスメントについては以下の Step Up を参照。

Step Up

変形性関節疾患のある動物の看護（内科的治療の場合）

1）一般的な看護問題
・変形性関節症のため持続する疼痛がある。
・関節痛、関節可動域の低下、筋力低下により生活行動に支障がある。
・疼痛や関節可動域の低下、跛行により転倒のおそれがある。
・飼い主家族の疾患や治療に対する理解不足により、症状を悪化させるおそれがある。

2）一般的な看護目標
・生活に支障がないように疼痛の調整を受けることができる。
・生活行動に支障がないように、飼い主家族が支援することができる。
・援助を受けながら安全な移動ができる。
・飼い主家族が疾患や治療の特徴を理解し、機能の維持や安全のために必要な行動がとれる。

3）看護介入
①観察項目
・疼痛の部位、程度、持続時間、誘因と疼痛に随伴する腫脹などの症状、関節可動域。
・休息や睡眠の様子、疼痛部位をかばおうとする行動、可能な動作、筋力、BCS。
・体重の変動、変形、跛行の様子（歩行の状況）、食欲、薬物療法の効果。

1．運動器系　疾患看護

②援助項目
- 疼痛コントロールのための薬物療法への援助。
- 理学療法への援助（筋力維持や増強のための訓練）。
- 疾患の状態により、温・冷罨法(おん・れいあんぽう)を用いる。
- 受診時や入院時生活行動に支障がないように援助する。
- 歩行時に支障がないように環境整備する。
- 移動時、腰に補助ベルトを使用する。

③飼い主家族への支援
- 加齢とともに関節痛や可動域制限が徐々に進行する疾患であることを理解してもらう。
- 家でどのような生活行動に支障がみられるか、観察を促す。
- 薬物療法、理学療法、食事療法などそれぞれの特徴を理解し、疾患の経過を把握しながら、治療を選択できるように援助する。

1-5. 前十字靭帯断裂

1）特徴

○病態
- 前十字靭帯は大腿骨と脛骨をつなぎ、脛骨の前方への動きを制限する靭帯である。前十字靭帯断裂は膝関節にもっとも多くみられる靭帯疾患で、加齢にともなう靭帯変性、過剰な運動、交通事故による外傷により前十字靭帯が断裂したものを指す。前十字靭帯の断裂により関節が不安定になり、内側半月板の損傷を生じる。また、関節炎に進行したり、内側側副靭帯断裂などを合併することもある。
- 通常、片側の膝関節に発症するが、約半数の症例で反対側の膝関節にも発症する。

○症状
- 突然発症した後肢の跛行もしくは挙上

2）検査・診断

○身体検査
●触診
- 脛骨の前方引き出し徴候（ドロワーサイン）
- 膝関節周囲の腫脹、熱感
- 膝関節屈曲・伸展時の捻髪音

○検査
●X線検査
- 脛骨の前方への変位や関節炎所見がみられる。

3）治療

〈内科的治療〉
- 体重が比較的軽い動物では、運動制限、体重制限、非ステロイド性消炎鎮痛剤を中心とした内科療法をおこなう。

〈外科的治療〉
- 中～大型犬では膝関節を安定化させるために、関節外固定法や脛骨高平部水平化骨切り術（TPLO）をおこなう。

看護アセスメント

4）一般的な看護問題	5）一般的な看護目標
・骨切り手術による術後の疼痛が強く、入院生活に支障が起こる。 ・安静を保てず、大腿骨と脛骨の固定部のプレートやスクリューが緩み、再手術が必要となるおそれがある。 ・創部が膝蓋骨のため、排泄物によって汚染され、二次感染を起こす可能性がある。 ・飼い主家族の理解不足により、退院後の療養生活が守られないおそれがある。	・疼痛がコントロールされ、入院生活の支援を受けることができる。 ・入院生活で患部の安静を保つことができる。 ・創部の感染が起こらない。 ・生活に支障がないように疼痛の調整を受けることができる。 ・飼い主家族が疾患や治療の特徴を理解し、機能の維持や安全のために必要な行動がとれる。

6）看護介入

①観察項目
- 疼痛の有無（姿勢、呼吸様式、体温、心拍数）と程度（不眠、パンティング、自傷行為など）

1. 運動器系　疾患看護

- ケージ内での様子（走りまわる、飛び跳ねる、継続的に吠える、後肢のみでの起立、患部を気にするなど）
- カラーの装着状況（緩み、大きさ、流涎や食塊による汚れの付着など）・術部外観（熱感、腫脹、発赤、浸出液、出血、排泄物による汚染）
- 元気・食欲の有無
- ストレス症状の有無（嘔吐、下痢、脱毛、食欲不振、不眠など）
- 患肢の循環障害（皮膚の色、冷感の有無、患肢の腫脹、浮腫、荷重の状況）や神経障害（良肢位の保持状況）の有無
- 面会時の飼い主家族の様子、看護動物の様子
- 鎮痛剤の効果
- 血液検査データ（WBC、TPなど）
- 体重
- 術後のX線写真の所見

②援助項目
- カラーなどを装着し、看護動物が点滴や創部を触れないようにする
- 体温を確認し、異常がある場合は、室温の調整、ヒートマット、湯たんぽ、氷等で対応する
- 呼吸数、心拍数の異常がある場合は、頻繁に様子を確認し、1〜2時間後に再度測定する
- 術後24〜48時間は鎮痛剤の継続投与がされているか確認する
- 術後48時間以内は頻繁に疼痛の有無と程度を確認する
- 激しい疼痛（自傷行為、高体温、心拍、呼吸数の上昇）がみられる場合、獣医師に報告し、鎮痛剤の相談をする
- 処置時に患部の触診や保定時の様子から疼痛の有無を獣医師と確認する
- 走り回る、飛び跳ねる、後肢のみで起立するなど、患肢の安静が保てない場合は、ケージを静かな場所へ移動したり、ケージ内から外が見えないよう目隠しをしたりして、興奮しないよう工夫する
- 抗生剤を指示どおり確実に投与する
- 創部の感染を起こしやすい原因をアセスメントする
- 身体を清潔に保つ
- 理学療法における援助（病状に応じた運動プログラムを、獣医師の指導のもとに実践する）
- 病状に合わせて、温・冷罨法を実施する

③飼い主家族への支援
- 面会時には、飼い主家族、看護動物の状態、会話内容を記録し、話しやすい会話を心がけ、不安を表出できるようにする。
- 退院時に、自宅での療養生活に必要なことを書面にして説明するなど、飼い主家族の理解に応じた対応をする。

★看護解説 ―運動器編―

❶関節運動

　関節は、動く関節と動かない関節の2つにわけられます。動かない関節は不動関節といい、頭蓋骨などがあります。動く関節は可動関節といい、骨、関節軟骨、滑膜、関節包、靱帯などで構成されています。可動関節は、屈曲・伸展、外転・内転、外旋・内旋、回外・回内など、ある決まった範囲で動きます。この範囲を可動域とよびます。

　関節を曲げて骨同士の角度を小さくする運動を屈曲、角度を大きくする運動を伸展といいます。また、身体の正中面から遠ざける方向への運動を外転、近づける方向への運動を内転といいます。回旋は長い軸を軸としてコマのように回転する運動をいい、内側に動かすのが内旋、外側に回転させるのが外旋です。ドアノブを握った右手を回すときのように、右手を右に回す運動を回外、左に回す運動を回内といいますが、犬では、人間の手の甲にあたる部位が前を向いているので、動かす場合は人でいう回内にあたります。犬の足は早く走れるように発達したため、肘関節を伸ばしたり曲げたりするだけでねじる動きはありません。肘関節では、橈骨と尺骨は前後に重なり、上腕骨との関節面を大きくしています。

　これらの各関節の可動域をROM（Range of Motion）といいます。関節を動かさない状態でいると、関節周辺の結合組織の緻密化がすすみ、関節の可動域が制限される関節拘縮がおこります。そこで関節拘縮の予防・軽減のために関節可動域運動をおこなうことがあります。しかし、各関節の可動域を理解しないと関節の損傷を起こす可能性があるため、注意が必要です。

　運動には、自身が自力で動かせる自動運動、他者に動かしてもらえれば動く他動運動、自分の力だけでは行動をとれないときに他者の力を得て動かす自動介助運動などがあります。

❷筋肉

　筋肉の名称にはいくつかの種類があります。肋間筋、上腕筋など位置や所在を示す名称もあれば、腹直筋、腹横筋など筋肉の走行による名称もあります。また、僧帽筋、三角筋などの形状による名称、大内転筋など作用を示す名称、大腿四頭筋など筋頭、筋膜の数を示す名称もあります。

　筋肉は骨に付着する骨格筋と、心臓の筋肉である心筋、胃や腸などの内臓を形成する平滑筋があります。骨格筋は自分の意思によって自由に動かせる随意筋ですが、心筋や平滑筋は自分の意思に関係なく動く不随意筋です。骨格筋は

多くの犬で体重の約44％を占めており、筋を収縮・弛緩させて関節を動かし、おもに運動をつかさどっています。また、呼吸や循環、消化、生殖にもかかわります。表情を変えたり、体毛を逆立てたり、尾を振ったり、吠えたりすることも筋肉による動きなのです。

　筋肉系の疾病を正しく把握するには、筋の位置と関連する関節からその筋の作用を理解しておく必要があります。

❸日常生活動作（ADL：activities of daily living）

　起立・歩行・移動に関する動作、自分の身のまわりのことをする動作、四肢の動きなどの基本的な動作をいいます。ADLの評価によって、すべて援助が必要な全介助、一部援助する部分介助、援助の必要がない自立にわかれます。動物看護師の役割は、看護動物ができない生活動作を援助する一方、ADLの自立を目指して援助していくことです。

❹関節可動域訓練

　関節拘縮を予防し、正常な関節可動域（ROM）を維持するために、可動域範囲いっぱいに関節を動かす運動療法をいいます。関節拘縮の予防、静脈血栓、浮腫の予防、運動感覚の再学習を目的としておこないます。意識障害、運動麻痺、神経疾患、筋力低下、長期臥床、自分で十分に関節可動域を広げることができない看護動物に適応しますが、看護動物の状態に応じてレベルがあるため、獣医師とよく相談し計画的に実施します。なかでも、日常のケアの中に意識的に取り入れられるように飼い主家族を支援することが大切です。

❺骨折

　骨折とは、骨あるいは軟骨の連続性が断たれた状態をいいます。原因による分類としては、相当な力が外から加わり起こる外傷性骨折、骨の腫瘍や炎症などの抵抗減弱部位で起こる病的骨折などがあります。また、骨折部位と外界との交通がない場合は皮下骨折といい、創によって外界と交通している場合は開放骨折や複雑骨折などといいます。また、骨折周辺の軟部組織が損傷し直接外力が加わった部位に骨折が起こる状態を直達骨折といい、外力が加わった部位よりも離れた部位に骨折が起こる状態を介達骨折といいます。

　介達骨折はさらに種類がわかれ、骨折線が斜めで骨片ができやすい屈曲骨折、骨に回旋力が作用したときに起こるらせん骨折、筋・腱・靱帯の付着部の骨が引きちぎられる剥離骨折、脊椎などの短骨に圧力が作用して起こる圧迫骨折などがあります。折れ方にも種類があり、骨の連続性が完全に断たれている場合は完全骨折で、一部の連続性が保たれている場合は不（完）全骨折といい

ます。また、骨折線の方向により、横骨折、斜骨折、らせん骨折、粉砕骨折などとよびます。このように骨折は、原因、外界との交通の有無、外力の加わり方、折れ方などにより分類されます。

骨折は、多様性のある疾患ですから、看護計画を立案するためには、診断や治療について動物看護師がよく理解していることが必要です。

❻骨折の治癒

骨折の治療は、整復や固定、後療法（隣接関節の拘縮予防）が原則です。身体のほかの組織が損傷されると瘢痕によって修復されますが、骨折では瘢痕を形成することなく骨組織が連続し、骨癒合が起こります。骨折部位では出血によって血腫ができ、ついで骨形成細胞群が増殖して、線維性骨組織と軟骨からなる外仮骨が形成されます。骨髄腔には内仮骨が形成され、骨折端の間には中間仮骨が形成されます。骨折部の癒合に大切なのは外仮骨です。

治癒に影響する因子としては、全身性疾患や栄養状態の低下があります。全身性疾患や栄養状態の低下があると仮骨形成が障害され骨癒合が遅れてしまうからです。また、骨折端が接触している、骨折部の固定が確実、骨折部周辺の血流が良好であることなどの局所的な因子も治癒の状態に影響します。骨の治癒には時間がかかりますが、機能回復には仮骨が正常な骨構造に改変されるまで、癒合日数の2～3倍の期間が必要です。手術や環境条件によっても異なりますが、四肢などの骨折の場合は荷重が可能になるまでにはさらに長い期間が必要です。

治癒の異常経過として偽関節というものがあります。これは骨折部が瘢痕、すなわち線維性の組織で置きかえられてしまった状態をいいます。偽関節を生じると骨の連続が途切れたままになり、骨の本来の機能である支持性は失われてしまいます。一方、固定が不完全だったり、血行不良、感染などで骨治癒が遅れているが、まだ治癒の可能性が残っている状態は遷延治癒とよばれています。

第2章 呼吸器系

呼吸器系とは

　空気は窒素、酸素、二酸化炭素等で構成されており、大部分が窒素です。私たち人も含め動物は、生命を維持するために空気を吸い、その中から酸素を体内（肺）にとり入れる一方、代謝の結果生じた二酸化炭素を体外に排出しています。これが**呼吸（respiration）**です。

　取り入れた酸素はブドウ糖やたんぱく質を分解し、エネルギーに変えるために利用されます。生きていくためのエネルギーを生み出す呼吸は生命維持に必須の活動なのです。

呼吸のしくみ

　呼吸はおもに3つのメカニズムから成り立っています。

　1つ目は、呼吸中枢による呼吸調節です。呼吸中枢は脳の橋と延髄にあります。橋にあるものを**呼吸調節中枢**といい、延髄にあるものを**中枢性化学受容体**といいます。これらは二酸化炭素濃度や水素イオン濃度を感知し、呼吸数や換気量を増減させる指令を出します。さらに、大動脈と頸動脈には**末梢化学受容体**があり、大動脈小体と頸動脈小体とよばれています。呼吸中枢はおもに二酸化炭素濃度に影響されますが、**末梢化学受容体**は酸素濃度を感知して呼吸中枢に情報を送り、呼吸数や換気量が増減されます。

Key Word

・呼吸調節中枢：橋に存在。無意識に呼吸を調節する。
・中枢性化学受容体：延髄に存在。二酸化炭素濃度が高くなると呼吸も増える。
・末梢性化学受容体：酸素が低下、pHが酸性になると呼吸が増える。

　2つ目は肺を拡張、収縮させるための呼吸筋の運動です。肺は、自ら膨らむ

ことはできません。肺の周りにある横隔膜、肋間筋などが収縮することによって拡張もしくは収縮します。横隔膜と外肋骨間筋が収縮し、胸郭が広がると、胸腔内圧が陰圧になり、肺が拡張します。同時に、外気が肺に吸い込まれます（吸気）。

呼吸筋には、ほかにも内肋間筋や胸鎖乳突筋、外内腹斜筋などがあります。呼吸筋の収縮により吸気すると、今度は肺や胸郭の弾性、呼吸筋の弛緩によって肺が自然に元に戻ろうとするため、肺の空気が吐き出されます（呼気）。

ちなみに、鳥類には横隔膜がありません。その代わりに気嚢という気管支の一部が膨らんだものがあり、ここに空気をためこみます。

3つ目のメカニズムは、肺胞の空気と血液との間、組織細胞と血液とのあいだでおこなう酸素と二酸化炭素の移動（ガス交換）です。肺胞の空気と血液との間でガス交換をおこなうことを「外呼吸」といい、血液と組織細胞との間でガス交換をおこなうことを「内呼吸」といいます。

ガス交換は拡散の原理でおこなわれます。外呼吸肺胞内の分圧は、酸素100 mmHg、二酸化炭素40 mmHgであるのに対して、静脈血内は酸素40 mmHg、二酸化炭素45 mmHgですので、酸素は肺胞から血液中に移動し、二酸化炭素は血液中から肺胞へ移動します。

また、内呼吸の動脈血内の分圧は、酸素100 mmHg、二酸化炭素40 mmHgであるのに対し、組織細胞内は酸素40 mmHg、二酸化炭素45 mmHgであるため、酸素は血液中から組織細胞内へ、一方の二酸化炭素は組織細胞内から血液中に移動します。

これら3つのメカニズムがすべて機能することによって、自分自身で呼吸できるのです。したがって呼吸筋の麻痺や呼吸中枢の障害等で換気量が減少すると、適切なガス交換が肺胞でおこなわれなくなります。

Key Word

・酸素の大部分は、赤血球中のヘモグロビンによって運搬される。
・二酸化炭素の大部分は、赤血球内の炭酸脱水酵素によって重炭酸イオンに変化して運搬される。そのままの形で運搬される二酸化炭素は5％にすぎない。
・動脈血液中の酸素分圧や炭酸ガス分圧を測定することで、肺機能を評価することができる。

2. 呼吸器系

観察ポイント

　呼吸の型や呼吸数、呼吸の深さ、リズムを観察します。何らかの病気が疑われる場合、正常時の状態と比較することが大切です。そのため、飼い主家族からの主訴をしっかり聴取します。
・「呼吸の回数がいつもより多い」
・「努力して呼吸をしている」
・「呼吸が荒い」
・「息を吐くときいつもより胸が大きく動いている」
・「舌の色が悪いようにみえる」
・「呼吸が苦しそう」
など、いつもと異なる様子に対する訴えは非常に重要になります。

> **看護ポイント！**
> 　正常時の呼吸数を知り、呼吸の異常に気づくことがポイントです。
> 正常時（安静時）：（犬・猫）1分間に12～18回
> 緊張時や興奮時／来院時など（犬・猫）：1分間に30回以上
> ＊仔犬や仔猫では呼吸数が多い（若齢期は、肺胞の数が十分ではなく呼吸筋や胸郭が未熟なため、1回換気量が少なく、呼吸数は多くなるため）。

①「呼吸困難」と「呼吸不全」

　上記に挙げたような動物の呼吸の状態から、「呼吸困難」と「呼吸不全」の2つを考えることができます。
　呼吸困難は、人の医療では「呼吸が苦しいと感じたとき」と定義されており、その際にはチアノーゼ（血液中の酸素濃度が低下して皮膚や粘膜が青紫色になること）はみられません。一方、**呼吸不全**は、獣医学では、動脈血の酸素分圧が60 mmHg以下、二酸化炭素分圧が60 mmHg以上になる状態をいいます。このような状態では、チアノーゼがみられます。異常が疑われた場合には呼吸数のみで判断するのではなく、可視粘膜つまり、眼や口腔内、外陰部などの目視できる粘膜の観察などを同時におこなうことが必要になります。
　猫の場合は呼吸困難になると、気道を確保しようと鼻翼がはります（鼻翼呼吸）。また、重篤な呼吸不全時、危篤時に下顎を動かしながら呼吸する下顎呼吸なども異常な呼吸です。

②「呼吸促迫」あるいは「浅速呼吸」

「呼吸の回数がいつもより多い状態」をいいます。

正常な呼吸とは胸郭と横隔膜でおこなう胸腹式呼吸であり、吸気と呼気の運動が一定のリズムで規則正しくおこなわれます。呼吸が胸郭のみ、横隔膜のみでおこなわれている場合は異常です。このときには呼吸数が増加し、深さが減少しています。それぞれ横隔膜部、胸郭部が正常にはたらかないなんらかの異常があると考えられます。

③「過呼吸」や「減呼吸」

呼吸の深さは変化しませんが、呼吸数が増えたり減ったりする呼吸や、呼吸の深さ、つまり1回の換気量が増加したり減少したりする過呼吸や減呼吸も異常です。

④そのほかのさまざまな異常呼吸

リズムの異常にともなうさまざまな異常呼吸があります。危篤時などに呼吸の深さが無呼吸から徐々に深くなった後、再度浅くなるといったサイクルを繰り返す状態を「チェーン・ストークス呼吸」といいます。そのほか、髄膜炎や頭部の外傷により、深くて速い呼吸と無呼吸の不規則な状態が繰り返される状態を「ビオー呼吸」、糖尿病の昏睡状態などでみられる、深くゆっくりとした呼吸を「クスマウル呼吸」といいます。

> **看護ポイント!**
>
> 呼吸の正常／異常を判断するときは、呼吸の型・呼吸数・深さ・リズムなどをみていきましょう。また、体温が高いときなど、口でハアハアとパンティングをし、舌を出して熱を放出し、体温を調整している状態があります。このときはパンティングしながら動き回ることができますので、病的な呼吸困難とは異なります。

検査

呼吸器は常に動いている器官であるため、聴診によって空気の流れをみることが重要です。また、画像診断などで静止している肺を観察する方法もあります。いずれにせよ、呼吸困難の場合には1つ1つの検査が看護動物の負担になりますので、体位や酸素吸入など適切な配慮や処置が必要になるでしょう。

2. 呼吸器系

呼吸器系の病気

　呼吸器系の病気は、慢性的な経過をたどります。また病態は加齢とともに、増悪と寛解を繰り返しながら進行します。そのため、入院中だけでなく、退院後の日常生活へも影響を及ぼします。多くの呼吸器系疾患の症状である呼吸困難が、日常生活にどのような影響を与えるのか、なにが身体的・精神的な苦痛になっているか考えなくてはなりません。気道の浄化機能、換気量、酸素化能、セルフ能力についてアセスメントし、適切なアドバイスに結びつけましょう。

看護時と日常的な生活での配慮

　病気そのもの以外で呼吸機能へ影響を与える要因としては、年齢、体型（肥満の有無）、体位、運動、シャンプー、精神状態などがあります。若齢期は、肺胞の数が十分ではなく呼吸筋や胸郭が未熟なため、1回換気量が少なく呼吸数は多くなります。肥満の場合は、脂肪の沈着により横隔膜が下がること、胸郭が動きにくくなることで1回の換気量の減少や呼吸数の変化がみられます。座位では、重力により横隔膜が下がるため換気量が増加します。呼吸困難時は楽な姿勢をとろうとするでしょう。運動は酸素消費量が多くなるため、呼吸数が増加します。シャンプーは熱刺激によって交感神経が亢進するため、呼吸は増加します。同様に精神的緊張は交感神経活動を亢進させ、呼吸数を増加させます。逆にリラックス状態は副交感神経を優位にするため、呼吸数を減少させる場合もあります。

　単に呼吸数が多い、少ないということではなく、今みられている呼吸に影響を与える因子はないか考えることが大切です。診察時には、歩いて来院しているのか、家の外に出る機会の少ない動物なのかを確認しましょう。入院している場合は、体位によって呼吸の様子が異なるかなど、さまざまな角度から考えていきましょう。

看護アセスメント

　呼吸器疾患は、多くが加齢とともに徐々に進行し慢性の経過をたどります。そのため、退院後の家での生活で酸素療法が必要な場合もあります。呼吸

が苦しいということは、生活のすべての局面で苦痛がともない、動物看護師および飼い主家族の適切な援助が必要になります。呼吸のどの機能が劣るために起こる症状であるのかアセスメントをおこない、具体的な援助につなげることが重要です。

①気道の状態をアセスメント

　空気の通り道である気道は、粘液を分泌して気管支内壁を保護し、また、繊毛運動により異物を体外に排出し、生体を細菌から守っています。これを気道の浄化機能といいます。

　気道の浄化機能の観察としては、咳と痰の状態をみます。浄化機能が落ちると痰の量が増量し、痰の排出が困難になり、咳嗽（がいそう）という症状が現れます。

　痰とは、気道の粘膜腺から分泌される気道粘液や気道粘液に細菌や粉塵が混じったものをいいます。痰の量が通常より多くなるのは、炎症などによって粘液腺が刺激されたときです。しかし、炎症によって繊毛運動が障害されるために、痰の排出が困難になります。この状態では気道が閉塞して呼吸が苦しくなり、換気障害にもつながります。また、感染の原因にもなるでしょう。

　そのため、まず肉眼で痰の性状を観察します。
・どのくらいの頻度で痰を出すのか？
・泡状の痰なのか？
・サラサラして透明なのか？
・血液がどのような形で混じっているのか？
・ネバネバとした粘度はどうなのか？
　などです。
　また、痰がたまっているかどうかは、呼吸音を聞いて判断します。
・いびきのような音はどこから聞こえてくるのか？
・パリパリとした捻髪音（ねんぱつおん）なのか？
　など、気道が閉塞している状態を聞き分けていきましょう。

　咳が出るのは生体の防御反応であり、気道の分泌液や異物を出そうとする反応です。気道の浄化作用が低下していると、たまっている痰を出そうと常に咳をするような状態になります。同時に炎症などをともなうと、気道粘膜が敏感になるため咳が起こりやすくなります。

　咳の種類の観察としては、痰をともなう湿性の咳か、痰をともなわない乾性の咳かをみます。また咳が出る時間帯や場所なども観察すると、原因究明や看護援助に役立ちます。

　具体的な援助としては、生活環境の加湿・保温があります。空気が乾燥して気道の水分が奪われると、痰が固まりやすくなります。空気が乾燥していない

2. 呼吸器系

か確認し、必要があれば、痰を柔らかくして排出を促すために薬液吸入法なども処置に取り入れるように提案し、援助します。たまっている痰に感染が起こっていないかどうか、発熱や脈拍などから感染の徴候を早めに観察し、早期発見につなげます。

　同時に、低栄養にならないように管理することも大切です。咳が続くと呼吸困難や咽頭・胸部・腹部のいたみが生じ、エネルギーが消費されるからです。人医療での研究では、1回の咳で2kcalが消費されるといわれています。咳は動物の体においてもかなりの負担になると考えられます。低栄養状態は、呼吸筋を含めた筋肉量の減少を招きます。筋肉量の低下は運動能力の低下にもつながり、また、免疫力も低下させ、感染の危険性を高めます。したがって、体格、体重から栄養状態をアセスメントし、TP（総蛋白）、ALB（アルブミン）など必要な検査データを確認しておきましょう。栄養状態が悪い場合は、改善のため具体的な食事の種類や内容を把握し、援助するようにしましょう。

②換気量をアセスメント

　生体は呼吸をおこないながら、酸素と二酸化炭素の交換をしています。通常、犬・猫であれば、1分間に安静時で12〜18回、緊張すれば30回ぐらい呼吸をします。この1回の呼吸の大きさを換気量といいます。何らかの疾患にかかると、この換気量が低下し、ガス交換に影響を与えてしまいます。

　換気量が低下するおもな原因は、気道の狭窄と、肺の弾力性の低下といわれています。呼吸をするには空気の出入りする道が必要であり、また、呼吸運動をおこなうのは肺自身の弾性による力だからです。

　換気障害は、大きく分けて拘束性の換気障害、閉塞性の換気障害、混合性の換気障害の3つに分類されます。1つ目の拘束性の障害とは、うまく息が吐き出せない状態をいいます。これは、呼吸運動をつかさどる胸郭の拡張・収縮や、弾性の低下によって起こります。2つ目の閉塞性の換気障害は、気道の狭窄や閉塞によって十分に息が吐き出せない状態です。以上の2つの障害では正常な換気ができないため、呼吸運動が増加し、その結果、呼吸困難になるのです。このような状態になると呼吸筋が疲労し、さらに悪化した換気障害を起こしてしまいます。これが3つ目の混合性の換気障害です。

　換気量をアセスメントするには、人の場合は呼吸機能検査として肺活量や肺気量分画から換気障害の診断をおこないますが、動物の場合では、呼吸数、呼吸のパターン・深さ、動脈血二酸化炭素分圧値、呼吸困難の状態を観察しなくてはならないでしょう。呼吸回数、呼吸のパターン・深さの観察法は、**表1**を参照してください。

動脈血二酸化炭素分圧値は、動脈血内の二酸化炭素の量をみる指標です。血液のガス交換がうまくおこなわれないと血中の二酸化炭素の量が増えます。そのため、動脈血二酸化炭素分圧値は、換気状態を判断する目安になります。

表 1　呼吸の種類と特徴

種類		特徴
正常	正常呼吸	一定のリズムで呼吸を繰り返す
	パンティング	犬の場合、舌を出してハアハアとすることで熱の放出をする（体温調整）。この呼吸状態でも動き回ることができる
呼吸数の異常	頻呼吸	呼吸数が正常より多い
	徐呼吸	呼吸数が正常より少ない
深さの異常	過呼吸	一回の呼吸（換気量）が深い（増加）
	減呼吸	一回の呼吸（換気量）が浅い（減少）
深さと回数の異常	多呼吸	深さと回数が増加
	少呼吸	深さと回数が減少し、休息期が長い
	クスマウル呼吸	異常に深い呼吸が持続、雑音がともなう
周期の異常	チェーン・ストークス呼吸	深い呼吸と無呼吸が交互に現れる
	ビオー呼吸	無呼吸の状態から急に呼吸を4～5回おこない、再び急に無呼吸になる。周期は不規則

表 2　呼吸音の種類と特徴

種類		特徴
正常音	肺胞呼吸音	吸気時「サー」と聞こえる小さな音、呼気時はほとんど聞こえない
	気管・気管支呼吸音	気管・気管支の走行している箇所で聞こえる。肺胞呼吸音より高音で、呼気も吸気も聞き取れるが、正常では周囲の肺組織に吸収され聞き取りにくい
	気管支肺胞音	肺胞呼吸音と気管・気管支呼吸音の中間であいまい
病的呼吸音	断続性ラッセル音 ①水泡音 ②捻髪音	①断続した低調性でブツブツ音、吸気呼気ともに聞き取れる ②吸気終末期に高調性のプチプチ音
	連続性ラッセル音 ①笛音（喘鳴） ②いびき音 ③胸膜摩擦音	①高音性の長時間連続する音、呼気時に聞き取れる ②低音性の長時間連続する音、吸気呼気時ともに聞き取れる ③胸膜が擦り合わされた「ズズッ」とした音、吸気呼気時ともに聞き取れる

2. 呼吸器系

　生体の反応としては、血圧の上昇、心拍数の増加が起こります。動脈血二酸化炭素分圧値が高くなると、情報伝達物質である生体アミンの分泌が増加して末梢血管が収縮し、不足酸素を補うために心拍出量が増加します。血圧や心拍数の観察が早期発見につながりますが、どちらも精神的な緊張によっても数値が変化するものですから、動物の様子を見ながら数値と照らし合わせる必要があります。

　また、動脈血二酸化炭素分圧値の正常値は 40±5 mmHg で、これ以上高い数値は異常があることを示しています。動脈血酸素分圧の値と合わせてみることが大切です。動脈血二酸化炭素分圧が高いと動脈血酸素分圧が低くなって低酸素血症になっていることが多いためです。

　同時に、血液中の酸塩基平衡（酸とアルカリのバランス）、つまり pH の値も忘れずに確認する必要があります。血液の pH は二酸化炭素と重炭酸イオンの比率で決まります。動脈血二酸化炭素分圧値が著しく上昇、あるいは低下すると酸塩基平衡が崩れ、危険な状態に陥ります。たとえば、動脈血二酸化炭素分圧値が低下し動脈血の pH が 7.45 以上になっている場合は、血液がアルカリ性に傾いた状態で、呼吸性アルカローシスといい、脳の血流量が減少し、失神や意識喪失などを起こします。また、動脈血二酸化炭素分圧値が上昇し動脈血の pH が 7.35 以下になっている場合は、血液が酸性に傾いた状態で呼吸性アシドーシスといい、二酸化炭素の血管拡張作用によって脳の血流量が増加し脳浮腫が起こります。呼吸性アシドーシスの状態が続くと、心拍出量が減少し、血圧低下から心不全やショックを起こして危険な状態になります。

　呼吸が苦しいということは、疼痛と同じで主観的な感覚であり、言語でのコミュニケーションができない動物が、感じている苦しさの程度を評価することは難しいでしょう。そこで参考にしてほしいのが人医療で使われているヒュー・ジョーンズの「呼吸困難の分類」というものです（**表3**）。これは生活行動の中から呼吸困難の程度を分類するやり方です。このように「いつもなら○○するのにしない」「以前は○○できていたのにできなくなった」といった視点で飼い主家族の話を聞き判断します。入院中の生活行動についても、トイレの回数、散歩の様子、動き回り方など、行動の観察をすると動物の症状を把握することができるでしょう。

③酸素化能力をアセスメント

　酸素化とは、末梢組織の細胞に酸素が届いた状態をいいます。気道から入り、肺胞でガス交換された酸素は、血流に乗って体内を循環し、末梢組織の細胞に届きます。この過程で何らかの障害を受けたときに、酸素化能力が低下して必要な酸素を取り込めない状態になります。たとえば、呼吸筋の障害により

表3 ヒュー・ジョーンズの「呼吸困難の分類」

分類	臨床所見
Ⅰ度	同年齢の健常者と同様の労作ができ、歩行、階段昇降も健常者並みにできる
Ⅱ度	平地で同年齢の健常者と同様に歩けるが、坂、階段では息切れを感じる
Ⅲ度	平地でも健常者並みに歩けないが、自分のペースでなら1.6 km以上歩ける
Ⅳ度	休みながらでなければ50 m以上歩けない
Ⅴ度	会話、衣服の着脱にも息切れを自覚する。息切れのため外出できない

酸素が吸い込めなかったり、呼吸中枢の興奮によって呼吸回数が増えたために酸素不足に陥ったりすることがあります。前述したように換気の障害で血中の二酸化炭素が増えたり、血流の障害（ヘモグロビンの減少など）で酸素を運べなかったりといったケースも考えられます。そのため、呼吸困難や生命維持のために必要なエネルギーの産生不足、細胞の壊死、必要な化学反応がおこなえないなどの症状が起こります。

酸素化能力のアセスメントとしては、動脈血酸素分圧値、動脈血酸素飽和度、チアノーゼの有無の観察をすることが必要になります。

動脈血内に含まれる酸素の量を表す動脈血酸素分圧値は正常時には80～100 mmHgです。また、動脈血内にある全体のヘモグロビンに対する酸化ヘモグロビン量（酸素を抱えているヘモグロビン量）の割合を示す動脈血酸素飽和度の標準値は94～98％です。人の場合、息苦しさ、つまり呼吸が苦しいと自覚する値は動脈血酸素分圧値が50 mmHg以下といわれ、この状態を低酸素血症といいます。このとき、酸素飽和度も急激に低下します。このことは酸素飽和曲線からも明らかです。

動脈血酸素飽和度をみるには、採血しなくてもパルスオキシメーターを用いて測定することができます。舌、頬部、耳介等に器械を挟んで酸素ヘモグロビンと還元ヘモグロビンの色調の違いによって吸光度を検出し、その割合を算出するものです。この機器で測定した場合は「経皮的動脈血酸素飽和度（SpO_2）」と表現します。

舌、口唇、耳介など本来健康な場合なら赤みがかっている部分が青紫色になっていることをチアノーゼといい、目で観察することができます。これは、皮膚が薄い部分や毛細血管を覆っている粘膜が、血液の色調そのままに見えるため、酸素を失った還元ヘモグロビンの青紫色が観察できるのです。

これらを観察することで、酸素化能力をアセスメントすることができ、早期に低酸素血症状態に気づくことができます。また、低酸素血症状態の徴候がみられたときは獣医師へ報告し、酸素消費量を最小限に抑えるため、安静を保て

2. 呼吸器系

るよう援助します。獣医師の指示のもとで、より迅速かつ安全な酸素吸入療法の実施が必要になるでしょう。

④日常生活行動への影響をアセスメント

　息苦しいということは、生活行動のすべてに影響を与えます。わずかな動作も呼吸困難を生じることになるため、看護動物がどんな動作をおこなうときに呼吸困難が生じるのかをアセスメントすることが必要になります。自宅療養中であれば飼い主家族の詳細な観察から情報を得ることが必要になり、入院中であれば詳細に生活動作の観察をしなくてはなりません。

　生きていくために必要な生活動作としては、食事、排泄、睡眠があります。食事は十分にできているでしょうか？　息苦しさから十分に食事ができていない可能性はないでしょうか？　呼吸機能が低下しているということは、咳によるエネルギーの消耗・酸素消費量の増大もあり、より多くの栄養が必要になります。食事ではどのような形状が食べやすいのか、少量で高カロリー摂取できるものにするのかなど、その看護動物の疾患の状態や好みも考慮に入れながら工夫する必要があるでしょう。また、気道の水分が減少しないように、計画的な水分補給も必要です。

　動くと呼吸が苦しくなるため排泄を我慢してしまう可能性もあります。トイレに行くときの動作はどうか、排尿1回の量はどうか、1日量として適切であるか、膀胱炎などの感染症になっていないかなど詳細に観察する必要があります。トイレを寝床に近づける、排泄場所まで抱いて連れて行き、何度も排泄を促すなど、どのような援助が必要かアセスメントしましょう。

　健康な状態であっても睡眠中には換気量が低下します。そのため、呼吸器疾患がある場合、睡眠中に呼吸状態が悪化したり、不眠を引き起こす可能性があります。どのような体位で寝ているか？　呼吸の異常はないか？　顕著ないびきは見られないか？　などの点を観察しましょう。呼吸が苦しい場合、仰臥位や側臥位は肺胞を圧迫して肺が十分に膨らまないので、とらないと考えられます。多くは、横隔膜が下がって胸郭が広がりやすく、換気量が増加する座位をとるでしょう。しかし、この体位は筋肉の緊張も強くなります。もたれかかれる支えがなければ筋肉の収縮にも酸素が必要になり、苦痛が大きくなります。うつらうつらしてもケージ内の壁に頭をぶつけることなく、また、もたれかかって休めるような工夫をする必要があるでしょう。

表4 呼吸器疾患で用いる薬

薬剤	特徴	代表的な薬剤	副作用
気管支拡張剤 ①アドレナリン刺激薬 ②アドレナリン作動薬（β_2アドレナリン受容体刺激薬）	気管を広げ呼吸を楽にする ①気管支の交感神経にはたらきかける ②気管支を拡張する効果のみ	①エフェドリン 　メチルエフェドリン 　イソプロテロール ②サルブタモール 　テルブタリン	①頻脈、血清カリウム値の低下
キサンチン誘導体	気管支平滑筋を弛緩させ、炎症反応も抑制する。強心・利尿作用、横隔膜の収縮力増大、呼吸中枢の刺激等の作用もある	テオフィリン アミノフィリン ジプロフィリン	悪心・嘔吐、不整脈 ＊薬物血中濃度に注意する
抗コリン薬	気管支の平滑筋を収縮するはたらきに作用する	イプラトロピウム	副作用は少ない 口渇
鎮咳薬	咳を止めるはたらき ①咳を引き起こす中枢神経に作用 ②気道粘膜における求心性インパルスの生成を抑制する	①リン酸コデイン ②デキストロメトルファン	①呼吸抑制、あくび、くしゃみ、嘔吐 ②呼吸抑制
去痰薬	痰の粘り気を少なくし、痰の切れを良くする ①気道潤滑薬 ②気道粘膜修復薬 ③気道粘膜溶解薬 ④気道分泌促進薬	①チロキサポール 　アンブロキソール ②カルボシスティン ③アセチルシステイン ④塩酸ブロムヘキシン	①まれにアナフィラキシー様症状 ②③まれに肝障害 ④まれにアナフィラキシー様症状、嘔吐
抗炎症薬 ・ステロイド	炎症を抑える強い作用	デキサメサゾン プレドニゾロン ベタメタゾン コルチゾン	免疫系を抑制する作用も持つため、感染症を悪化させることもある
抗菌薬 ・抗生物質 ・合成抗菌薬	細菌を死滅させる、もしくはその増殖を抑える薬	各種	それぞれの薬剤を参照
呼吸中枢作動薬 ①呼吸興奮 ②呼吸抑制	①呼吸をうながす ②過呼吸に対して呼吸を抑制する	①ドキサプラム 　ジモルホラミン ②モルヒネ	

●代表的な疾患
2-1. 鼻腔内腫瘍

1）特徴

○**病態**
- 鼻腔内に発生する腫瘍で、発生頻度は低いがほとんどが悪性。犬の鼻腔内の腫瘍は、長頭種の方が短頭種に比べて多い傾向にある。発生する腫瘍の種類は腺がんが多く、ほかに扁平上皮がん、悪性リンパ腫などがある。
- 猫の場合は悪性リンパ腫が多い。発生部位としては、おもに鼻甲介を中心に、片側性に発生し、鼻腔の中央部に発生する症例が多い。

○**症状**
- 水様性の鼻汁の排泄、鼻出血、鼻閉、「いびき」など。飼い主家族が鼻出血、顔面部の変形に気づいて動物病院を訪れることが多い。
- 進行すると鼻骨などの骨を破壊し、皮下浸潤を起こし、鼻部および顔面部が膨脹または変形する。口腔側に腫瘍が浸潤し、歯肉、口蓋部にまで及ぶこともある。
- 眼下の骨破壊および腫瘍の浸潤の結果、眼球の突出や変位、頭蓋腔への腫瘍の浸潤が起こり、脳神経症状を起こす。

2）検査・診断

●**血液検査**
- 一般血液および血液生化学検査上、鼻腔内腫瘍としての特徴的な所見はない。腫瘍の増殖ならびに局所浸潤が高度になれば、細菌性鼻炎などの感染症を合併するために発熱や白血球の増加を認めることがある。また、大量の鼻出血を起こすことから、貧血がみられることもある。

●**X線検査**
- 単純X線検査によって、鼻腔内の占拠性病変、骨破壊像を確認する。

●**CT検査、MRI検査**
- 鼻腔内構造を正確に描写することができる。

●**その他の検査**
- 外鼻孔からの生検や細胞診、組織診断も可能。

3）治療

- 外科療法は、鼻出血、鼻閉などの症状の改善と延命を図るために腫瘍塊を切除する目的でおこなわれる。放射線治療では、腫瘍塊を減少させ、延命を図ることが目的となる。
- 外科療法や放射線治療が用いられるが、寛解は期待できず多くが再発する。外科療法、放射線治療、抗がん剤投与など複合療法となる。発生した腫瘍の種類が悪性リンパ腫の場合は、手術をおこなわず、放射線治療と抗がん剤投与による治療がおこなわれる。

看護アセスメント

4）一般的な看護問題	5）一般的な看護目標
〈内科療法の場合〉 ・鼻汁・鼻閉など疾患からくる症状や、化学療法、放射線療法などの副作用による苦痛がある。 ・骨髄抑制や栄養状態低下により感染の危険性がある。	・症状が緩和され、安楽な生活を送ることができる。 ・感染が起こらない。 ・必要な栄養摂取量がとれ、体重減少がない。 ・飼い主家族が不安を表出することができる。

- 化学療法や放射線治療による副作用に関連して食欲不振があり、栄養状態が低下する可能性がある。
- 飼い主家族にとっては病状の進行や不確かな予後に対する不安がある。

6) 看護介入

①観察項目
- 水様性の鼻汁、鼻出血、鼻閉、「いびき」、顔面部の変形、鼻部および顔面部が腫脹または変形、歯肉と口蓋部の腫脹、眼球の突出や変位、脳神経症状、日常生活行動への影響。
- 検査データ（顆粒球、好中球、CRP）、食事摂取時の様子、栄養の評価（1日の摂取カロリー、BCS、TP）、化学療法による副作用、放射線治療による副作用。

②援助項目
- 鼻汁の分泌状況を確認し、症状が緩和されているか、日常生活でどのような介入が必要かをアセスメントし援助する。
- 症状によって引き起こされる苦痛や生活行動への影響をアセスメントし援助する。
- 感染のリスクを防ぐために、生活環境を整える。
- 化学療法中の看護援助をする。
- 放射線治療中の看護援助をする。
- 嘔吐や口腔内の状態による食欲不振や摂取障害があれば、食事援助の工夫をする。

③飼い主家族への支援
- 疾患や治療を受け止められるよう、不安の程度を把握し、思いや感情が表せるよう援助をおこなう。
- 自宅療養での工夫や対処ができるように情報を提供する。

2-2. 猫喘息

1）特徴

○病態
- 猫が気管支炎の症状を示している場合を猫喘息とよび、気管支喘息や慢性喘息性気管支炎などがある。
- 芳香剤、タバコの煙、ハウスダスト、トイレの埃、洗剤、スギ花粉などを吸引することによる気道炎症や、下部気道閉塞による咳、喘鳴、呼吸困難が原因となる。しかし、原因ははっきりとわからない場合が多い。

○症状
- 気管支喘息では、咳にともなう発作的な呼気性の呼吸困難がみられ、軽症から生命に危険が及ぶものまである。チアノーゼで開口呼吸状態になり、空気嚥下のため腹部膨満になる。慢性喘息性気管支炎の場合は、咳をともなう発作性の呼吸困難を示し、しばしば嘔吐するような動作がみられることもある。
- 聴診すると呼気性の喘鳴音が聞こえる。
- 気管支喘息は2～3歳の若齢時に多く、慢性喘息性気管支炎は4～8歳の中～高齢でみられる。いずれもシャム猫あるいはシャム猫雑種によくみられる。

2）検査・診断

●胸部X線検査
- 検査所見は、重症度や症状によってさまざまで、気管支の陰影や斑状の肺胞性陰影、肺の過伸展と陰影や横隔膜の直線化がみられることがある。

●その他の検査
- アレルゲンの特定が難しいため、臨床徴候、胸部X線検査、コルチコステロイド療法での急激な症状の改善から診断する。全身麻酔下で気管支肺胞洗浄液検査をおこない、好酸球数の著しい増加があれば、可能性が高いと考えられる。

3）治療

- 治療法は、①基礎的病因の排除、②抗炎症療法（ステロイド療法）、③気管支拡張療法がある。

看護アセスメント

4）一般的な看護問題	5）一般的な看護目標
・喘息発作による呼吸困難。 ・痰の粘ちょう度が増し、気道浄化が困難。 ・飼い主家族の、薬物療法での管理が不適切になりやすい。	・喘息発作が寛解し、生活行動ができる。 ・咳や喘鳴がない状態になる。 ・飼い主家族が喘息発作をコントロールすることができる。

6）看護介入

①観察項目
- 呼吸困難の程度の観察、呼吸数、呼吸音（ラ音、喘鳴）、咳、痰、呼吸時の姿勢の観察。
- 動脈ガス分析、胸部X線検査所見、酸塩基平衡（pH、$PaCO_2$）の把握。
- チアノーゼの有無の確認。
- 水分摂取量、室内環境（湿度）の確認。
- 正確に薬物を内服できているか、薬物の効果と副作用を確認。
- 発作の原因、寄与因子、増悪因子を把握。

②援助項目
- 呼吸の介助として、薬物の内服、酸素療法、点滴療法の援助と管理をおこなう。
- 治療の効果と副作用を観察し、獣医師に報告、相談する。
- 水分出納に留意し、水分摂取を勧める。
- 楽な呼吸ができる姿勢を考慮し、ケージ内を快適な環境に整える。

③飼い主家族への支援
- 喘息発作の状況を飼い主家族に聞き、原因、寄与因子、増悪因子について説明し、どのような発作の原因があるかを考え、環境整備をおこなうように指導する。
- 自宅療養中に発作が起こった際の対処方法を説明し、喘息死を防ぐために、飼い主家族が管理を継続できるように支援する。

2-3. 喉頭麻痺

1) 特徴

○病態
- 喉頭神経の機能不全や喉頭筋へ分布する神経の遮断により、喉頭の麻痺が生じる。先天性の喉頭麻痺は、喉頭麻痺患者全体の20%といわれ、後天性の場合は特発性に発症する。ミオパシー、ニューロパシー、外傷、甲状腺機能低下症、自己免疫疾患などの疾患から続発して起こるものとの鑑別が必要になる。猫での喉頭麻痺の発症はまれである。

○症状
- 症状は、喘鳴や運動不耐性からはじまる。麻痺が進むと喉頭は気道内へ変位するため、気道が閉塞し、呼吸時に喘鳴を呈する。気道が閉塞すると呼吸困難、チアノーゼ、虚脱がみられる。唾液や食物をうまく飲み込むことができないと咳が出て、さらに誤嚥する可能性もある。

2) 検査・診断

- 喉頭鏡の検査で、喉頭内の構造が正常な位置にあり、機能しているかをみる。
- 超音波画像診断で、喉頭の運動性を評価する。
- 神経検査で、神経・筋症状がないかを確認する。必要に応じて、筋電図検査をおこなう。
- 胸部X線検査や血液検査は、他の疾患との鑑別、除外診断として用いられる。

3) 治療

- 軽症であれば、喉頭の浮腫と炎症に対してプレドニゾロンやデキサメタゾンを投与する。呼吸症状に対しては、酸素療法をおこなう。症状が重篤な場合や改善が見られない場合は、部分的咽頭切除術や気管切開術が適応される。

2-4. 短頭種気道（閉塞）症候群

1）特徴

○**病態**
- 短頭種の喉頭で解剖学的な構造異常があるため、気道が閉塞する疾患である。外鼻孔の狭窄、扁桃腺の腫大、軟口蓋の過長、喉頭の反転小嚢、声門の狭窄、喉頭や気道の虚脱がみられる。これらの異常により上部気道が狭くなり、興奮時に窒息や失神状態、熱中症となる。

○**症状**
- ガチョウのような特徴的な呼吸音をともなった呼吸困難に加えて、興奮と発熱がおもな徴候である。運動不耐性、睡眠時の窒息等がある。

2）検査・診断

- 喉頭鏡による構造異常の確認をおこなう。
- 胸部X線検査による他の上部・下部呼吸器疾患との鑑別診断をおこなう。

3）治療

- 軽症の場合、鎮静、酸素吸入、冷却などで一時的に改善を図る。
- 外科療法として、軟口蓋の短縮および喉頭球形嚢の摘出などが必要になる。

2-5. 気管虚脱

1）特徴

○**病態**
- 気管軟骨の形態異常によって、気管内腔が狭少化した病態をいう。小型犬種や短頭種に起こりやすく、また、6歳以上の肥満犬に多い。
- 気管虚脱の原因は不明であるが、遺伝的要因、先天的要因、栄養的素因などがあるといわれている。

○**症状**
- ガチョウの鳴き声のような咳が、間欠的に発生する。しばしば、気道分泌物を出そうとして開口し、嘔吐するような動作がみられる。
- 重度になると運動不耐性になり、時には失神、発熱、呼吸困難、重症で呼吸不全状態に陥る。

2）検査・診断

●**胸部X線検査**
- 胸部X線にて、他の疾患と鑑別する。吸気時と呼気時の2枚ラテラル撮影をおこなう。吸気時の撮影で頚部気管の虚脱、呼気時の撮影で胸腔内気管の虚脱と、どちらの箇所での虚脱であるかを診断できる。
- 保定する際に、頚を過度に屈曲すると正しい診断をしにくいので注意する。

3）治療

- 内科療法をおこなう。咳の消失あるいは軽減のために鎮咳剤、興奮を抑制するために鎮静剤、気管支拡張剤などが用いられる。肥満犬であれば体重の減少を促す。首輪を使用している場合には胴輪への変更を勧め、適切な温度と湿度の環境下で飼育し、症状の軽減を図ることが治療となる。
- 内科的治療で症状の改善が全くみられなければ、外科的治療が検討される。

2-6. 肺水腫

1）特徴

○病態
- 肺の毛細血管壁から肺の間質、肺胞、気管支へ体液が漏出し、貯留している状態。それによって、低酸素血症が起こり、関連した呼吸器症状を示す。
- 静水圧性（高血圧性）肺水腫と透過亢進性肺水腫に分類される。
- 静水圧性肺水腫は、心原性、肺血栓塞栓などで肺水腫が起こる。
- 透過亢進性肺水腫は、急性呼吸窮迫症候群などで、炎症性伝達物質によって血管基底膜と肺胞上皮が破たんすることで、赤血球など分子量の大きい物質が肺内に漏出したことにより起こる。

○症状
- 原因、症状の重篤度はさまざまである。一般的には、湿性の咳、呼吸困難、犬座姿勢、運動不耐性、泡沫性鼻汁などがみられる。聴診では、吸気終末時の捻髪音、重度になると水泡音や喘鳴音が聴取できる。心原性の場合には、心雑音が聞こえる。

2）検査・診断

●胸部X線検査
- 胸部X線検査所見によって、心原性肺水腫と非心原性肺水腫に分けられる。
- 心原性肺水腫では、肺胞、間質の陰影（肺胞・間質パターン）で、肺水腫の病変が肺門部から末梢へと対称性に広がっている。肺動脈に比べ肺静脈の方が拡大している。心陰影の拡大および心疾患にともなう肺循環系の変化がみられる。
- 非心原性肺水腫は、原因によってさまざまであるが、心陰影の拡大はみられない。

●その他の検査
- 心原性であれば必要に応じて、心エコー検査、心電図検査などをおこなう。非心原性では、症状や身体検査所見、基礎疾患、既往歴などから判断する。

3）治療
- 治療方針は、原疾患の治療、水腫の除去および低酸素血症の改善を目的として立てられる。
- 酸素吸入や安静にすることが必要になる。
- 基礎疾患の重症度によって予後は異なるが、基礎疾患に対する薬物療法などの管理を徹底することが重要となる。

2. 呼吸器系　疾患看護

Step Up

呼吸困難がある動物の看護

1）一般的な看護問題
・呼吸困難による身体的な苦痛。
・呼吸困難による生活活動での動作の障害。
・肺合併症を起こすおそれがある。
・飼い主家族のもつ、呼吸困難が継続するのではないかという不安。

2）一般的な看護目標
・呼吸困難の症状が緩和する。
・残存する呼吸機能を維持し、生活動作をおこなうことができる。
・肺合併症が起こらない。
・飼い主家族が不安を表出することができる。

3）看護介入
①観察項目
・動脈血液ガス分析、経皮的動脈血酸素飽和度、血液検査（RBC、WBC、Ht、血小板、生化学検査）、胸部X線検査
・呼吸状態（呼吸数、呼吸の深さ、呼吸音、呼吸時の姿勢）
・呼吸困難の種類と程度（呼吸補助筋の活用の程度）
・呼吸困難の随伴症状（咳、チアノーゼ、発熱、意識障害など）
・栄養の摂取状況
・体液バランス
・水分出納
・治療効果および副作用
・治療法に対する飼い主家族の要望

②援助項目
・呼吸困難の原因、成因となる疾患を明らかにできるよう、獣医師に情報を提供する。
・薬物療法、酸素吸入療法、人工呼吸法など、治療に対する援助をおこなう。
・呼吸を安楽におこなうことのできる姿勢を保持するための工夫をする。
・興奮せず、安静に過ごすことのできる環境を整える。
・呼吸困難時であっても、水分や食事を摂取できるよう援助する。
・感染予防のために、清潔な環境を保つ。
・触れることで看護動物が安心する場合は、筋肉のマッサージも兼ねてさする。

③飼い主家族への支援
・呼吸機能を維持するための行動や生活調整を指導する。

・飼い主家族が、原因や誘因を理解し、生活環境を自ら管理できるように支援する。
・不安や看護動物の変化を話すことができるように促す。

★看護解説 —呼吸器編—

❶パルスオキシメーター

　動脈血酸素飽和度を非侵襲的に測定する器械です。動脈血を採取して血液ガス分析をおこなう方法にくらべ、看護動物に与える負担が少ない点が特長です。機器のセンサーを耳介、舌、頬部などにはさんで赤外線をあてることによって、血液中の酸素ヘモグロビンと還元ヘモグロビンの割合を測定し、酸素飽和度を調べることができます。パルスオキシメーターで測定した動脈血酸素飽和度は、SpO_2（経皮的動脈血酸素飽和度）と表記されます。測定部の血流によって値が変動するため、皮膚の損傷があるところや皮膚が黒い箇所など、センサーの吸光度が不安定になる部位は避けて使用します。安定して測定できるところを探しましょう。測定不能となった時には、血圧の低下や血流障害がないか調べて下さい。

❷酸素吸入

　なんらかの原因で組織の酸素が欠乏している看護動物に、体内に取り込む酸素量を増加させる目的で高濃度の酸素を吸入することをいいます。酸素を吸入することで、組織への酸素の供給量を増加させて動脈血酸素分圧を上げたり、心筋や呼吸筋の負担を軽くして仕事量を軽減させたりするために用います。大気中には酸素が約21％含まれていますが、吸入に用いる酸素はカニューレで3～5L/分での流量で、濃度が約32～40％です。

　看護動物に酸素吸入するには、マスクを用いて吸わせる方法やケージ内（居住する空間）に酸素を流す方法があります。酸素を供給するには中央配管を通したり、酸素ボンベを使用したりします。動物看護師は、酸素吸入用の機器の取り扱い法や酸素吸入をしている看護動物の観察方法などを知っておく必要があります。

　酸素ボンベは、液体酸素を気化させて35℃にし、120～150倍の密度に圧縮した状態で高圧ガス容器につめたものです。容量は150～7,000Lまであり、大きさもさまざまです。酸素ボンベの容量はm^3、圧力単位はMPaで表記されるようになっています（国際単位系の採用）。使用上する際は直射日光にさらさない、40℃以上のところには置かない、移動の際は必ずキャスターを用いて、保管や使用時も転倒防止の固定をするように注意します。なお、容器は5年に1回検査を受ける必要があります。圧力調整器は3.0～5.0kg/cm^2に調節し、加湿器と流量計をつけて酸素切れがないように、つねに残量を確認します。

> 参考：ボンベ残量(ℓ)：ガス容量(ℓ)×ボンベ圧力MPa(調整圧力)/
> 　　　15MPa(容気圧力)
> 　　　ボンベ使用可能時間：ボンベの残量×1/酸素吸入量(分)と計算します。

　まず、酸素を安全に投与するために、病床環境を整える必要があります。酸素は燃焼を助けるため、火気厳禁とします。また、冷感や興奮によって酸素消費量が増加しないように体温調整をおこない、落ち着ける環境を用意しましょう。基礎となる呼吸状態をアセスメントし、SpO_2 なども把握しておきます。酸素供給源と接続部位が外れていないか、酸素流量計を開いて酸素が流れてくるか確認し、指示量の酸素投与を開始します。酸素吸入開始後は、しばらくそばにいて観察してください。慢性の呼吸不全の看護動物の場合は、呼気が充分でないため、炭酸ガスが肺胞にたまっています。急に高濃度の酸素吸入をすると無呼吸になり、酸素が肺の中に少ない状態になり危険です。よって、少しずつ酸素量を上げ、看護動物の様子を観察しましょう。落ち着かない様子やあくび、鼻翼と鼻孔の拡張、意識レベルの低下、心拍数の増加、チアノーゼ、呼吸困難など、低酸素血症の徴候がないか注意します。

　酸素吸入継続中は、気道を乾燥させないための加湿の蒸留水はあるか（近年4L/分以下は加湿しないなどの報告もあるが、あくまでも看護動物の状態に合わせる必要がある）、正確に酸素吸入がおこなわれているか、チューブが外れたり、折れたり、つぶれたりしていないか、チューブ内に水滴が発生して流れを妨げてはいないか、確認する必要があります。

　また、酸素の過剰投与が続いていると、肺の組織が損傷され無気肺や肺胞内出血などの合併症がおこります。酸素が必要かどうか客観的データをもとに判断し獣医師に報告・相談する必要があります。

　看護記録には、酸素開始時間、酸素量が変更された時間、酸素吸入装置の種類、酸素流量、看護動物のバイタルサイン、特に呼吸音など呼吸状態のアセスメント、看護動物の様子を記載します。

❸在宅酸素療法（home oxygen therapy：HOT）

　慢性呼吸不全などの看護動物を対象に、自宅で酸素療法をおこなうことです。住み慣れた家での酸素療法は労作時の呼吸困難を軽減することができ、QOLを改善することができます。室内の空気から高濃度酸素を発生させる酸素濃縮器という装置を使用し、濃縮された酸素をペット用の酸素ハウスへ供給します。このようなハウスがレンタルできるシステムがあります（http://www.terucom.co.jp/dokusou.htm）。

　在宅酸素療法をおこなう看護動物に対する動物看護介入としては、飼い主家

族の不安を知り、飼い主が在宅での療養ができるのか確認しなければなりません。家庭での療養生活を支援することが動物看護師の役割となるでしょう。必要であれば訪問し、実際に使い方を教えることも大切でしょう。急性増悪や機器のトラブル時などの連絡方法や対処方法などを、必要に応じて業者の協力を得ながら指導していきましょう。

❹ネブライザーによる薬液吸入療法

　エアロゾル（粒子）化した薬物を気道局所に投与する方法で、呼吸器疾患に特有の治療方法ともいえるでしょう。病変部の気道に直接薬液を投与することにより、即効性があり、全身への副作用も少ないといわれています。動物の場合は、自分で口元まで持っていくことができないため、1回ごとに吸入を援助する形になるでしょう。1回分の薬液を器具に入れておこなうネブライザーとあらかじめ複数回分の薬剤を充てんする定量噴霧器があります。その装置によって噴霧される構造が異なり、吸入する粒子の大きさも異なります。吸入器具の特徴と方法を理解して、看護動物の状態に合わせておこなうことが必要になります。例えば、喘息や喘息様の気管支炎などの場合に、超音波ネブライザーを用いて吸入する器械があります。超音波ネブライザーでは、超音波の振動により粒子を非常に細かくでき、大量に発生させることができます。肺胞レベルの局所に効果があるため、指示された薬液などの準備は清潔におこないます。吸入する前の呼吸状態のアセスメントをおこない、吸入開始後は、薬物に対する反応を観察しながら、動物の鼻と口に向かって噴霧します。吸入後の呼吸の状態を観察してください。終了後は、可能であれば濡れガーゼなどで口腔ケアをおこない、薬物の副作用を防ぐとともに清潔にしてあげてください。

　看護記録には、薬物の種類や量、吸入時間、吸入前後の呼吸音など、また、吸入時の看護動物の反応を記録してください。使用後の器具は、感染を防止するため清潔な場所に保管します。

❺人工呼吸器

　なんらかの理由で自発的に十分な換気と酸素化ができなくなったときに、人工的補助手段として用いられます。呼吸停止や呼吸不全の状態になっている看護動物に機械による呼吸又は補助呼吸をおこなうことです。動物の場合は、気管内挿管あるいは気管切開をして人工呼吸をおこないます。獣医師が換気量、気道内圧、呼吸回数、吸気時間、呼気時間、吸・呼気開始タイミングなどを決定します。

　動物看護の援助目標としては、呼吸状態が改善され、早期に人工呼吸器から離脱できることと、合併症を起こさないことが挙げられます。効果的に分泌物

を喀出できるように十分な酸素化ができているか、呼吸のパターンは安定しているかなどを観察し、安楽な呼吸への援助を目指します。人工呼吸器を装着する場合は、身体の動きが制限されることと、代謝が亢進しエネルギーの消費量が増大することにも注意します。栄養障害が起こりやすくなり、筋の萎縮、関節の柔軟性の低下、感染症が発症しやすい状況ともいえるでしょう。具体的に感染経路を考え、感染予防をすること、栄養状態の改善や離床を目標として全身調整への援助をおこなうことが必要になります。

　飼い主家族は、このような状態から回復するだろうかという不安を抱いています。そのような思いを受けとめてあげたり、面会のときに飼い主家族にもできるケアを一緒におこなうことで心の負担が小さくなるかもしれません。

第3章 循環器系

循環器系とは

　循環器系の器官は、血液やリンパ液を体内に循環させる役割をもちます。特に血液系の原動力になる心臓のしくみや、血液循環について理解しておくことが大切です。循環器系の疾患をもつ動物を理解しようとするときに大切なのは、具体的にどの臓器のどの部分が悪いのかをきちんと理解することです。心臓が悪いのであれば、心臓のどの部分のどのようなはたらきが、どうして悪いのかを考えなくてはなりません。

　心臓の病気には、先天性（生まれつき）のものや感染性（感染症が原因）のものなどがあります。高齢になればなるほど、心疾患の罹患率が高くなります。心臓自体の変性（弁の閉鎖不全）や腫瘍疾患が起こるためです。また、ほかの併発の疾患による影響も受けやすくなります。もちろん、品種の特徴や性別による発生率の違いもあります。多くは、急性期を乗り越えて回復期に移行しても、慢性的な経過をたどって心不全にいたります。

　動物看護師として大切なことは、看護動物が心機能に見合った範囲の生活を送れるように、支援できる視点をもつことです。

心臓のしくみ

　まずは、心臓のしくみを知りましょう。心臓の中には４つの部屋があります。それぞれの部屋を流れる血液が逆流しないように、各部屋の隣接部には弁があり、内腔の血液の流れは左右で分かれています（肺循環、体循環）。

　心臓壁は、心内膜、心外膜（臓壁心膜）、壁側心膜（心筋層）の３層から構成されます。心外膜と壁側心膜の間は心膜腔と呼ばれ、心嚢水が存在するためスムーズに動きます。心室の壁側心膜は、血液を送り出すために心房の壁側心膜より厚くなっており、左心室の心筋層は、大動脈から全身に血液を拍出するために特に厚くなっています。

　心筋に酸素と栄養を供給するために、冠状動脈が分布していますが、お互いにつながりのある動脈とは異なり、血管が閉塞するとそこから先は血液が流れ

ない特徴があります（終動脈）。

また、心臓は、臓器自身が収縮する能力をもっています。「洞房結節」という部位が自動的に興奮し、その興奮刺激が心臓全体に伝わり、収縮します。この経路を「刺激伝導系」といい、心筋繊維が素早く刺激を伝えているのです。

そして、興奮刺激の伝導と心筋の収縮には、細胞内外のカリウム、ナトリウム、カルシウムイオン濃度の変化が関係しており、バランスの変化も重要なかかわりをもちます。

ポンプの役割をしている心臓が、肺循環と体循環ではどのような役割を果たしているのかも大切な知識です。あらかじめ病態を学んでおくことで、どの部分に異常があるために、どのような病気の症状が出るのか予測することもできるでしょう。

観察ポイント

心臓の機能のどの部分に障害があるのかによって、アセスメントのポイントや観察項目が変わってきます。心機能が低下する疾患には、①心筋に関するもの、②刺激興奮の伝導系に関するもの、③ポンプ機能に関するものなどがあります。

まず、①の**心筋が原因の場合**は、なぜ心筋細胞が変性し、機能が低下したのかを考えます。心筋細胞の変性・壊死によって発痛物質が増加すると、交感神経が刺激されていたみが発生します。これが、胸痛です。人の場合はこのいたみの有無が重要な判断要素になりますが、言葉を話せない動物はどのようにして私達にいたみを伝えるのでしょうか？

まず、動かなくなるでしょう。特に、運動や食事をしたときなど、心拍数が増えて心臓の仕事量が増えたときにいたみは強くなります。姿勢を見てください。心拍出量が急激に低下することにより呼吸困難になり、頸を伸ばして肘を外転させ、犬は横にならず座位や立位を取っているかもしれません。全身が衰弱しているかもしれません。

呼吸状態を観察しながら、脈拍数や脈拍の性状を把握します。場合によっては獣医師の指示のもと心電図のデータを取ることも必要です。心臓の様子は、脈拍、血圧、呼吸状態に顕著に現れるでしょう。ここでは、この時点でのデータがどうであるかというよりも、以前と比べてデータがどのように変化しているかが大切になります。

心機能が低下した場合は、すぐに心電図に変化が現れます。チアノーゼ、血圧、脈拍、呼吸状態を観察しながら、原因や状態を把握するには、すばやく心

3. 循環器系

電図の検査をおこなうことも必要になります。心電図では、心臓の状態を把握することができ、特に、刺激興奮の伝達系の異常と異常部位の判定に有効です。動物看護師は心電図を詳細に判読できるようになるまでの知識をもつ必要はありませんが、基本的な部分は知っておくべきでしょう。

心筋の状態は、虚血状態であるかどうかを判断する指標になります。心筋が壊死していると異常なQ波が出現します。心内膜のみの虚血では出現しません。ST部分が低下し、心外膜まで虚血が及んでいるとST部分が上昇します。

動物看護師としてすべきことは、その看護動物の日常生活行動を把握し、心臓の負荷を軽減するためにどのように看護介入するかを考えることです。心筋のはたらきを悪化させないためにも、危険因子になることをできる限り取り除いていきましょう。たとえば喫煙者がそばに寄らないように注意したり、高脂血症や肥満などを改善させたり、ストレスがかかるような環境をなくしたりといったことを、飼い主家族への指導や教育を含めて考えていかなければならないでしょう。

次に、②の**刺激興奮の伝導系に関する異常**があります。通常、正常な心拍数は、1分間に犬で60〜180回、猫で120〜240回、同じリズムで心臓が拍動します。自律神経の緊張、体温、内分泌の状態、薬剤などが心拍数に影響すると心拍数が増減したり、心拍リズムが乱れたりする「不整脈」が現れます。

脈拍は、血液が心臓から大動脈に排出されるときに生じる波動が、全身の動脈に伝わって触知されるものですから、脈拍の回数、リズムなどを測定・観察することで、刺激興奮の伝達状況を推測できます。心拍の急激な乱れのため一時的に血液が排出されないと、特に多くの酸素を必要とする脳で意識障害、ふらつきやけいれんが現れ、チアノーゼが出現することもあります。刺激興奮の伝導系の異常にはさまざまな原因が考えられますから、いつ発症したかということも診断の大切な要素になります。心臓の仕事量が増加するタイミングだったか、精神的な緊張や興奮がある場面か、ストレスや疲労も考えられます。心電図では、リズム（調律）はどうか？ 心拍数はどうか？ 間隔はどうか？ といった点を把握しておきます。

動物看護師は日常の生活行動をおこなう環境に配慮し、どうすれば心臓の負荷を軽減させることができるか、ストレスや不安を取り除き、落ち着いた生活を送るにはどうしたらいいか、ということを飼い主家族と共に考え、工夫していく必要があります。

最後に、③の**ポンプ機能の低下による障害**について説明します。血液を送り出すポンプ機能のうち、悪くなっているのは心臓の左心系になるのか、右心系になるのか、左心室と右心室に分けて考えていきましょう。

左心室のポンプ機能が低下すると（僧帽弁閉鎖不全症の場合など）、肺からの血液がスムーズに流れず、左心房圧と肺静脈圧も上昇します。その結果、肺の毛細血管圧が上昇し、換気障害を引き起こします。同時に心拍出量が減少すると、静脈を介して心臓に戻る血液量を増やす代謝機能がはたらき、心拍数を増加させたり、末梢血管を収縮させますので、肺うっ血が起こり、ここでも換気障害を引き起こします。そのため、最初に現れる症状は呼吸困難です。呼吸困難は心臓の仕事量が増える時に現れますが、症状が悪化すると安静時にもみられるようになります。どの程度の動作で呼吸困難が起こるのかを観察することも大切になります。

　また、心拍出量の減少、肺や気道粘膜のうっ血により、咳やチアノーゼがみられます。気道の浄化機能も低下しているので、感染症にも気をつけなければなりません。

　右心室の機能が低下すると、右心房の内圧が上昇し、前後大静脈からの血液の流れ込みが悪くなります。その結果、静脈圧の上昇により、血漿（けっしょう）成分が皮下に移動し貯留して腫脹した状態、つまり浮腫を起こします。浮腫は身体の中でも低い部分に起こりやすく、体重の増加で気づくことがあります。浮腫が生じている皮膚は傷つきやすい状態になっていますので、発赤などがないかも観察しましょう。また、肝臓内の静脈うっ血によって肝腫大が起こります。

　なんらかの機能が低下した場合、代謝機能がはたらいて、本来の機能の低下を見落としがちです。病態生理を理解して異常の早期発見に努めることが大切になるでしょう。

　ポンプ機能が低下した場合、代謝機能がはたらいているうちは、生体の血流量を増やそうとするために乏尿（ぼうにょう）がみられます。尿量の減少に気づくためにも、一日の尿量を注意深く観察すべきでしょう。

　動物看護師としては、呼吸困難を緩和できるように、日常生活行動を援助し、心臓の負荷を減少させることが大切になります。

検査

　循環器疾患をもつ看護動物の血液検査や生化学検査から得られるデータを随時把握することで、現在の症状を理解し、直接的な看護援助をおこなう指標とすることが大切です。カリウムなどの電解質のバランスはどうなっているのか、腎機能、肝機能もあわせて観察しましょう。

3. 循環器系

循環器系の病気

　循環器系の病気は、先天性（うまれつき）のものと、後天性（うまれたあとに起こる）のものにわけられます。各病気については代表的な疾患のページで詳しく述べます。

看護時と日常的な生活での配慮

　心臓の機能に見合った生活活動の援助が看護の基本になります。心臓に負担がかかる場面を想像してください。たとえば室温の変化があります。急激に寒冷刺激が加わると、四肢の血管が収縮します。その結果、血液が急激に心臓にもどり、心臓に負荷がかかります。また、温熱刺激によっても血液循環が活発になり、心臓に負担がかかります。暖かい部屋から急に寒い戸外に外出する時や、シャンプーなどで全身にお湯を浴びる時などは心臓への負担が大きくなります。どのような行為が心臓に負担をかけるのか、考えなくてはなりません。

　また、安楽な体位を考えます。体位は、水平仰臥位（ぎょうがい）よりは座位や立位の方が心臓の負荷を軽減することができます。血液が下部に貯留し、心臓にもどってくる血液量が減るためです。検査は、その看護動物にとってどのような体位が安楽であるのか考えながらおこなわなければなりません。

　呼吸器障害がある場合は、酸素吸入療法が用いられることが多いでしょう。酸素吸入療法の看護を理解しておくことが必要です。

　また、心臓に負荷がかからないようにと、日常生活行動のすべてを援助したり必要以上に活動を制限してしまうと、運動不足を招いたり心臓の予備能力を低下させすぎてしまいます。そのようなことがないように、ひとつひとつの生活行動と様子をよく観察することが大切です。

　そして、多くの心臓病の治療方法は心機能の低下を薬によって助けることですから、飼い主家族に投薬指導と投薬確認をしていく必要があります。そのためには動物看護師自身が、薬の作用や必要性を理解することが大切です。

看護アセスメント

①病態像
　現在の症状や検査データから、疾患の重症度を把握し、増悪しそうな生活習慣や生活活動の情報収集をおこないます。内服薬の種類や投薬状況、水分摂取状況や食事の種類と量、そして、現在の体重や体格からBCSも評価していきます。疾患から来る症状による身体的な苦痛がないか、アセスメントしていきましょう。病状が悪化する可能性や薬物治療による有害な反応がないか、などを確認していく必要があります。

②生活像
　呼吸困難から来る活動制限や虚脱や食欲不振など、生活行動に影響を及ぼしている場面はないか？　栄養摂取のバランスはどうか？　低栄養になっていないか？　筋力は低下していないか？　心臓の予備能力を維持する生活はできているだろうか？　といった点についてアセスメントしていきましょう。

③飼い主家族への支援
　薬物療法や食事療法を続けていくには、飼い主家族の看護動物に対する保健行動が適切におこなわれなければならないでしょう。不適切におこなわれると、病状が急激に悪化することも考えられます。また、このような生活が続くことに対する不安も同時に発生するでしょう。情報を収集しながら、飼い主家族を支援することも大切です。

3. 循環器系　疾患看護

●代表的な疾患
3-1．僧帽弁閉鎖不全症

1）特徴

①僧帽弁の変性にともなう弁の逸脱（75％）、②左室拡大による弁輪拡大にわけられる。

- 血液の僧帽弁逆流は、
a) 加齢性の変化によるものの場合、
- 5～8歳での発症が10％、9～12歳では20～25％、13歳以上では30～35％といわれる。
- キャバリアの4歳以上では42～59％に発症するとされる。
- 小型犬に多い。
- 雄の発症は雌の1.5倍以上。
b) 細菌性心内膜炎・拡張型心筋症などによるものの場合、
- 不可逆的な疾患であり、予後は悪い。
- 治療方針は延命・QOLの向上を目標とする。
- 急性左心不全により突然の呼吸困難・突然死を招く。
- 左房の破裂により、心原性ショック・突然死を起こす。
- 多くは慢性から急性の心不全（急性増悪）となる。

○病態
- 左室から大動脈へ駆出される血液の一部が左房へ逆流し、左室は容積負荷によって肥大・拡張をきたし、心拍出量が低下する。

2）検査・診断

○身体検査
●聴診
- 僧帽弁逆流が起こると、左心尖部を最強点とする心雑音（Levineの分類）をともなう。
- 雑音のみではなく、毎回必ず心拍数とリズムも測定する。心雑音が悪化するのに正比例し、心拍数やリズムも悪化する。また、呼吸している状態を観察・確認しながら心拍数を確認する。呼吸音との判別をしておかなければならない。

○検査
●心電図
- 心電図検査は、心臓各部位の活動電位の時間の経過をみることによって、不整脈、心房・心室の負荷、肥大を発見することを目的としたものである。
- 左房の拡大では、P波の持続時間の延長がみられる。
- 左室の拡大では、R波の増高、QRS群の持続時間の延長がみられる。
- 重症例では、心室期外収縮・心室頻拍・心房細動がみられる。

＊看護ポイント：
- 検査の目的と方法を理解しておく。
- 寒さや緊張から筋肉が収縮しないように環境を配慮する。
- 電極をつける部位の皮膚が清潔な状態であるか（検査後の配慮も忘れない）。各誘導に従って決められた位置に装着する。
- 波形の異常があればすぐに獣医師に報告する。波形が落ち着いたところで記録を印刷する。
- 看護動物の状態にあわせて、負担がかからないように検査を援助する。

●胸部X線検査
- 胸部X線検査は、僧帽弁閉鎖不全症を診断、病態を把握するためのものである。
- 心胸郭比（CTR）を確認し、左房・左室の拡大と肺のうっ血・水腫の病態を確認する。
- DV像で、左心房の拡大の有無を確認する（左心耳領域の心陰影からの突出）。
- ラテラル像で、左心系の拡大と気管の挙上の有無を確認する。

・左主気管支が拡張した左心房と大動脈の拍動により、圧迫を受けるため、比較的早期に発咳がみられる。

○症状
・散歩や興奮時に咳や呼吸促迫を起こしやすい。疲れやすい、咳をする、元気がない、ふらつく、失神、呼吸困難などの症状もみられる。
・肺水腫による呼吸促迫、チアノーゼをともなうことがある。
・左心不全では、起座呼吸や発作性の夜間呼吸困難がみられる。
・右心不全では、肝腫大や腹水がみられる。

★看護援助にあたっては、経過の理解が重要となる。

＊看護ポイント：
・動物の状態を確認しながら、検査時の体位に耐えられるか、あるいは事前に酸素吸入が必要かを確認する。
・負担の少ない体位から検査をはじめる。
・DV（VDでも同様）像は、肺の空気の入る範囲が少なく写りやすいため、最大吸気時で撮影する。
・肺水腫や腹水の様子が確認された場合、レントゲンの撮影範囲を事前に確認し、気管や腹部はどのあたりまで入れるか検討しておく。

●心エコー検査
・心エコー検査は、左心房・左心室の拡張の程度や僧帽弁の形態的変化の観察を目的とするものである。
・僧帽弁の前尖・後尖の肥厚の状態を確認する。
・カラードップラー法：僧帽弁逆流を示すモザイク状の高速乱流血流信号が左心房に観察できる。
・閉鎖位置が心房側にみえる。

＊看護ポイント：
・保定時間の長い検査になる。その動物にとって右横臥位がどの程度負担になるのか判断する。
・獣医師がプローブで部位を探っているときと、観察しているときのタイミングをみながら保定する。
・暗い室内での検査になるため、呼吸状態をよく観察する。酸素を準備しておき、必要であれば酸素吸入しながら検査を進める。短時間で質の高い検査ができるように心がける。

StepUp

NYHAによる心機能の4分類

NYHA（ニューヨーク心臓協会）では、臨床症状における心機能（心不全）の程度を4つに分類している。

クラスⅠ：心疾患はあるが日常生活では無症状。薬物療法を要する。
クラスⅡ：軽症で、日常生活で軽度の制限をともなう心疾患で、クラスⅠに比べ内服薬の種類や量が増加。
クラスⅢ：中等症で、日常生活がかなり制限される。安静時以外は常に症状をともなう。内服薬はさらに増加し、コントロールが困難なら入院が必要となる。
クラスⅣ：重症で、安静時でも症状がある状態。入院管理、安静・活動制限、水制限が必須となる。そのほか、心電図モニター、酸素飽和度、静脈ラインの確保、酸素投与などが必要。

3. 循環器系　疾患看護

心雑音のLevineのグレード分類

第Ⅰ度：非常にわずかな雑音。聴取するためにはしばらく集中する必要がある。
第Ⅱ度：わずかな雑音だが、聴診器をあてるとすぐに聴取できる。
第Ⅲ度：中程度の雑音。
第Ⅳ度：大きな雑音で、**スリル**が触知される。スリルとは、手に伝わる振動（乱流の振動が皮膚まで伝わる）のこと。
第Ⅴ度：非常に大きな雑音だが、聴診器を胸壁に接触させないと聴取できない。
第Ⅵ度：胸壁に聴診器を接触させていなくても雑音が聴取できる。

表1　循環器系の疾患で使用される薬剤

薬剤	特徴	代表的薬剤	副作用
アンギオテンシン変換酵素（ACE）阻害剤	血管の拡張 心肥大の抑制	エナラプリル ベナゼプリル カプトプリル	空咳、K上昇、血管性浮腫
ピモベンダン	強心薬	ピモベンダン	心室細動など循環器障害
βブロッカー	心収縮力と心拍数の増加に作用するノルアドレナリンをブロック	プロプラノール カルベジロール	徐脈、低血圧、心機能低下 禁忌：心不全増悪時
Caチャネルブロッカー	血管の収縮を抑制して拡張させる	ジルチアゼム アムロジピン	徐脈、けん怠感、黄疸、発疹、胃部不快感、歯肉肥厚
利尿剤	尿の生成を促進	フロセミド	低K血症、腎機能障害
ジギタリス配糖体	心筋の収縮力の増加、心拍数の低下、抗不整脈作用	ジゴキシン	血中濃度（ジギタリス中毒）*
気管支拡張剤	気管支の平滑筋を弛緩させることで、拡張させる	テオフィリン アミノフィリン	けいれん

＊ジギタリス中毒：嘔吐・下痢・食欲不振などの消化器症状や心筋毒性の結果として、不整脈の発現がみられる。

3）治療

- 僧帽弁逆流の軽減、肺うっ血の予防または軽減、心拍出量の維持、心血管系の予備力の維持および悪化や合併症の予防が目的であり、根治目的ではない。
- 延命効果と生活の質（QOL）の改善が目標となる。
- 心臓のポンプ機能の改善、心臓に対する負荷の軽減、過剰な塩分と水が貯留するのを抑えるため、薬物療法、食事療法、運動制限が必要となる。
- 薬物療法は、動物の病態に応じておこなわれる。薬を飲んでいても病態は進行することを覚えておく。
- 「最近薬が効かない」などの飼い主家族の訴えは、病態が進行していることを示唆するものなので、診察を促す。薬の調整が必要となる場合もある。
- また、症状がみられないのに薬を使う場合、飼い主家族の協力が得られにくいため、心臓の変形や病状の進行など形態的変化を説明することも大切。

看護アセスメント

4）一般的な看護問題	5）一般的な看護目標
・心拍出量減少とガス交換障害に関連した運動耐容能の低下。 ・呼吸困難など、心不全症状による休息・活動リズムの障害。 ・不適切な保健行動による心不全の急性増悪の可能性。 ・病状悪化や今後の生活などに対する飼い主家族の不安。	・活動性を維持することができるようにする。 ・休息と活動のバランスをとることができるようにする。 ・飼い主家族の望ましい保健行動により、心不全の急性増悪や薬物治療の有害反応を予防できるようにする。 ・看護動物の苦痛が軽減されることにより、飼い主家族の安心が得られるようにする。

6）看護介入

①診察・治療を受ける際の援助
- 指示された薬物療法が確実に実施されるよう、飼い主家族をフォローする。
- 投薬にあたっては指示された量を正確に与える。投薬中・投薬後の動物の状態を観察する。
- 呼吸困難などがある場合は、経口薬の投与はできないので、その判断をおこなう。
- 心電図・心エコー検査での体位がとれるか、動物への負担が少なく実施できるか。
- 心電図のモニタリング中は、ノイズがないように電極をつける位置や、その部位の皮膚を清潔にしておく。
- 水分出納（水分の出入り）・体重の測定は、体液貯留の判断に有用であるため、飲水量や尿量、点滴量などを正確に把握しておく。
- 一定時間ごとに体重測定をする。
- 急変時に備え、処置の準備をしておく。

②心不全症状や苦痛の緩和
- 楽な呼吸ができる体位にする。
- 利尿剤の投与後は、排泄の援助に気を配る。

- 浮腫や腹水、低栄養などの症状に応じたケア。
- 末梢の冷感・浮腫に対応し、マッサージ・温罨法（おんあんぽう）など動物の体を楽にしてあげられる看護ケアを考える。

③安楽な日常生活を過ごすことへの援助
- 症状がある場合、食事・排泄の管理などが必要となるので、安心して日常生活を送れるよう手助けする。また、体を清潔に保ってもらうことも大切である。
- 症状が軽減したら、活動範囲を広げるためのアドバイスをする。
- 安静かつ寝たきりの場合、褥瘡や血栓症を予防するためのケアが必要となる。

④急性増悪や二次的合併症の早期発見・対応への備え
- 呼吸器感染症などに気をつける。
- 急変に備える。

⑤飼い主家族への支援
- 症状の緩和を優先したアドバイスをおこなう。
- 飼い主家族のライフスタイルを把握する。
- 誤った認識がないように、病態、症状、治療の必要性などをわかりやすく説明する。

Step Up

心筋症の分類
1. 特発性心筋症：原因不明
2. 二次性心筋症：原因不明または全身性疾患との関連が明らかなもの

特発性心筋症は、以下のように分類される。
①心臓の筋肉が厚くなっていき、最初はほとんど自覚症状がない肥大型心筋症
②心臓が進行性に大きくなって、収縮する力がなくなってしまう拡張型心筋症
③心臓の筋肉には異常がないが、何らかの原因で心臓が拡張できない拘束型心筋症

3-2. 肥大型心筋症 (hypertrophic cardiomyopathy：HCM)

1）特徴

①単なる肥大型心筋症：左室、両室の肥大。
②閉塞性肥大型心筋症

○病態
・心筋肥大にともなう、拡張期弾性低下による拡張期機能不全。心筋壁および中隔が求心性に拡大し、心室腔容積が低下する。このため拍出量も低下する。左心室壁の肥大にともなって僧帽弁が変形し、僧帽弁閉鎖不全をともなうことがある。
・左心房の拡大による肺うっ血により左心房内に血栓が形成され、全身の循環に入り、血栓塞栓症を引き起こす。猫でもっとも多い心疾患。遺伝的要素が関与している。

○症状
・運動耐性の低下、肺水腫、胸水貯留による呼吸困難、腹水の貯留などの心不全症状。
　猫：嘔吐、食欲不振。血栓塞栓症がともなうと、前肢または後肢に不全麻痺または完全麻痺が出る。塞栓は腹大動脈遠位端にみられることが多く、後肢の知覚は消失し、全体的に冷感を帯びて、足底肉球は蒼白となる。閉塞部から遠位領域は壊死、また、腎動脈付近の閉塞は、尿産生を停止させる。
　犬：多くは無症状。高度の左室肥大、失神発作、心房細動を合併していると血栓症を引き起こしやすい。

2）検査・診断

○身体検査
●聴診
・第Ⅳ音（心房収縮音）、ラッセル音、僧帽弁・三尖弁領域の収縮期雑音、および不整脈の確認。しかし、胸水や心膜液が大量に存在すると心音を確認できない。また、血栓塞栓症では、大腿動脈の脈拍が触知できない。

○検査
●心電図
・左脚前束ブロック、心室早期拍動、心房細動などの不整脈、ST-T変化をともなう左室肥大。

●胸部X線検査
・左心室および左心房の拡大、肺静脈の拡大、肺水腫、胸水、腹水、肝腫大など。

●心エコー検査
・心室中隔および左心室自由壁の肥大、左心室内径の減少、左心房拡大。心収縮期は正常または亢進。左室流出路の狭窄により、収縮時に早い血流が流れ、それによって、僧帽弁の前尖が吸い出される僧帽弁前方運動がみられる。

3）治療

・薬物療法：肥大の原因が不明であるため、対症療法として、カルシウム拮抗薬やβ遮断薬の投与。
・心室拡張能の改善を目的とした薬物治療として、カルシウムチャンネル拮抗薬である塩酸ジルチアゼムは、心筋肥大を緩和する作用をもつ。肺水腫をはじめ、うっ血症状がみられる症例では、利尿剤の投与。
・運動制限：心房細動を合併した場合、血栓塞栓症の危険性が高く、ワルファリンによる抗凝固療法が必要になる。

3. 循環器系　疾患看護

看護アセスメント	
4）一般的な看護問題	**5）一般的な看護目標**
・心筋症による心拍出量低下に関連した、運動耐容能の低下。 ・心筋症にともなう心不全症状による、休息・活動リズムの障害。 ・異常の早期対応の遅れによる心筋症の急性増悪の可能性。 ・病状悪化や今後の生活などに対する飼い主家族の不安。	・活動性を維持することができる。 ・休息と活動のバランスをとることができる。 ・飼い主家族が、異常を早期発見できるようになることで、心筋症の急性増悪や薬物治療の有害反応を予防できる。 ・看護動物の苦痛が軽減されることにより、飼い主家族が、安楽が増大したと感じることができる。
6）看護介入	

①診察・治療を受けるための援助
- 指示された薬物療法を確実に実施する（対症療法）。
- 投薬にあたっては指示された量を正確に与え、投薬中と投薬後の看護動物の状態を観察する。
- 呼吸困難などがあって、経口薬が投与できない状態ではないか？
- 心電図・心エコー検査での体位がとれるか、安楽に実施できるか？
- 心電図を記録している最中は、ノイズが出ないように電極をはりつける場所やその部位の皮膚を清潔にする。
- 水分出納、体重測定は利尿剤の効果を判定するのに有用であるため、飲水量や尿量、点滴量などを正確に把握する。
- 一定時間ごとに体重測定をおこなう。
- 抗凝固療法がおこなわれている場合は、打撲に注意し、歯肉、皮膚、消化器、生殖器などからの出血や、出血傾向の出現に注意する。
- 急変時の処置の準備

②心不全症状や苦痛の緩和
- 食事や活動の後は、少なくとも1時間は安静にする。代謝を軽減し、腎血流量の増加を図ることが目的である。
- 安楽呼吸ができる体位をとらせ、安静にともなう褥瘡などの二次障害を予防する。
- 利尿剤投与後の排泄の援助。
- 浮腫や腹水、低栄養などの症状に応じたケアをおこなう。
- 末梢の冷感・浮腫に、マッサージ・温罨法など看護動物の安楽に配慮した看護ケアをおこなう。

③安楽な日常生活の援助
- 症状がある場合は食事・排泄を補助し、清潔な環境で日常生活を安全・安楽におこなえるように援助する。
- 症状が軽減したら、活動範囲を広げる。
- 安静で寝たきりの場合は、褥瘡や血栓症を予防するケアを取り入れる。

④急性増悪や二次的合併症の早期発見・対応（全身状態の観察）
- 心筋症にともなう、呼吸困難や浮腫などの心不全症状や不整脈症状を観察する。
- 末梢に冷感がないか？

- 急変に備える。

⑤飼い主家族への支援
- 症状の緩和を優先する。
- 飼い主家族のライフスタイルを把握する。
- 病態・症状・治療について、誤った認識がないようにする。
- 予後や病状についての不安がある場合には精神的な援助をおこなう。
- 飼い主家族が薬物療法や異常の早期発見をできるように支援する。

3-3. 血栓塞栓症
(動脈血栓症：arterial thrombosis、動脈塞栓症：arterial embolism)

1）特徴

○原因
- 血管内壁の変化が原因になって血栓を生じるものと、血液自身の変化によるものがある。犬では、細菌性心内膜炎などの感染による炎症や外傷、犬糸状虫症が原因となる。

○病態
- 好発部位：膝窩動脈、大腿動脈、上腕動脈に多い。また、猫では肥大型心筋症に併発することが多い。心臓内血栓、特に僧帽弁狭窄症や心房細動がある場合、左房にできた血栓が遊離して、動脈などに塞栓を起こすことが多い。発生部位は、あらゆる動脈に可能性があるが、左右の総腸骨動脈の分岐部にまたがったものを、特に鞍状塞栓という。後肢の血流が阻害されて、両後肢の麻痺をおこす（猫の90％）。

○症状
- 症状の観察：病変部の末梢には阻血性の症状、四肢では閉塞部位より末梢の拍動欠如または減弱。塞栓の場合、虚血による疼痛も生じる。症状は突然起こり、塞栓部位より末梢は、高度の阻血性症状をきたすのが、血栓症と異なる点である。疼痛と心不全の両方の原因で呼吸は荒くなる。

2）検査・診断

○検査
● X線検査
- 胸部：心拡大の有無、犬糸状虫感染の所見。
- 骨盤・後躯：腹大動脈の圧迫病変、骨膜反応

●動脈血管造影
- 血管の閉塞部位を確認する必要がある際におこなう。確定診断につながる。

＊看護ポイント：
侵襲をともなう検査であるため、全身状態、特に循環状態を確認する必要がある。
造影剤の使用にともなうアレルギー症状が出現することもある。

3）治療

- 血栓：抗凝固療法や線溶療法。外科的には早期に血栓除去術や内膜剥離術がおこなわれる。さらに側副循環を保護できる。
- 塞栓：抗凝固療法および線溶療法。外科的に除去。血栓除去による治療効果が期待できる時期よりも遅れた場合には、四肢であれば断脚が必要である。
- 鎮痛剤およびヘパリンを投与し、安静・保温を保つ。ヘパリンは血栓の成長を停止させる。脱水を補正し、血液を希釈することを目的として、輸液療法を開始する。
- 予後は悪く、症例の約半数が入院中に死亡する。再発率も非常に高い。

3. 循環器系　疾患看護

看護アセスメント	
4) 一般的な看護問題	**5) 一般的な看護目標**
・血行障害にともなう疼痛。 ・血行障害にともなう皮膚・組織の損傷、壊死のリスク。 ・異常に対する早期処置が遅れることによる、血栓塞栓症の急性増悪の可能性。 ・病状悪化や今後の生活に対する飼い主家族の不安。	・疼痛が緩和する。 ・身体の損傷がおこらない。 ・血行の改善または維持ができる。 ・飼い主家族が、安楽が増大したと表出できる。

6) 看護介入

①血行の改善と維持
a. 観察項目
- 動脈閉塞がある部位の末梢の脈拍、左右差の確認をおこなう。
- 疼痛の有無や様子（安静時と歩行時）、フォンタン分類に挙げられる症状、嘔吐、食欲不振はないか？
- 間欠性跛行、皮膚の色、皮膚温、皮膚の損傷、関節の変形がないか？
- 検査所見：動脈造影の所見。

b. 治療への援助
- 抗血栓症、抗凝固剤、血管拡張剤、鎮痙薬など、指示された薬物療法を確実に実施する。
- 投薬にあたっては、指示された量を正確に、投薬中・後の看護動物の状態を観察する。
- 出血傾向など副作用の有無、静脈内注射投与前後での症状や血行状態を確認する。

c. 循環の促進
- ケージ内の保温に努める（寒冷刺激により血管が収縮する）。
- 温罨法などをおこない、循環を保てるように援助する。
- 可能な場合は、側副血行路の循環を促すために、自動・他動運動などをおこなう。

②疼痛の緩和
- 症状が進むと安静時のいたみが増すといわれている。また、いたみが長期にわたると関節の拘縮を引き起こす。持続疼痛には、薬物療法も用いられる。いたみの程度や増強因子を把握し、適切な疼痛コントロールがおこなわれるように援助する。

③安楽な日常生活への援助
- 症状がある場合は食事・排泄の際の補助をおこない、清潔な環境で日常生活を安全・安楽に送れるように援助する。
- 症状が軽減したら、活動範囲を広げる。

④皮膚の保護
- 塞栓部より末梢の部位は、潰瘍形成や壊死がなくとも、毎日清潔に保つようにケアをおこなう。
- 皮膚は血行障害のために薄くなり、傷つきやすくなっているため、ケージ内の敷物などで傷がつかないように配慮する。
- 電気マットで温めすぎると低温やけどの原因になるので控える。また、血管が拡張することがいたみの増強につながることもある。

⑤潰瘍部の治癒促進
- 病変部の荷重を避け、感染を予防する

- 鎮痛薬の投与の必要性を確認する。
- 体位と環境の調整をおこなう。
- 良質なたんぱく質やビタミンなどの摂取ができているかを確認する。

⑥飼い主家族への支援
- 症状の緩和を優先する。
- 飼い主家族のライフスタイルを把握する。
- 病状の進行と合併症を予防するための薬物療法の継続、皮膚の損傷を防ぐケアを家庭内でおこなうことが大切だと伝える。
- 病態、症状、治療の必要性を理解し、進んで治療に参加できるように援助する。

Step Up♪

フォンタン分類（日本医師会編：臨床医のための動脈硬化症、成因と治療のポイント。p263、1992）では、症状を次のように分類している。

病期Ⅰ期　：冷感やしびれ
　　Ⅱ期　：間欠性跛行
　　Ⅲ期　：安静時疼痛
　　Ⅳa期：潰瘍
　　Ⅳb期：壊死

3. 循環器系　疾患看護

3-4. フィラリア症（犬糸状虫症）

1）特徴

- 犬糸状虫の成虫が、肺動脈や右心系に寄生することによって生じる、循環障害を呈する疾患。そのほかに、仔虫（ミクロフィラリア）によっても種々の障害がみられる。

○病態
- 蚊の吸血によって蚊の体内に取り込まれたミクロフィラリアは、蚊の体内で3期幼虫まで発育する。再び蚊が吸血した際、犬に感染する。犬の体内に侵入した3期幼虫は、皮下組織、筋肉、脂肪組織、漿膜下などで発育し、5期幼虫は感染後3〜4ヵ月後に数センチになって静脈に入り、最終寄生部位である肺動脈に移行して発育する。ミクロフィラリアが末梢血中に検出されるのは、7〜8ヵ月である。成虫の寿命は5〜6年。成虫が寄生しているにもかかわらず、ミクロフィラリアが検出できないことを潜在性（オカルト）感染とよぶ。犬糸状虫寄生犬のうち20〜30%が、この潜在性感染である。
- 成虫が本来の寄生部位である肺動脈に寄生して起こる病態を肺動脈寄生症とよび、慢性犬糸状虫症である。症状を示すのは、犬糸状虫寄生犬のうちの30〜40%といわれている。肺動脈内にフィラリアが寄生し、肺動脈の血圧（肺高血圧）が上昇して咳、運動不耐性、呼吸困難などを起こす。右心房、後大静脈にフィラリア虫体が多数寄生することによって、腹水などの右心不全症状を示した時には、これを大静脈症候群という。

○症状
①肺動脈寄生症：個体によって異なり、犬糸状虫の寄生数、寄生にともなう肺動脈内膜の増殖性病変、死亡虫体による肺動脈の塞栓病変などが関係する。
　軽症：咳、運動不耐性、呼吸困難
　中等度：可視粘膜の貧血所見、栄養不良、呼吸困難、失神、第Ⅱ心音の増強
　重症例：腹水貯留、浮腫、肝臓腫大、右心不全症状、黄疸、喀血
②大静脈症候群：本来の位置から移動し、三尖弁口部に移動し、三尖弁機能を障害するため、著しい循環不全と血管内溶血が起こる。衰弱、呼吸困難（肺水腫）、血色素尿、可視粘膜の蒼白化、収縮期心内雑音、頚静脈の拍動、黄疸、ショック状態となる。急性の経過をたどり、処置が遅いと死亡する。慢性の場合もあるが、血色素尿はみられない。

2）検査・診断

○検査
●フィラリア抗原検査
- 犬糸状虫の有無の確認。

●胸部X線検査
- 肺動脈の拡張、右心系の拡大。

●心エコー検査
- 右心房、右心室および肺動脈、心室中隔の左心室側への変位、肺動脈における犬糸状虫エコーの数。

3）治療

- 外科的成虫摘出（フィラリア虫体を摘出する方法）：全身麻酔をかけて、X線の透視下でフレキシブル・アリゲーター鉗子を頚静脈から挿入し、犬糸状虫を肺動脈から摘出する方法。動物に対する侵襲が少なく、高い成虫摘出率をもつ。X線の被爆のリスクがある。
- ミクロフィラリア駆除（フィラリア虫体を摘出せずに通年予防する方法）：マクロライド系の予防薬は、ミクロフィラリア殺滅作用を有し、さらに雌成虫に作用してミクロフィラリア産生を阻害する。
- 薬剤による成虫殺滅（ヒ素剤で殺虫する方法）：ヒ素剤投与後、2週間は絶対安静にする。肺動脈の病変が重症であると、投薬1～2週間後に発咳と元気消失などの症状を示し、重度の循環不全のために死亡する場合もある。薬剤による成虫殺滅では、犬糸状虫死亡にともなう肺動脈塞栓は避けられない。
- 心臓への影響が大きければ、内科療法が必要である。循環を改善する目的で利尿剤、血管拡張剤などが用いられる。

＊予防

- 犬フィラリア症の予防には、感染源対策として蚊の吸血を防除することと、予防薬によって体内移行中の幼虫を殺滅する方法がある。
マクロライド系化合物、薬物の形状も錠剤、チュアブル製剤、注射薬などがある。
- 蚊の発生期間中は1ヵ月に1回、注射剤では6ヵ月に1回投与して、感染を予防する。
- ミクロフィラリア陽性犬に投与すると、ショックや大静脈症候群を発症するおそれがある。
- コリー系犬種では薬剤に感受性が高く、神経症状を発症する場合がある。その場合、ジエチルカルバマジンを毎日または1日おきに経口投与する。

看護アセスメント	
4）一般的な看護問題	5）一般的な看護目標
・フィラリア症による身体の苦痛。 ・フィラリア症にともなう症状による日常生活の障害。 ・異常の早期対応の遅れによるフィラリア症の急性増悪の可能性。 ・病状悪化や今後の生活などに対する飼い主家族の不安。 ・治療法による侵襲と合併症のリスク。	・身体の苦痛が軽減できる。 ・可能な範囲で生活行動をとることができる。 ・飼い主家族が異常を早期発見した時の対処方法を獲得することによって、フィラリア症の急性増悪や薬物治療の有害反応を予防できる。 ・看護動物の苦痛が軽減されることにより、飼い主家族が、安楽が増大したと表出できる。 ・治療法による侵襲や合併症が起こらない。
6）看護介入	

①診察・治療を受ける援助
- 指示された薬物療法を確実に実施する。
- 投薬にあたっては指示された量を正確に与え、投薬中と投薬後の看護動物の状態を観察する。
- 呼吸困難などがあって、経口薬が投与できない状態ではないか？
- 水分出納、体重測定は利尿剤の効果を判定するのに有用であるため、飲水量や尿量、点滴量などを正確に把握する。

- ・一定時間ごとに体重測定をおこなう。
- ・腹水があれば、腹囲測定をおこなう。
- ・急変した時のため、処置の準備をしておく。

②症状による苦痛の緩和
- ・食事や活動の後は、少なくとも1時間は安静にする。代謝を軽減し、腎血流量の増加を図ることが目的である。
- ・安楽呼吸ができる体位をとらせる。
- ・利尿剤投与後は排泄回数が増すため、十分にケアをおこなう。
- ・浮腫や腹水、低栄養などの症状に応じたケアをおこなう。

③安楽な日常生活への援助
- ・症状がある場合は食事・排泄を補助し、清潔な環境で日常生活を安全・安楽におこなえるように援助する。
- ・症状が軽減したら、活動可能な範囲を広げる。

④急性増悪や二次的合併症の早期発見・対応（全身状態の観察）
- ・大静脈症候群にともなう、呼吸困難や浮腫などの心不全症状や不整脈症状の観察をおこなう。
- ・急変に備える。

⑤飼い主家族への支援
- ・症状の緩和を優先する。
- ・飼い主家族のライフスタイルを把握する。
- ・病態・症状・治療について、誤った認識がないようにする。
- ・予後や病状についての不安がある場合には精神的な援助をおこなう。
- ・飼い主家族が薬物療法や異常の早期発見をできるように支援する。
- ・予防薬の継続投与を指導する。

Step Up

先天性心疾患
- ・チアノーゼでは、血液中の還元ヘモグロビンが上昇するため、皮膚・粘膜色が青紫色になる。
- ・チアノーゼ：酸素濃度の低い血液が、肺をバイパスして左心系に短絡し、末梢の低酸素血症を起こしている場合にみられる。チアノーゼを起こす例として、ファロー四徴症、重度の心室中隔欠損症、心内膜欠損症、末期（右→左短絡）の動脈管開存症がある。
- ・非チアノーゼ：血液が左心系から右心系へ短絡する左→右短絡である、心内あるいは大動脈狭窄、肺動脈狭窄、三尖弁形成不全（逆流・狭窄）、僧帽弁形成不全（逆流・狭窄）、心房中隔欠損、動脈管開存症などではチアノーゼはみられない。
- ・短絡血流の変化は、先天性疾患の主要徴候や予後を規定する上で重要である。この状態では手術による根治療法は適応せず、酸素吸入を中心とした対症療法となる。

3-5. 動脈管開存症 (patent ductus arteriosus：PDA)

1) 特徴

○ 病態
・肺動脈は右室と大動脈の両方から血液を受けることになるので、肺血流量が増加する。よって、肺動脈が拡張し、左心室の負荷が増し、左心室肥大をきたす。拡張期にも大動脈から肺動脈へと血液が流れるので拡張期の血圧が低くなり、速脈となる。肺の血管抵抗が増すと肺高血圧症となり、ついに肺動脈から大動脈への逆短絡を生じ、チアノーゼをきたす。この場合、両室肥大となる。

○ 症状
・無症状である場合が多い。左心系うっ血性心不全の発症がみられるまで、症状は発現しない。
・運動時の呼吸困難、咳、運動不耐性などがみられる。

2) 検査・診断

○ 身体検査
● 聴診
・左第2、3肋間胸骨縁に連続性心雑音、スリル音が聴取される。

○ 検査
● 胸部X線検査
・大動脈弓の突出と肺血管陰影の増強、左室拡大から軽度の右室拡大がみられる。

● 心電図
・正常→左室肥大→両室肥大

3) 治療

〈外科的治療〉
・適当な年齢と体型になってから、左第4肋間の開胸術下で左→右短絡の動脈管結紮をおこなう。
〈対症療法〉
・アンギオテンシン変換酵素阻害薬を使用し、必要に応じて利尿剤を与える。運動と興奮をさける。

＊看護アセスメントについては P.80 の Step Up を参照。

3-6. 肺動脈狭窄症

1) 特徴

- 犬の先天性心疾患のうち、2番目に多い疾病。小型犬に多く、まれに猫でみられる。肺動脈弁狭窄部位は弁上、弁、弁下にわけられ、弁がもっとも多い。

○**病態**
- 弁狭窄は、①弁尖が不完全に分離している単純なもの、②弁輪狭窄と弁尖に不完全な分離が起こったもの、というように形成異常によってわけられる。右心室から狭窄部を通過した血液は乱流を生じるため、肺動脈の拡張と狭窄後拡張が起こる。肺動脈の狭窄は、右心室に持続的な負荷をかけるので右心肥大が起こる。右心肥大は、心筋虚血と心内膜側からの線維化を招き、うっ血性心不全を生じる。予後は、重症度によって異なる。重度の狭窄では、三尖弁閉鎖不全症、心房細動、頻拍性不整脈、うっ血性心不全等を合併して3年以内に死亡する可能性が高い。

○**症状**
- 無症状、もしくは右心不全と一致した症状。
- 左側心基底部で収縮期の駆出性雑音。スリルが触知される。右心拡大が重度の場合には、腹水、不整脈などがみられる。

2) 検査・診断

○**身体検査**
●**聴診**
- 左側心基底部で収縮期雑音、三尖弁閉鎖不全による右側半胸部における収縮期雑音。

○**検査**
●**心電図**
- 右心室拡大と右心房拡大の所見。

●**X線検査**
- 右心室および狭窄後肺動脈拡張像。

●**心エコー検査**
- ドップラーにより、右心室肥大と肺動脈流出路での血流速の高まりを確認する。肺動脈弁前後の血圧較差を確認。

●**血管造影（心カテーテル検査）**
- 肺動脈弁における血圧較差を測定。頸静脈から右心室へ造影剤を注入する。肺動脈弁の狭窄と狭窄後の拡張を確認。

3) 治療

〈外科療法〉
- 年齢、臨床所見、肺動脈弁における血圧較差に基づいて手術実施を決定する。肺動脈と右心室の圧較差が 50 mmHg 以上、右心室内圧 70 mmHg 以上、あるいは右心肥大があれば適応。バルーン弁形成、弁形成、弁切開、パッチ移植などがある。

〈内科療法〉
- 運動制限。交感神経遮断薬である β 遮断薬や、うっ血徴候がみられる場合では利尿薬を使用する。

＊**看護アセスメントについては P.80 の Step Up を参照。**

3-7. 心室中隔欠損症 (Ventricular Septal Defect : VSD)

- 先天性心疾患で、心室中隔の形成が不完全となり、欠損を生じた疾患である。
- 猫に比較的発生が多く、自然閉鎖することもあれば幼齢期での死亡もある。

1) 特徴

○病態
- 肺血管の抵抗が少ないうちは、左心室から右心室への短絡血流がみられるが、肺血管の抵抗が上昇すると、右心室から左心室への短絡血流となる。

○症状
- 欠損孔の大きさによって、症状の発生時期、病態が異なる。
- 咳・運動負耐性・発育不良などがある。右心室から左心室への短絡血流になると、チアノーゼ・運動不耐性・赤血球増加症になる。
- 大きな欠損孔：哺乳力が低下するため、体重が増加せず発育不良を起こす。
- 中等度欠損孔：心不全症状を起こす。内科療法の対象となる。
- 小さな欠損孔：症状はないが、心雑音がある。欠損孔は成長にしたがって、閉じることもある。

2) 検査・診断

○身体検査
●聴診
- 右胸骨頭側で、左第2肋間から第4肋間胸縁にかけて全収縮期雑音が最大に聞こえ、右短絡血流量が多い場合は、収縮期振戦（スリル）を触れることが多い。

○検査
●胸部X線検査
- 軽症では正常。症状の程度によって、左第Ⅱ弓突出（左動脈拡張）、心室の拡大、重症では両室拡大、肺の過循環を示す。

●心電図
- 正常→左心室肥大→両室肥大→右心室肥大

●心エコー検査
- カラードップラー断層所見により、心室中隔欠損部の大きさ、短絡が確認できる。右心室・左心房・左心室・肺動脈の拡大、欠損孔短絡が認められる。

3) 治療

- 肺動脈弁下に欠損孔がある場合、大動脈弁閉鎖不全を起こす可能性が高いので、手術を要する。小欠損は経過観察してもよいが、感染性心内膜炎に罹患する可能性があるので注意する。
- 右→左短絡血流での外科的整復は禁忌である。大きな欠損孔をもつ心室中隔欠損症は、予後が悪い。

看護アセスメント

4) 一般的な看護問題	5) 一般的な看護目標
P.80のStep Upを参照。	P.80のStep Upを参照。

6) 看護介入

- 欠損孔の部位や大きさによっても症状や対処方法が異なるため、まず、どのような症状が現れて疾患があきらかになったのかという病歴を確認し、看護動物の病態を理解する。
- 現在現れている症状と、飼い主家族の生活行動の話を聞き、看護動物のどのような生活のどの場面で症状が現れているのか？　といった運動不耐の程度と日常生活の動作を把握する。

Step Up

先天性心疾患をもつ看護動物の看護

1）一般的な看護上の問題
- 先天性心疾患による身体の苦痛がある（顕在化している症状）。
- 先天性心疾患にともなう症状による日常生活（具体的な生活活動）の障害。
- 異常への早期対応が遅れることによる、先天性心疾患の急性増悪の可能性。
- 病状悪化や今後の生活などに対する飼い主家族の不安。

2）一般的な看護目標
- 身体の苦痛が軽減できる。
- 症状が改善され、可能な範囲で生活行動をとることができる。
- 合併症（塞栓症、感染症など）を起こすことなく、望ましい治療を受けられる。
- 看護動物の苦痛が軽減されることにより、飼い主家族が、安楽が増大したと表出できる。

3）看護介入
①診察・治療を受ける援助
- 飼い主家族が自覚していない、他覚症状としての心不全症状（特に右心不全）の観察。
- 指示された薬物療法を確実に実施する。
- 投薬にあたっては指示された量を正確に与え、投薬中と投薬後の看護動物の状態を観察する。
- 手術適応の場合は、周術期への看護援助を展開する。

②症状による苦痛の緩和
- 症状による対症看護になる。

③安楽な日常生活への援助
- 症状がある場合は食事・排泄を補助し、清潔な環境で日常生活を安全・安楽におこなえるように援助する。

④急性増悪や二次的合併症の早期発見・対応（全身状態の観察）
- 増悪時の症状を観察する。
- 対症治療への援助をおこなう。
- 内科的な治療や手術前は易感染性であるため、身体を清潔に保持する。

⑤飼い主家族への支援
- 症状の緩和を優先する。
- 飼い主家族のライフスタイルを把握する。
- 病態・症状・治療について、誤った認識がないようにする。

- 予後や病状についての不安が表出した場合には精神的な援助をおこなう。
- 薬物療法や異常の早期発見が飼い主家族自身でできるように支援する。
- 予防薬の継続投与を指導する。

3-8. 房室ブロック (atrioventricular block：AVblock)

1) 特徴

○**病態**
- 洞結節から房室結節への興奮の伝わり方の異常であり、Ⅰ度・Ⅱ度・Ⅲ度に区別される。
- Ⅰ度房室ブロック：洞結節からの興奮が房室結節内を伝わる時間が延長する。臨床的には意味がなく、特別治療も必要にならない。
- Ⅱ度房室ブロック：モビッツⅠ型（ウェンケバッハ型）とモビッツⅡ型にわけられる。
  モビッツⅠ型：電気刺激が洞結節から房室結節内に伝わる時間が延長し、ついにはその興奮が房室結節から心室に伝えられずブロックされる状態。伝導障害は比較的良性で、特に治療は必要とならない。
  モビッツⅡ型：洞結節からの興奮が1拍のみ、房室結節から心室に伝えられない不整脈。この不整脈では失神発作を起こすため、治療が必要である。
- Ⅲ度房室ブロック：完全房室ブロック。洞結節から心室に伝えられないため、興奮が伝わらない。徐脈になり、心不全となる。薬物療法が必要である。失神発作を繰り返す。基礎疾患に対する治療が必要となる。

2) 検査・診断

○**検査**
●**心電図**

3) 治療

- ペースメーカーを用いる

看護アセスメント

4) 一般的な看護問題	5) 一般的な看護目標
・不整脈を起因とする症状に関連した運動耐容能の低下。 ・不整脈を起因とする脳虚血による、転倒や外傷の危険性。 ・飼い主家族の不適切な保健行動による、不整脈や薬物療法による合併症および突然死の危険性。 ・飼い主家族の、不整脈による突然死や今後の療養生活などに対する不安。	・不整脈が管理され、日常生活行動ができる。 ・脳虚血による転倒や外傷が起こらない。 ・飼い主家族が不整脈を管理でき、重篤な合併症が起こらない。 ・飼い主家族が不安を表出し、不安減少のための支援体制を利用することができる。

3. 循環器系　疾患看護

6）看護介入

①観察項目
・バイタルサイン：特に脈拍の回数と不整脈の出方、呼吸の状態（パターン）。
・心電図の波形。
・水と電解質のバランス。
・in-out バランス。
・元気、食欲、生活行動の動作の様子。
・手足のけいれんやふるえ、失神発作。
・薬物療法の効果。
・飼い主家族の看護動物の疾患に関する認識や、生活管理に対する受け止め方。

②援助項目
・異常の早期発見のために、頻回の観察をおこなう。
・不整脈発生時の状況は詳細に把握する（不整脈を誘発する症状の有無など）。
・必要な時には指示を受けて、モニタリングする。
・異常を早期に発見した場合は、獣医師に早急に報告し、迅速・適切に対応する。
・生活行動に負担がある場合は、看護援助介入する。
・転倒に備えて、ケージ内にスポンジマットなどを用いて、外傷を負わないように、安全な環境に整える。
・指示された薬物療法を確実に実施するよう指導する。
・飼い主家族の訴えに対しては、受容的な傾聴をおこなう。特に、情動的な言動時の発言の様子を観察し、飼い主家族の表出する情動的側面を温かく受容し共感的態度で接する。
・飼い主家族が口を閉ざしている場合でも、側に付き添い、動物看護師の共感的な理解の姿勢や、態度を伝える。

③飼い主家族への支援
・なんとなくいつもと違う、などの徴候も大切であることを伝える。
・不整脈の原因となっている、基礎疾患に関連した生活行動を指導する。
・服薬指導をおこなう。
・不整脈を誘発する動作を回避する必要性を説明し、日常生活にいかせるようにする。
・定期的な受診の際に、急性増悪を予防する意味を説明する。
・疾患に対する間違った認識が不安の原因である場合は、正しい知識をわかりやすく説明する。
・失神発作の可能性がある場合は、どうして発現する危険性があるのか、病態、安全な生活環境の必要性と具体的な方法をわかりやすく説明する。
・看護動物の状態に応じて、緊急処置の必要性をわかりやすく説明する。

3-9. 高血圧症（二次性高血圧症）

1）特徴

- 腎臓・副腎などに本来の病気があり、その結果、高血圧をきたしたものである。
- 全身性の高血圧は、慢性腎不全やそのほかの代謝性疾患、内分泌疾患の犬と猫において認められる。

○**病態**
- 腎動脈は2本あり、1本は右の腎臓へ、もう1本は左の腎臓へ血液を供給している。腎動脈に狭窄が起こると高血圧になる。また、副腎からのアルドステロン分泌過剰による高血圧で、体内に水分とナトリウムの蓄積が起こり、カリウムが減少する。
- 高血圧が続くと血管は緊張し、血管壁は肥厚し、硬くなる。心臓は高い血圧を出すために無理をすることになり、心臓肥大が起こり、その結果、心不全になる。高血圧で障害を受けやすい臓器は、心臓・脳・腎臓・眼で、特に犬と猫における全身性高血圧症では、眼に障害をもたらすことが多い。腎臓は高血圧によって障害を受けやすいが、腎機能障害が高血圧症の原因なのか、合併して発症するのかについては明らかになっていない。腎原発性疾患をもつ犬や猫の多くは、高血圧を発症している。

○**症状**
- 血管が多い臓器においては、持続性の血管収縮が、虚血、梗塞、および毛細血管内皮機能障害を起こし、浮腫と出血を生じる。突然の失明、腎不全、心不全症状などがみられる。神経系の症状や不特定症状としてクンクン鳴く声、食欲不振、多尿症、多渇症、行動変化がみられる。

2）検査・診断

○**検査**
●**血圧測定**
- 犬猫の高血圧の基準としては、軽度の高血圧で150/95 mmHg以上、中等度で160/100 mmHg以上、重度の高血圧で、180/120 mmHg以上となる。
- 血圧測定には、観血的あるいは非観血的な方法があるが、臨床の現場の多くで、非観血的血圧測定法を使用する。

3）治療

- 抗高血圧療法として、アンギオテンシン変換酵素阻害薬の投与と合わせておこなう。
- うっ血症状を軽くするために利尿剤を使用する。
- β遮断薬やカルシウム拮抗薬は、導入時に漸増、休薬時に漸減を基本に投与する。
- 心不全がみられる時は、特に注意して臨床徴候を観察する。血圧および腎臓の機能の継続的な監視は、とても重要である。

看護アセスメント

4）一般的な看護問題	5）一般的な看護目標
・無症状であっても、高血圧が長期間にわたり継続することで、重要な臓器（心臓・脳・腎臓・眼）が障害され、生命の危機に直面する可能性がある。	・高血圧によって動脈が狭窄することによる組織の血流障害が起こらない。

＊高血圧を起こしている原因により、治療方法や看護方法が異なるため、高血圧の原因を把握する。

6）看護介入

①観察項目
・バイタルサイン
・ふらつきや麻痺、歩行の様子、視力の低下などの一過性虚血発作症状

②援助項目
・降圧薬の確実な投与
・末梢循環状態の継続的な観察

③飼い主家族への支援
・自宅で症状が現れた場合は、すぐに外来を受診するよう指導する。

3-10. 乳糜胸（にゅうびきょう）

1）特徴

○病態
・胸管から乳糜（胸壁から吸収された脂肪球を含んだリンパ液）が漏出して、胸腔内に貯留した状態をいう。原因は、先天性、外傷性および非外傷性に分類されている。外傷や外科手術によるリンパ管の裂傷が原因となることは少なく、胸部リンパ管拡張症や、リンパ管炎、狭窄、閉塞などによる非外傷性が多いといわれている。

○症状
・主な症状は呼吸困難で、元気・食欲の消失、体重減少、運動不耐性、咳などもみられる。

2）検査・診断

・浸出液の検査による確定診断をおこなう。浸出液は乳白色を呈するが、エーテルを加えると透明になる。蛋白濃度が高く、中性脂肪値、コレステロール値が血清より高くなる。

3）治療

・保存療法をおこなう。数日間隔で胸水を除去すること、低脂肪食の給与などがある。

看護アセスメント

4）一般的な看護問題	5）一般的な看護目標
・胸水貯留による呼吸困難にともなう苦痛がある。 ・呼吸困難にともなう睡眠・休息不足がある。	・換気量が低下せず、呼吸困難が緩和する。 ・睡眠や休息を中断されずに得ることができる。

6）看護介入

①観察項目
- バイタルサイン
- 胸郭の動き、肺の呼吸音の差と変動
- 元気・食欲の消失、体重減少、運動不耐性、咳、チアノーゼ
- 呼吸時、発咳時、体位変換時の呼吸困難の増強
- 胸部 X 線像の所見と呼吸困難の程度
- 動脈血ガス分析

②援助項目
- 呼吸困難が緩和されるように、安楽な体位の保持や工夫をする。
- 咳がひどい場合には、獣医師に報告し、鎮咳薬、鎮痛薬の投与をおこなうかどうか相談する。
- 組織の酸素供給が十分にできるように、指示どおりの酸素吸入をおこなう。
- 定期的に SpO_2 を測定する。
- 多量の胸水が貯留している場合は、急激な体位変換は避ける。
- 側臥位の場合は患側を下にする。
- 胸腔ドレナージを受ける場合は、胸腔ドレーンの管理や観察をおこなう。
- 胸腔ドレーン挿入にともなう日常生活への影響を観察し、援助する。

③飼い主家族への支援
- 効果的な呼吸が維持できるように、日常生活動作や安楽な体位のとり方を指導する。

3. 循環器系　看護解説

★看護解説　—循環器編—

❶心電図

　心筋が興奮すると活動電位が発生し、時間の経過とともに、その大きさと方向性が刻々と変化します。その活動電位を体表上から観察・記録するのが心電図です。

　計測方法にはいくつかの種類があり、電極を四肢に装着する標準四肢誘導、標準四肢誘導の状態で胸部に電極をつけた胸部単極誘導、生活しながら連続して記録するホルター心電図、運動や薬物を用いる負荷心電図法があります。

　心電図の読み方は簡単ではありませんが、基本的な意味は理解しておきましょう。

　校正曲線は一般的に、1 mV の電位が発生したときに針が 10 mm または 5 mm 振れるように設定されています。用紙の搬送速度は 25 mm/秒（1 mm ＝0.04 秒）または 50 mm/秒（1 mm＝0.02 秒）となっており、時間の経過とともにどのくらいの電位が発生したのかが方眼用紙に記録されるしくみになっています。

　波形からは、心筋、刺激伝達系の状態がわかります。まずリズム（調律）に注目しましょう。用紙に記録された波形は同じような形が繰り返されているでしょうか。正常な場合は洞房結節が同じリズムで動いているので、P 波が出現し次に QRS 波が続く「洞調律」を示します。

　次に、心拍数をみていきます。心室の興奮から次の興奮までの時間である R—P の間隔から、おおよその心拍数がわかります。刺激伝導が正常に機能しているかを確認するには、PQ の間隔（時間）と QRS の間隔（時間）をみます。PQ の間隔は、興奮刺激が心室結節からヒス束を通過している時間であり、QRS の間隔は、心室全体に広がる時間を示しています。電極に向かってくる興奮波は、上向き（基線より上）の波を「陽性波」、下向き（基線より下）の波を「陰性波」とよびます。

❷心停止の時間と症状

　心拍数が急激に乱れると血液が正常に拍出されない状態になります。特に、脳は非常に多くの酸素を必要とする臓器であるため、虚血状態が続くと意識障害やふらつきなどが起こってきます。脳の血流障害にともなう症状にも注意しなければなりません。

　人医療では心停止の時間と症状は次のようにいわれています。

- 3〜4秒　　：症状なし
- 4〜6秒　　：めまい、ふらつき
- 10〜12秒　：意識消失
- 20秒前後　：けいれん
- 30秒前後　：呼吸停止
- 3〜5分以上：脳の不可逆的変化

この指標は動物看護においても参考にできるでしょう。

❸浮腫

　心疾患にともなう症状として浮腫があります。浮腫とは水分が皮下に貯留して腫脹した状態をいい、皮膚を軽く圧迫するとへこむため、すぐにわかります。浮腫は体位によって身体が低くなるところによくみられます。腹水や胸水をともなう場合もあります。急激に体重が増えている場合は、浮腫になりやすいため注意が必要です。

　浮腫をみるときは客観的に程度を判断できるようにすることが大切です。各病院で判断の基準をつくり、部位や浮腫の程度をきちんと記録して看護していきましょう。例えば、押してもすぐ戻る場合（2mm程度のへこみ）は「痕跡」や「＋1」と決めます。戻るのに10〜15秒かかるのとき（4mm程度のへこみ）は「軽症」または「＋2」、戻るのに1〜2分かかるとき（6mm程度のへこみ）は「中等」または「＋3」、戻るのに2〜5分かかるとき（8mm程度のへこみ）は「重症」や「＋4」などというように、記録方法を決めるとよいでしょう。

❹環境整備

　心疾患からくる咳などの呼吸器症状がある場合は、室温を上げて加湿を心がけてください。空気が乾燥していたり室温が低かったりすると、気道の水分が減少して痰が固まりやすくなり、気道が狭くなって換気障害を起こします。動物は咳をする前には息を止めて、強い腹圧をかけます。その反応で急激に血圧が上がり、数秒後に急激に低下します。これによって循環動態が変化するので、咳などの呼吸症状がある場合はその回数を減らせるように、環境を整備することが大切です。

❺シャンプー浴

　シャンプー浴は、温熱刺激により酸素消費量が大きくなるため心臓に負荷が

かかります。十分にシャンプー浴の計画を考え、獣医師に相談し判断を仰いだ上でおこないましょう。

　まず、シャンプー浴をする部屋の室温をあらかじめ上げておきます。急激に寒冷刺激がかかると四肢の血管が瞬時に収縮します。その結果、血液が急激に心臓にもどるため、心臓に負荷がかかってしまうからです。胸痛発作を起こすこともあるため、注意が必要です。また、シャワーのかけ方にも注意します。はじめは四肢にお湯をかけて、血管の収縮を和らげましょう。温熱刺激で血液循環が活発になるため、シャワーの温度は体温程度に設定し、短時間で済ませるようにしましょう。

　身体を乾燥させる際は部屋全体を暖めながら、吸湿性の高いタオルで十分に水分を拭きとり、四肢から乾かしていきましょう。状態が悪い様子がみられたら、すぐに酸素吸入できる準備もしておきましょう。

❻体位

　看護動物が安楽と感じる体位をとることが大切です。心臓に負担がある場合は、水平臥位のときに循環血液量と収縮期血圧がもっとも低下します。この姿勢では血液が下部に貯留し、心臓に戻ってくる血液量が減少します。水平臥位からファーラー位（上半身を45度に挙上した体位）、座位になるに従って横隔膜が下がって換気量と横隔膜の運動が増えるため、ファーラー位や座位の方が心臓の負荷を軽減することができます。座位になる体力がない場合は、水平臥位になっている看護動物をスノコごと動かして頭部を挙上させるような工夫も必要でしょう。褥瘡をつくらないためにも、体位変換をこまめにおこなう必要があります。常に、看護動物の反応や状態を観察しながらおこないましょう。

❼活動と休息

　心臓に負荷がかからないようにと必要以上に安静にしてしまうと、運動不足を招くうえ心臓の予備能力を低下させてしまいます。運動の許容量を最大限いかせるように、援助しましょう。獣医師から指示された安静度を、飼い主家族がどのように理解しているか確認します。

　運動の範囲を決めるには、生活の中の1つ1つの動作の酸素消費量、つまり心拍数の変化を考えることが大切です。安静時と比較して、看護動物がおこなう身のまわりの活動（食事、トイレ、家の中で階段を上る、廊下を歩くなど）、日ごろの生活活動（散歩、他の人や犬に会う、シャンプー・ブラシなど）がどのくらい心臓に負荷をかけることになるのか、ある程度認識しておくことが大切でしょう。また、睡眠する場所は、冷えからくる末梢循環の収縮を

防ぐためにも、温かく保温しておきましょう。

❽服薬指導と確認

　循環器疾患看護の目標は、その看護動物に見合った心臓機能の範囲の生活を送ることを援助することと、飼い主家族が病気を理解し療養生活を前向きに取り組めるように支援することにあります。循環器疾患の場合は不可逆的な疾患が多いため、症状の緩和とQOL改善を目的とします。薬を飲んでいても病状は進行します。「最近薬が効かない」という飼い主家族の感じた訴えはとても重要です。進行している可能性があるため、獣医師に報告・相談してください。薬の調整が必要になる場合もあります。

　また、症状がみられないのに薬を使うことに対する飼い主家族の心理を考えていきましょう。定期的に検査をし、その結果から投薬の成果を伝えることも大切です。また、心臓の変形や病態の進行など、形態的変化なども伝えましょう。きちんと投薬管理ができている時から、飼い主家族の行動を支えるように意識します。できなくなってから注意しても効果的ではないことを覚えておきましょう。

# 第4章 消化器系

消化器系とは

　食物を消化、吸収するための一連の器官を指して消化器系とよびます。一般的には、消化管とそれに付随する膵臓、肝臓を含めてこうよんでいます。消化器疾患は動物病院でみる機会の多い疾患で、軽度のものから命に関わるものまで非常に多岐にわたっています。消化器の病気でみられる症状といえば、嘔吐や下痢がすぐに思い浮かぶでしょうか。しかし、これらの症状は消化器以外の病気でもみられますし、消化器の病気でも悪い部位によってみられる症状はいろいろと変わってきます。その看護動物にどんな問題が起こっているのか、またどのようなサポートを必要としているのかを知るためには、消化吸収という一連の流れの中で、それぞれの器官が担っている役割について正しく理解することが大切です。

消化器のしくみ

◎消化管のはたらき

　消化管は、口腔から肛門に至る 1 本の長い管とみることができます。口腔内で咀嚼された食物は、まず**食道**に入ります。人と違って犬や猫の唾液には消化酵素はほとんど含まれません。したがって、咀嚼の目的は食べ物を小さく砕いて食道へ移送したり、その後の消化を助けたりすることです。食道の役割は食べたものを胃まで送ることで、食道は噴門を介して胃につながっています。**胃**は最初の消化をおこなう大きな部屋で、胃壁からは塩酸を含む酸性の胃液が分泌されます。胃の出口は幽門とよばれ、胃液によってなかば消化された食物がそこを抜けると長い小腸に入ります。**小腸**は、順番に**十二指腸**、**空腸**、**回腸**の 3 つの部位からなります。十二指腸には膵管や胆管が開いていて、膵臓で作られた膵液や肝臓で作られた胆汁が流れ込みます。膵液は食物を消化し、胆汁は脂肪やビタミンの吸収を助けています。小腸ではまた、水の吸収もおこなわれます（誤解されがちですが、水の吸収にもっとも重要なのは大腸ではなく小腸です）。小腸で消化、吸収されなかった残りは、大腸にたどり

着きます。**大腸**は大部分が結腸とよばれる太い腸管でできていて、水分をさらに吸収しながら糞塊を形成します。大腸にはほかに、肛門との接続部である短い直腸、結腸の入口で分岐して盲端になっている盲腸が含まれます。

　ところで、胃や腸の中は「体の中」なのでしょうか。それとも「外」でしょうか。胃腸内部は感覚的には体の中のような気がするのですが、実は「体の外」というのが正しい答えです。食べ物や水は、胃腸の中にあってもまだ体の中に取り込まれたわけではありません。消化、吸収されて血液中に入ることで、はじめて体の中に入ったとみなすのです。たとえば、下痢をしている動物は脱水症状を示します。腸の中にたくさんの水分があっても、これらはすべて体の外にあるわけです。

◎膵臓のはたらき

　消化酵素を含む膵液を作り、膵管を通じて十二指腸へ分泌（外分泌といいます）するのが膵臓の役割です。分泌される酵素には糖質を消化する**アミラーゼ**やたんぱく質を消化する**トリプシン**、脂肪を消化する**リパーゼ**などがあります。胃から流れてきた食物は膵臓から分泌されたこれらの酵素によって消化され、小腸から吸収されます。

◎肝臓のはたらき

　肝臓は消化器の一部ですが、そのはたらきはあまりにも多岐にわたっており巨大な化学工場にたとえられることもあります。肝臓では胆汁が産生され、胆管を通じて十二指腸内に分泌されます。胆汁は血液中の老廃物などから作られますが、脂肪や脂溶性ビタミン（A、D、E、K）を溶かし込んで小腸からの吸収を助ける作用があります。また、小腸から吸収された栄養素は、肝門脈という血管を通ってまず肝臓に入ります。肝臓には解毒機能がありますので、間違って毒物を吸収してしまった際にはそれらをある程度無毒化する能力もあります。余ったブドウ糖をグリコーゲンに変えて保存したり、さまざまなたんぱく質（血液の浸透圧を維持するアルブミンや、止血に必要な凝固因子など）を作ったりするのも肝臓の重要な役割です。

観察ポイント

　ひとくちに消化器疾患といっても、罹患部位によって症状は大きく変わってきます。部位ごとの特徴的な所見と、それらに対する適切なアセスメントのポイントを知ることが大切です。

4. 消化器系

①口腔内に要因がある場合

　口腔内疾患には、口内炎や口腔内腫瘍があります。これらの看護動物は、程度はいろいろですが食欲の低下を示します。といっても、食べ物に興味は示すものの口に入れようとしない、または口にしてすぐに出してしまうなどで、全身性疾患で食欲が失われているときとは少し様子が違います。猫のカリシウイルス感染症では、舌の潰瘍（舌のザラザラが部分的に欠けて赤くなる）や流涎（よだれ）がみられることもあります。

　口腔内の疾患には、歯石症や歯肉炎、歯周炎など歯の疾患も含まれます。これらは歯石の沈着が原因となって起こりますので、歯石がつかないように頻繁に歯磨きをしてやることや、ついた歯石を早めに取ってやることが大切です。一方、人に多い齲歯（むし歯）は犬や猫ではみられません。これは、口腔内のpHの違いなどが理由です。

②食道に要因がある場合

　食道疾患には、食道が狭くなる**食道狭窄**や、逆に食道が拡張する**巨大食道症**などがあります。これらの疾患をもつ看護動物は症状として「吐出」を示します。私たちはよく吐くという言葉を使いますが、診療現場では意味を考えて正確な用語を使う必要があります。吐出というのは食道の内容物を吐き出すことで、後述する嘔吐（胃の内容物を吐き出すこと）とは異なります。嘔吐と違って、吐出には通常、明瞭な前兆がありません。普通に座っている動物が、突然噴出性に食べたものを吐き出すなどの形で見られます。食物が胃まで達していないため、吐物が消化を受けていないことも特徴です。

　吐出はとても危険な症状です。吐物が気管に入ることによって、誤嚥性肺炎を引き起こす可能性があるからです。嘔吐でも同じことが起きる可能性はありますが、嘔吐は生理的な反射でもあるため、吐くときに気管の入り口は通常反射的に閉鎖されます。それに対して、吐出は本来動物に起こるはずのない現象です。そのため体がうまく反応できずに吐物が気管に入ってしまうわけです。誤嚥性肺炎を起こした動物は、呼吸困難を示します。胸郭の動きが大きい努力性呼吸となり、呼吸数も増加します。場合によってはたった一度の誤嚥で命を落としてしまうことさえあります。食道疾患をもつ動物を観察する際には、吐出の有無だけでなく呼吸数や呼吸様式を観察、記録するよう心がけてください。

③胃に要因がある場合

　胃の疾患には、**胃炎**や**胃潰瘍**、**幽門狭窄**などがあります。人に多い胃がんは犬や猫では少なめですが、その代わり**リンパ腫**というリンパ球のがん（悪性腫

瘍）が見られることがあります。

　胃の疾患で見られるもっとも一般的な症状は「**嘔吐**」です。嘔吐とは胃の内容物を吐き出すことで、本来は生理的な反射です。体に悪い物を間違って食べてしまったときなど、吸収する前に吐き出すことができるようになっているわけです。胃の疾患では神経を通じて脳の嘔吐中枢が刺激され、不要な嘔吐が引き起こされます。嘔吐は吐出と違って、多くの場合前兆をともないます。そわそわして吐くための場所を探し始めたり、部屋の隅の方へ行くこともあります。嘔吐の最中は吐くための姿勢を取り、腹筋の収縮が見られます。このような吐き方をしていたら、吐出ではなく嘔吐なのだと考えてください。また、嘔吐は胃の病気だけでみられるわけではありません。腸の病気でもみられますし、肝臓や腎臓の病気でもみられます。人と同じように、車酔いで嘔吐することもあります（**動揺病**といいます）。嘔吐が続くと、食事を取れなくなるだけでなく脱水が進行し、胃液による食道炎を引き起こすこともあります。

④腸に要因がある場合

　腸の疾患には、腸炎や腸閉塞のほか、多くの寄生虫疾患があります。特に長期にわたって下痢を示すものは**慢性腸症**（CE）とよばれ、病態や治療への反応によって**食事反応性腸症**（FRE）や**抗菌薬反応性腸症**（ARE）、**免疫抑制薬反応性腸症**（IRE）などに分類されます。腸に多いがん（悪性腫瘍）としては、リンパ腫や腺がんが知られています。

　腸の疾患でもっとも代表的な症状は「**下痢**」です。糞便中に水分が多く含まれるものを下痢とよびますが、形のある軟らかい便を軟便とよんで区別することもあります。小腸の病気で起こる下痢と大腸の病気で起こる下痢はそれぞれ特徴がありますので、注意して観察すれば見分けることができます。まず、**小腸性**の下痢は1回あたりの量が多く、回数は少ない（1日2回程度）のが特徴です。原因によっては白い脂肪便がみられることもあります。一方、**大腸性**の下痢は1回あたりの量が少なく、回数が多いのが特徴です。何度も排便姿勢を取る「**しぶり**」が見られ、粘液が混ざることもあります。直ちに危険という意味では、水様性の激しい下痢には特に注意する必要があります。脱水が進行すれば、腎臓をはじめとしてさまざまな臓器が傷害を受けることになるからです。脱水の程度は、粘膜の乾燥状態や皮膚の柔軟性から評価できます（**表1**）。

　重度の腸炎や腫瘍では、糞便に血液が混ざることがあります。これを**血便**、または**下血**とよびます。胃や小腸など上部消化管から出血している場合、糞便は黒色になります（**タール便**）。これは、血液のヘモグロビンが糞便中に出てくるまでに酸化を受けて色調が変化することによります（ただし、肉

表1　脱水の程度と身体所見

<5%	脱水は感知できない
5〜6%	皮膚の張りが低下
6〜10%	皮膚をつまむと戻りが悪く、粘膜は乾燥
10〜15%	皮膚はつまむと戻らず、粘膜は重度に乾燥
>15%	ショックによる死亡

＊5%未満の脱水は、身体所見からは検出できません。

類を食べた後は出血がなくても便が黒くなることがありますので、食事内容や普段の糞便の色との違いにも注意してください）。一方、大腸からの出血では、血液がすぐに糞便中に出てくるため血便は赤色となります。このように糞便の色を観察することによって、だいたいの出血部位を知ることができます。

　下痢以外の症状として、腸の疾患でも嘔吐が見られることがあります。特に異物や腫瘍で腸閉塞を起こしている看護動物では、激しい反復性の嘔吐がみられます。腸からたんぱくが漏れる**蛋白喪失性腸症**（IBDやリンパ管拡張症、リンパ腫など）では、低蛋白血症のために血液の浸透圧が低下し、胸水や腹水がみられることもあります。

⑤ 膵臓に要因がある場合

　膵臓の疾患で多いのは、**膵炎**と**膵外分泌不全症**（EPI）です。あまり多くはありませんが、インスリノーマやガストリノーマなどのがん（悪性腫瘍）がみられることもあります。

　急性膵炎の犬は、激しい嘔吐や腹痛を示します。腹筋を周期的に収縮させ、腹部を触られるのをいやがる腹膜炎の症状が見られます。一方、猫の膵炎では症状ははっきりしません。腹痛がある場合でも、犬と違って明瞭な症状を示さないのが特徴ともいえます。腹痛があることを知るための観察のポイントとして、いつもと違う姿勢で寝ている、検査のときに体を触るといやがるなどの徴候に注目してください。

　膵外分泌不全症（EPI）は膵臓で消化酵素が作れなくなる病気で、消化不良を引き起こします。消化不良は吸収不良を引き起こし、結局は脂肪便をともなう小腸性の下痢となります。EPIは膵炎の後遺症として起こりますが、ジャーマン・シェパードでは遺伝性のものも知られています。観察ポイントとして、異嗜（食物以外の物を食べたがる）や食糞行動（自分の糞便を食べる）がみられることがあります。

⑥肝臓に要因がある場合

　肝疾患には肝炎や脂肪肝のほか、肝癌などの腫瘍もあります。肝疾患の症状は食欲不振や元気消失、嘔吐など特徴的でないものが多いのですが、「**黄疸**」はある程度肝疾患に特徴的な所見です。本来は肝臓で代謝され、胆汁中に排泄されるはずの**ビリルビン**という黄色い色素が血液中に増加し、粘膜が黄色く染まることを黄疸といいます。犬や猫の体表は被毛で覆われているため、ヒトと違って黄疸はわかりにくいかもしれません。よく観察すれば歯肉や腹部の皮膚などでもわかることがありますが、白目の部分が見つけやすいと思います。また、先天性疾患として知られる門脈体循環シャント（PSS）では、けいれん発作などの神経症状がみられます。

検査

○血液検査

　激しい腸炎を起こすパルボウイルス感染症では、白血球数の著しい減少が見られます。消化管出血を起こしている看護動物では、重度の場合、赤血球数やPCVの低下が起こります。**免疫抑制薬反応性腸症**（IRE）や**リンパ管拡張症**、**消化器型リンパ腫**などでたんぱくの漏出が起こると、血液中の**アルブミン**および**総蛋白**が減少します。

　肝疾患では、血液生化学検査で肝酵素（AST、ALT）の上昇がみられます。これらの酵素は肝臓の細胞内ではたらいていますが、肝臓が壊れるような状況では血液中に漏れ出してくるためです。**胆道疾患**では別の酵素（ALP、GGT）が上昇します。また、**膵炎**では膵リパーゼ免疫活性（PLI）の上昇、**膵外分泌不全症**（EPI）ではトリプシン様免疫活性（TLI）の低下がそれぞれみられます。

○糞便検査

　顕微鏡で観察して寄生虫の卵が見つかれば、消化管内に親にあたる寄生虫がいることがわかります。1回の検査では見つからないことも多いので、見つからない場合は何度もおこなう必要があります。虫卵以外では、ジアルジアやトリコモナスなどの原虫が見つかることもあります。近年、PCR検査によって病原体の遺伝子を検出することもできるようになりました。このような検査は通常病院内ではできませんので、糞便を検査機関に送って調べてもらうことになります。

4. 消化器系

○ X 線検査

消化管内の**異物**や**腸閉塞**、**巨大食道症**の診断に有効です。バリウムやヨード系造影剤を飲ませて造影検査をおこなう場合もありますが、吐出や嘔吐を示す看護動物では誤嚥の危険もあるため慎重におこなう必要があります。

○ 超音波検査

胃の**幽門狭窄**や**腸閉塞**の診断に有効です。熟練者が見れば、膵炎を見つけることもできます。消化器疾患の中で、特に超音波検査の有用性が高いのは肝疾患で、肝炎や脂肪肝、ステロイド肝症のようなびまん性病変だけでなく、腫瘤（しゅりゅう）性病変を見つけることもできます。肝臓内の腫瘤は、がん（悪性腫瘍）かどうかの鑑別が困難ですが、超音波造影法によってかなり見分けられるようになってきました。

○ 内視鏡検査

消化管出血や**慢性腸症**（CE）を示す場合などで、確定診断を下すためにおこなわれます。内視鏡を使えば、胃腸の粘膜面を直接観察し、病理組織診断のための検体を採取することもできます。全身麻酔が必要なため、状態の悪い看護動物におこなうことはできません。

消化器系の病気

消化器系の病気は、消化管のみならず膵臓や肝臓の疾患も含むことから、非常に多岐にわたります。その中には腸閉塞や寄生虫疾患のように完治が目標となるものもありますし、**免疫抑制薬反応性腸症**（IRE）や**膵外分泌不全症**（EPI）のように症状のコントロールが主体となるもの、リンパ腫のように寛解と延命が目標となるものもあります。

看護上の注意点は疾患の種類によって大きく違いますが、嘔吐や吐出、下痢などの症状にどのように対処すべきかが重要な鍵となります。吐出を示す看護動物の誤嚥性肺炎を防止することや、重度の下痢を示す看護動物では脱水の評価、対応をおこなうことが欠かせないポイントでしょう。感染性の疾患では、ほかの動物に伝染しないよう適切な衛生管理をおこなうことも重要です。

看護時と日常的な生活での配慮

　消化器系の問題は動物病院では日常的にみられます。消化器系の機能は栄養や水の摂取に直結しているため、重度のものは命に関わります。自宅で看護できるものから入院看護が必要なものまで状況はいろいろありますが、その動物がどれくらいの治療や看護を必要としているのか、正しく評価することが大切です。

　嘔吐を示す動物は、程度によっては一時的な絶食が必要です。吐物はすぐに取り除き、自分で再び食べないよう管理します。寝たきり動物の嘔吐や食道疾患にともなう吐出は、誤嚥性肺炎を引き起こす危険が常にあります。寝たきりの動物が吐き気を示しているときは、吐くための姿勢を取るのを補助してあげるなど、横になったまま嘔吐しないよう注意してあげる必要があります。

　下痢を起こしている動物は、程度によって看護の方法も違ってきます。軽い軟便程度で食欲もある場合は、脂肪分の少ない高消化性のフードを少量ずつ何回かに分けて与えるとよいでしょう。一方、特殊な疾患で食事療法をおこなっている場合は、決められたフード以外は与えないよう注意することが重要です。特に低アレルギー食を使用しているような状況では、ほかのフードを少量与えただけでも影響が出てしまいます。それらのフードを使用する目的を飼い主家族に説明し、治療法の原理を正しく理解してもらうことが大切です。

　水様性の下痢など、症状が重度のときは入院看護が必要です。失った水分は輸液によって補給しなければなりません。適切な治療をおこなうためには、下痢によってどれくらいの量の水分を失ったのか、また脱水の程度がどれくらいなのか、正しく観察して記録することが重要です。ケージの中で下痢をした場合は、ただちにペットシーツを替えてケージ内に汚染物を残さないようにしましょう。肛門周囲の被毛に付着した糞便は、少量であれば拭き取ってやるか、あるいはシャワーなどで洗浄します。ただし、重度の疾患に罹患してほとんど立ち上がることもできないような看護動物の場合は、あまり無理に動かさず検査や処置の際に同時に拭いてやるなどして、できるだけストレスを与えないことも必要です。

　下痢を起こす疾患には、感染性のものも少なくありません。特に同居している動物がほかにもいる場合は要注意です。入院している場合は、ほかの入院動物に感染してしまう危険もあります。感染症の動物を扱う際には、その病原体が種を超えて感染する場合もあるのか（犬から猫、または人へ）、ワクチンで予防可能なのか、どんな消毒方法が有効なのか、それぞれの疾患ごとに確認しておく必要があるでしょう。

4. 消化器系

看護アセスメント

①嚥下機能をアセスメントする

　口から食べた食物を咽頭、食道を通過して胃内に送り込む運動を嚥下機能といい、この過程に障害があることを「嚥下障害」といいます。嚥下障害には、口内炎や歯肉炎による疼痛、悪性腫瘍や頚部リンパ節の腫脹による通過障害のほか、口蓋裂などの先天異常、神経や筋肉の障害によるもの、食道外部からの圧迫、食道のぜん動運動の不全などの実にさまざまな原因が考えられます。

　まずは食事の摂取状態をよく観察しましょう。口から食物がこぼれていないか、食べ方はどうか、といった点を細かく観察します。嚥下障害があると少しずつしか食べられないため食事の所用時間が長くなります。また、口腔内の残渣の有無や量をみます。口角からの食べこぼしがあったり、食物残渣が口腔内に残っている場合は、口腔内の知覚障害や舌の運動障害が疑われます。また、食べるために口に入れてから次に入れるまで時間がかかっている場合は食道の狭窄の可能性があります。流動食でむせるような場合は神経や筋肉の障害、固いものが食べにくそうな場合は顎の障害かもしれません。このように食べる様子からもいろいろなアセスメントをすることができます。

②代謝・解毒機能をアセスメント

　食物に含まれる栄養素は小腸で吸収され、肝臓で代謝されます。代謝により栄養素が体内の組織・細胞に運搬されます。したがって代謝機能が低下すると低栄養状態になり、体にさまざまな影響が出てきます。例えばアルブミン（血液中の蛋白質）の再合成がおこなわれにくくなると、アルブミンの機能である血液の浸透圧を維持するはたらきがうまく機能しなくなり、浮腫や胸水・腹水が生じます。浮腫になると皮膚が脆弱になりますし、胸水や腹水がたまると体を動かしにくくなったり呼吸困難を生じるようになります。低栄養状態や腹水の貯留によって倦怠感や疲労感が強くなるので、元気消失、食欲が低下し、活動量も低下します。

　また、肝臓でアンモニアが尿素に変換されないと、アンモニア濃度の高い血液が脳に運ばれ、さまざまな神経症状が現れます。重度になると意識障害を起こすことがあります。

　消化器系のどの機能が障害されているかを理解し、必要な看護介入を判断していきましょう。

●代表的な疾患
4-1. 巨大食道症

1）特徴

○病態
- 食道が過度に広がったままの状態となり、食物を胃へ送ることが困難になる疾患。原因として、重症筋無力症や多発性筋炎など免疫介在性の疾患が知られている。甲状腺機能低下症や副腎皮質機能低下症など、内分泌疾患が原因になることもあるといわれているが、実際にどの程度関与しているのかはよくわかっていない。原因がわからない特発性巨大食道症がもっとも多い。
- 成長期の仔犬の場合は、成長にともなって自然に治ることもある。

○症状
- もっとも代表的な症状として吐出がみられる。食後、食道にたまった食物を未消化のまま吐出する。吐出は嘔吐と違って前兆がない。座っていた動物が突然、食べたものを噴出性に吐き出したときは吐出と考えられる。ただし、吐出の原因は巨大食道症だけではなく、食道狭窄などほかの食道疾患でもみられることがあるため、鑑別診断が必要である。
- 重症筋無力症が原因のときは、影響が全身に及んでいることもある。重症筋無力症とは、免疫系が誤って自分の骨格筋（正確には、骨格筋にあって神経の指令を受けるアセチルコリンレセプター）を攻撃してしまい、その結果骨格筋がうまく機能しなくなる疾患。犬の食道の筋肉はおもに骨格筋でできているため（猫は前方2/3が骨格筋、後方1/3が平滑筋）、食道がうまく収縮しなくなり伸びきって広がってしまう。局所型では食道の拡張だけが見られるが、全身型では四肢の筋肉にも影響が出て歩けなくなる。眼瞼反射が弱くなることもあり、瞼に触れて反応を確かめれば異常を見つけられる場合もある。
- 多発性筋炎の看護動物では、触診で頭部などの筋肉が落ちている（少なくなっている）のを確認することができる。

2）検査・診断

●X線検査
- 胸部のX線写真を撮れば、拡張した食道を見つけることができる。単純撮影でよくわからないときは、バリウムを飲ませて食道の造影をおこなう。この際、一般的な液状のバリウムではすぐに流れてしまってわかりにくいので、粉末バリウムに少量の水を加えてやや粘けのあるバリウム剤を作る。透視撮影が可能な施設であれば、透視下でバリウムを飲ませて食道の動きを観察することもできる。

＊看護ポイント：
バリウムを飲ませる際、バリウムそのものを誤嚥してしまう危険がある。少量ずつ様子を見ながら飲ませ、状況によっては中止する。また、動物を運ぶときは頭が上にくるように立てて扱う。

●血液検査
- 巨大食道症そのものはX線検査で診断できる。しかし原因としてさまざまな病気が背後に隠れている可能性があり、それによって治療方針が大きく変わってしまう。そこで、まず原発疾患の有無について確かめる必要がある。
- 重症筋無力症では血液中にアセチルコリンレセプターに対する抗体（アセチルコリンレセプター抗体）ができているので、外部の検査機関に血清を送って抗体価を測ってもらう。これが高い値を示していれば、重症筋無力症という診断が下される。

4. 消化器系　疾患看護

- 吐出時に食物が気管に入ると、誤嚥性肺炎を起こすことがある。これを起こした動物は努力性呼吸となり、重度のものではチアノーゼを示すこともある。誤嚥性肺炎は非常に危険な状態であり、命に関わる。

- AST（GOT）や CPK など、骨格筋の逸脱酵素が極度に高い値を示しているときは、多発性筋炎を疑う。このような看護動物では炎症マーカーである CRP も高くなっていることが多い。内分泌疾患の関与を確かめるためには、T_4 を測定したり、ACTH 刺激試験をおこなう。これらの検査で異常が見つからないときは、特発性巨大食道症と診断される。

3）治療

①原因療法（続発性のもの）
- 血液検査などで原因疾患が見つかったときは、原因療法としてその疾患に対する治療がおこなわれる。たとえば、重症筋無力症ではコリンエステラーゼ阻害剤という薬物でアセチルコリンの作用を増強し、骨格筋のはたらきを助ける。また、免疫反応を抑制するためプレドニゾロンなどの免疫抑制剤を使用する。多発性筋炎の場合も、炎症を抑制するためにプレドニゾロンなどを使用する。
- 治療が適切におこなわれたとしても、いちど拡張した食道は（いくらか改善はしても）完全には元に戻らない。原因療法はそれ以上の悪化を防ぐことがおもな目的ともいえる。したがって、対症療法は一生必要となる可能性がある。

②食物の給与
- 食道が拡張している動物は、食べたものをうまく胃に送ることができない。そこで、食事としては流動食を与え、食事中と食後に動物の体を縦に保持する必要がある。口からの食物摂取が長期的に困難と考えられる場合は、胃チューブを設置して胃に直接流動食を入れる方法をとる場合もある。

*看護ポイント：
食物がうまく胃へ送られるように、流動食を使用する。また、1 回当たりの量を少なくするため、給与回数は可能な範囲で増やす。給与中から給与後は、看護動物の体を 15～20 分間くらい縦に保持して、食物が胃へ落ちていくのを助ける。小型犬ならば動物看護師が抱いているか、または縦に長い円筒形の容器に立たせた姿勢で入れておく方法もある。大型犬では、段差のある場所でフードを食べさせるなどする。

③誤嚥性肺炎
- 誤嚥性肺炎を起こした看護動物は、集中治療の対象となる。酸素ケージに入れて充分な酸素化をおこない、抗生物質や（状況によっては）副腎皮質ホルモン剤を投与して回復を期待する。しかし、重度の肺炎を起こしたものでは多くの場合、残念ながら予後は不良である。

*看護ポイント：
誤嚥を起こした瞬間を見逃すと、いつのまにか肺炎を起こしている可能性がある。肺炎を起こした動物は努力性呼吸となり、胸郭の動きが大きくなるとともに呼吸数が増加する。また、開口呼吸がみられたり、重度の場合はチアノーゼ（酸素不足のために舌などの粘膜が青黒くなる）がみられることもある。これらの異常に気づくためには、定期的な呼吸様式の観察や呼吸数の記録が大切となる。

看護アセスメント	
4）一般的な看護問題	5）一般的な看護目標
・吐出にともなう食物摂取の障害・栄養状態の悪化。 ・誤嚥性肺炎を続発する可能性。 ・自宅管理が難しくなることへの飼い主家族の不安。 ・生活の質の低下に対する飼い主家族の不安。	・適切な栄養状態が維持される。 ・誤嚥性肺炎を予防し、発生時には飼い主家族が適切に対処できる。 ・飼い主家族が適切な自宅管理をおこなうことにより、自宅での生活が可能になる。 ・看護動物の生活の質を維持することによって、飼い主家族が安心できる。
6）看護介入	

①入院中の食物摂取の援助
・流動食を適切な配合比率で作る。
・決められた間隔で決められた量を給与する。
・飲み込む反応が悪ければ、無理に給与せず中止する。
・給与中および給与後、看護動物の体を一定時間縦に保持する。
・毎日同じ条件下で体重測定をおこない、増減を記録する。

②吐出と誤嚥性肺炎のモニタリング
・アスピレータをただちに使用できるよう準備しておく。
・呼吸様式、呼吸数を定期的に観察、記録する。
・食物を吐き出す行動が見られたら、吐出か嘔吐かを鑑別する。
・吐出した食物は直ちに除去して、通常姿勢で食べさせないようにする。
・誤嚥の可能性を感じたら直ちに獣医師に報告し、酸素ケージを準備する。
・酸素ケージは必要以上に開けないよう管理する（酸素が逃げてしまうため）。
・酸素ケージ使用中は温度を監視し、必要であれば氷嚢を入れる。無理に看護動物に押しつけることはせず、自分から自由に接触できるようにしておくだけでよい。

③飼い主家族への支援
・長期（通常、一生）にわたる治療となることを説明する。
・適切な管理によって生活の質が保たれることを説明する。
・給与方法について詳細に説明する。
・誤嚥の危険性について正しく認識してもらう。
・誤嚥した際の観察ポイント、対処法について説明する。
・緊急時の連絡、対応方法についてあらかじめ相談して決めておく。

4-2. パルボウイルス感染症

1）特徴

○**病態**
- パルボウイルスの感染によって引き起こされる疾患。パルボウイルスはDNAウイルスの一種で、犬には犬パルボウイルス2型（CPV-2）、猫には猫パルボウイルス（FPV）がそれぞれ感染する（いずれも異なる相手には感染しない）。CPV-2は元はFPVの変異によって生まれたと考えられており、病態や症状はほとんど変わらない。猫のパルボウイルス感染症は汎白血球減少症とよばれることもある。
- 都心ではワクチンの普及によって伝染病は少なくなったが、二次感染の予防をあわせて考えなければならないなど、動物看護師にとっては重要な疾患の1つであることに変わりはない。

○**症状**
- おもな症状は、発熱と元気喪失、嘔吐と水様性の下痢、血便など。進行すれば脱水と栄養不良によって衰弱し、削痩する。
- パルボウイルスは、分裂が盛んな細胞に感染する性質を持つ。体の中で分裂が盛んな細胞といえば、第一に骨髄細胞、第二に腸の上皮細胞が挙げられる。したがって、パルボウイルス感染症のおもな症状は血球系と消化器系に関連してみられることになる。まず血球への影響として、著しい白血球数の減少が起こる。白血球は免疫をつかさどる細胞のため、白血球が少なくなると、病原体に対する抵抗力を失う。同時に、感染した動物は腸の上皮細胞が激しく破壊される。その結果、激しい水様性の下痢と腸管内の出血、つまり血便が生じる。
- 下痢は重度の脱水を引き起こし、循環不全によってさまざまな臓器の機能が傷害される。また、免疫力が低下しているところへ腸粘膜のバリヤーが破れるため、細菌による二次感染が起こりやすくなる。適切な治療が受けられなければ、看護動物は敗血症を起こして死に至ることもある。

2）検査・診断

●**血液検査**
- 血液一般検査では、著しい白血球数の減少がみられる。健常な場合の白血球数（一例）は、犬で8,000〜15,000/μL、猫で5,000〜20,000/μLだが、パルボウイルスに感染した動物では1,000/μLを下回ることもある。特徴的な臨床症状に加えてこのような白血球数の減少がみられれば、パルボウイルス感染症と診断して治療を進める。また、消化管からの出血が重度になると、貧血を起こしてPCVの低下がみられることもある。

＊**看護ポイント：**
最近は、自動血球計数器を使っている動物病院が多いかもしれない。しかし、機械を利用できない状況でも、血液塗抹標本を作成して顕微鏡で確認すれば、白血球数の減少を見つけることはできる。この疾患では白血球が著しい減少を示すため、塗抹標本上でもほとんどみられなくなる。出張先での検査など、機械が利用できないときには自分の目が機械の代わりになることを忘れないこと。

●**糞便検査**
- 免疫学的な原理を利用した抗原検出キットを用いて、糞便中のパルボウイルスを検出することができる。この方法は厳密には感染を診断するものではなく、あくまで糞便中にウイルスがいるかどうかを明らかにするためのものである。したがって、むしろ二次感染の予防に役立てるのが正しい使い方かもしれない。また、現在ではパルボウイルスに限らず、糞便中の病原体の遺伝子をPCR法で検出することもできる。PCR法はごく微量の検体でも適用できる検査法で、下痢の原因となる複数の病原体について同時に調べることができる。

- 診療現場で見る機会はあまりないと思われるが、パルボウイルスには胎子感染も知られている。胎子感染した仔犬は、心筋炎のために急死することがある。また、仔猫には小脳低形成が引き起こされ、測尺障害（距離感がつかめず、うまく歩けなくなる）の原因となる。

3）治療

- ウイルス性の疾患に対しては、一般的に原因療法をおこなうことができない。細菌には抗生物質が有効だが、細胞をもたないウイルスに抗生物質は効かないからである。抗ウイルス薬もいくつか開発されてはいるが、あまり有効性の高いものはない。したがって、パルボウイルス感染症の治療はおもに支持療法（対症療法）となる。
- 看護動物の体力を維持し、生命活動を適切にサポートすることによって、危険な時期を乗り越え完治に導くことができる。治療が成功するかどうかは看護動物の状態にもよるが、治療・看護内容に大きく左右されるといえる。

①輸液
- 脱水の改善、電解質の補正を目的として、乳酸リンゲル液による静脈内輸液をおこなう。皮下輸液では補給の効率が悪く、脱水のために末梢の血管が収縮して吸収そのものが低下している可能性がある。
- いかに充分な「水」を補給するかが、この疾患の治療における要点の1つとなる。

②抗菌療法
- ウイルスには抗生物質は効かないが、二次感染によって体内に侵入した細菌には有効となる。パルボウイルス感染症の看護動物には、二次感染を防ぐために強力な抗菌療法をおこなう。抗菌スペクトルの広い殺菌性の抗生物質を静脈内に投与し、状況によっては複数の抗生物質を併用する。

③輸血
- 減少した白血球を補給し、貧血がみられる場合は同時に赤血球を補給することもできる。
- ワクチン接種後、または一度パルボウイルス感染症にかかって回復した動物の血液を輸血すれば、抗体を補給することもできる。

④その他の薬物療法
- 嘔吐がみられるときは、マロピタントなどの制吐薬や、ファモチジンなどの H_2 ブロッカーを注射で投与する。抵抗力増強を目的に、インターフェロン製剤を使用することもある。

Step Up

＊予防

①ワクチン
パルボウイルスはワクチンによって予防することができる。事実、ワクチンの普及にともなってパルボウイルス感染症の看護動物は昔と比べて大幅に減少してい

4. 消化器系　疾患看護

る。しかし、ワクチンを打っていても予防できない時期が必ずあることが問題である。初乳を介して親からもらった移行抗体が血液中に残っているあいだは、とりあえず抵抗力は保持している。しかし、この時期にワクチンを打ってもワクチンが抗体で壊されてしまうため、効果が得られない。ワクチン接種が有効となるのは、移行抗体が血液中からなくなってからである。つまり、移行抗体が消失してから打ったワクチンが効きはじめるまで、抵抗力がない時期ができてしまうことになる。「いつワクチンを打ったとしても、危険な時期は存在する」ということをしっかりとおぼえておいてほしい。

②二次感染の予防

パルボウイルスに感染した動物の糞便中には、たくさんのウイルス粒子が含まれる。これを不用意に拡散してしまうと、ほかの動物に感染するおそれがある。そのため、パルボウイルスを排出している動物やその排泄物の扱いは極めて慎重におこなう必要がある。また、パルボウイルスは体の外へ出ても通常の室内環境中では長期間活性を保つ。

パルボウイルスに消毒効果を持つ消毒液には、グルタラールや次亜塩素酸がある。しかし、グルタラールは刺激性が強いため、日常的な消毒には向かない。臨床現場では次亜塩素酸がよく使われている。家庭用の塩素系漂白剤を薄めて使用すれば、ウイルス粒子を殺すことができる。それでも100％安全とはいえないので、一度汚染されたタオルなどは再利用を考えず廃棄すべきだと思われる。

*看護ポイント：

標準予防策（スタンダードプリコーション）とは、症状のあるなしに関わらず看護動物の血液や糞尿、分泌物（汗以外）などをすべて感染性をもったものという前提で扱うという考え方である。診断が出るまで、その検体の安全性はわからない。スタンダードプリコーションを正しく守ることは、二次感染を予防するうえで重要である。

看護アセスメント	
4）一般的な看護問題	5）一般的な看護目標
・嘔吐による食物摂取の障害と栄養状態の悪化。 ・下痢による脱水と多臓器不全。 ・二次感染による敗血症。 ・予後に対する飼い主家族の不安。 ・ほかの動物に伝染する可能性。	・嘔吐がコントロールされ、栄養状態の急激な悪化が避けられる。 ・脱水がコントロールされ、多臓器不全を起こさない。 ・二次感染を最小限に抑制し、敗血症を起こさない。 ・飼い主家族が一般的な予後について理解し、治療に向き合える。 ・ほかの動物に伝染しない。

6）看護介入

①入院中の一般的な援助
- 検査などのために保定する際は、手袋や専用のエプロンを使用し、使用後は直ちに廃棄する。
- 定期的な体重測定をおこない、栄養状態を評価する。
- 定期的な体温測定をおこなう。
- 高熱が続いているあいだは、必要に応じて氷嚢をケージ内に配置する。
（発熱には病原体の増殖を抑制する効果もあるので、実施にあたっては獣医師と相談）
- 衰弱して自分で姿勢をうまく変えられないときは、定期的に向きを変えてやる。
- 嘔吐があれば、吐物を直ちに取り除く。

②下痢や血便、脱水に対する援助
- 脱水の程度を定期的に評価する。
- 排便時には糞便の状態を正しく記録し、脱水量を推定する。
- 糞便は直ちに医療廃棄物として処理し、ケージ内に残さない。
- 血便が続いているときは、粘膜色を定期的に観察して貧血の有無を確認する。
- 呼吸様式と呼吸数を観察、記録する。
- 輸液が適切におこなわれているか、量と速度を確認する。
- 留置針が外れたり漏れたりしていないか、定期的に確認する。

③飼い主家族への支援
- 獣医師とよく相談した上で予後について説明する。
- 看護動物の行動を観察し、必要に応じて飼い主家族の面会を仲介する。
- 同居の動物がいる場合、伝染の可能性について検討する。

★看護解説 —消化器編—

❶誤嚥性肺炎

　食物が気管に入ってしまうことを誤嚥といいます。誤嚥によって細菌が気管や肺に侵入し肺炎を起こすことを誤嚥性肺炎といいます。食事中むせていないか、食後に酸素飽和度が低下していないか、肺炎の徴候である発熱はないか観察しましょう。

❷排便の機序

　飲食物は、消化吸収されながら消化管の中を通り、大腸で水分が吸収されて残ったものが最終的に便として排出されていきます。便の成分は、消化管内では口から摂取した飲食物の水分と消化吸収のために分泌された消化液などの水分が約75%を占め、残りの約25%は食物繊維・未消化成分・粘膜細胞、栄養素の分解産物などの固形成分からなっています。やがて小腸で約77%、大腸で約20%の水分が吸収され、最終的に便の水分量は約2～3%程度になります。便が直腸内に送られると直腸壁圧で感知し、骨盤神経を通って仙髄にある排便中枢を刺激し、大脳皮質の中枢にいたって便意が起こります。健康な犬や猫で、食後24～48時間で排便が起こるといわれています。この消化・吸収、排泄の過程で異常がみられると、下痢や便秘になります。

❸排泄物の観察

　まず、便の量、形、色、混入物を目で見て観察しましょう。肉眼的な便の判断として、ブリストル大便スケール（The Bristol Stool Form Scale、Bristol Stool Chart、Bristolの便形状測り）というものがあります。これはブリストル大学のヘーリング博士が考案し、1990年の英国の医学誌に発表したもので、便を硬さ別にタイプ1～タイプ7までの7種類に分類しています。普通便といわれるものは、適度に水分のある固形便で、タイプ3～タイプ5に分類されます。大腸内の貯留時間が長いと、水分が過度に吸収され、コロコロやカチカチといった固い便になります。逆に、小腸、大腸で水分の吸収が不足すると、軟便、泥状便、水様便になります。

　便の色は、正常では胆汁の分泌によって黄褐色を帯びています。胆汁の分泌がないと白色、上部消化管の出血がある場合は黒色になり、下部消化管の出血では一般的に赤色便が見られます。肛門周囲が出血している場合は、便の表面に付着したような血液が観察されたり、フードの色や薬の影響で便の色が変化したりします。下痢便の場合も腸粘膜の脱落や出血がないかなど、便の色と内

容の観察をしましょう。便に異常がみられた場合は獣医師にすぐに報告します。便検査の相談ができるように、排泄物をすぐに処理せず、取り除いたあとに残しておくことも必要です。

❹排便の援助

排便の回数は、犬の場合は1日1回が基準ですが、食物の摂取状況・内容、習慣も含めて個体差があります。まずは看護動物の通常の状態を知ることからはじめましょう。排便までの過程には次の5つの段階があります。

①経口摂取の状況	：食物の摂取、食物繊維量、水分摂取量、病原細菌の摂取など
②消化吸収・便の生成の状況	：消化管の器質的・機能的問題、摂取物に対する反応など
③便の貯留の状況	：消化管の器質的・機能的問題など
④便の排泄の状況	：消化管の器質的・機能的問題、排泄に対する精神的な問題、排泄リズムの習慣的問題など

以上の各段階のうち、どの場面で問題が生じているのかをアセスメントしなくてはなりません。また、排泄には副交感神経の活動が重要です。ストレスがないようなリラックスした状態となるような環境調整も大切です。

便秘とは、通常数日間排便がない、排便しようとしているが出ないという症状です。腹部の触診をすれば、拡張した腸に便がつまっている状態がわかります。犬の場合は、大腸炎や会陰ヘルニアなど消化管の器質的・機能的問題から便秘が起きることがあります。猫では、腸ぜん動の低下や先天的な腸の神経や骨盤の変形などが原因の巨大結腸症で便秘になり、排便が困難になります。食事療法や緩下剤などの薬物療法、浣腸、原因となる疾患の治療、拡張した腸を外科的に切除する場合もあります。動物看護師の役割は、飼い主家族による便秘の早期発見と治療への理解を求めることと、その過程での食事療法の必要性を伝えることです。また、薬物療法や手術療法を受ける動物を援助することも重要です。

下痢とは、多くの水分を含んだ多量の排便がある状態をいいます。消化器の疾患で多くみられる症状です。体重減少をともなう下痢の場合や重篤な疾患の場合は、生命の危機になるおそれもあるため、全身状態を把握し、必要な検査データなどを詳細に観察して早急な対応をとることが必要になります。下痢の状態によって病変部位を推測することができますので、小腸性か大腸性か、色は、タール状か血様であるか、詳細な便の性状を観察します。下痢の持続期間、下痢以外の食欲不振、体重減少、嘔吐の有無など他の症状なども含め

て、獣医師に報告し相談しましょう。そして、下痢による脱水・電解質のバランスの異常など全身状態の把握をするとともに、たびたび排便することによる苦痛、肛門周囲の皮膚や粘膜のただれ、体力の消耗によって生活行動に支障が起きていないかといった点も観察しましょう。また、院内感染や動物看護師自身が感染経路にならないように、排便の処理や消毒には十分に注意しましょう。

　便をもらしてしまうのは、便失禁とよばれ、動物が排便する感覚がある場合とない場合があります。感覚がある場合の便失禁は、大腸の炎症や腫瘍、下痢や便秘が原因となって自分の意志と関係なく排便してしまうことです。一方、感覚がない場合は、神経筋疾患が原因で便が大腸を通過することに気づかず排便してしまいます。また、肛門から便がはみ出ている場合もあります。

❺下痢がある場合の清潔の保持

　下痢が度々起こると肛門周囲の皮膚にびらんが生じやすくなります。特に下痢が激しいと栄養が吸収されにくくなり、血液循環が悪化するため皮膚がびらんしやすいのです。排便後は、必ず肛門周囲の皮膚を清潔にしてあげましょう。ぬるま湯で洗浄や清拭をし、水分を拭きとった後、油分のある軟膏やオイルで皮膚を保護しておきましょう。

　体の動きが下痢を誘発することもあります。ウロウロせず、できるだけ落ち着いていられる環境を作ります。また、腹部が冷えると血流の変化から腸管が刺激される可能性があるため、循環血液量を増加するような保温を心がけましょう。

　下痢が継続している場合は、水分・電解質の喪失が大きくなります。体液のバランスを崩して脱水症状を起こしやすくなりますので注意しましょう。

第5章 泌尿器系

泌尿器系とは

尿の分泌と排泄を行い、生体にとって不要な代謝物を体外へ排出する器官を泌尿器系とよびます。具体的には腎臓、尿管、膀胱および尿道から構成されます。

腎臓は生命の維持に欠かすことのできない臓器で、その機能はきわめて多岐にわたります。主なものは①体液の浸透圧、量、電解質代謝および酸塩基平衡の調節による体液の恒常性維持②尿素、尿酸やクレアチニンなどの窒素代謝物の排泄③薬物の排泄④レニンやエリスロポエチンの産生など、血圧・造血に関する内分泌機能⑤ビタミンD_3に関する代謝機能などです。

泌尿器のしくみ

○腎臓の構造

腎臓は**皮質部**と**髄質部**に分けられます。腎臓の構造および機能上の単位を**ネフロン**といい、腎小体（糸球体とボウマン嚢）と尿細管（近位尿細管、ヘンレのわな、遠位尿細管、集合管）から構成されます。

○尿の生成

尿の生成過程は、糸球体で血液中の血漿成分が濾過されるところからはじまります。この時にできたものを**原尿**といいます。糸球体では、水や分子の小さい物質は尿細管中に濾出されます。一方、血清アルブミンなどの分子の大きい物質は濾出されず、血液中にとどまります。続いて尿細管（近位尿細管、ヘンレのわな、遠位尿細管、集合管）で原尿から、Na、K、Cl、Caなどのイオン、グルコース、アミノ酸、たんぱく質などの物質や水分を再吸収します。最終的に、再吸収されなかった物質が尿として体外に排泄されます。

○排尿

腎臓で持続的に生成される尿は、尿管によって腎臓から膀胱へと輸送されます。膀胱は排尿機能を果たす臓器です。排尿機能には大きくわけて、蓄尿機能

5. 泌尿器系

（腎臓で持続的に生成された尿を、一時的にためる機能）と排出機能（膀胱内の尿を、尿道を通じて体外に排出する機能）があり、膀胱・尿道括約筋の収縮・弛緩がこれらの機能に関与します。

排尿は中枢が仙髄にある排尿反射によって起こり、尿は尿道を通って、膀胱から体外に排出されます。

観察ポイント

○腎臓の異常

何らかの原因によって腎機能が低下したり、失われたりしたことによって、生体内環境の維持が困難になった状態を**腎不全**といいます。腎不全には急性腎不全と慢性腎不全があり、さまざまな異常が現れます。

病因についての観察項目

(1) 急性腎不全

急性腎不全の病因には、**腎前性**、**腎性**、**腎後性**があり、これらを鑑別する必要があります。鑑別には脱水、全身性疾患、外傷、外科的侵襲、腎炎、腎毒性物質との接触、尿路閉塞の有無などが観察ポイントになります。

・腎前性：腎臓の血流量が減少することにより、腎臓が正常に機能しなくなるものです。さまざまな原因による脱水、副腎皮質機能低下症、血漿膠質浸透圧の低下、出血などによる循環血液量の減少、心疾患などがあります。

・腎性：腎臓の原発性疾患により、糸球体濾過率が急激に減少するものです。腎炎や、急性尿細管壊死（腎実質の損傷、虚血、ある種の抗菌薬やエチレングリコールなどの腎毒性物質との接触）などがあります。

・腎後性：腎臓で生成された尿の排泄が、尿管、膀胱、尿道のいずれかの異常で障害されるものです。結石や腫瘍などによる尿路閉塞や膀胱破裂などがあります。

> **看護ポイント！**
> 特に腎前性腎不全では、ほかの疾患が原因であるために腎不全の存在を見落としやすいことに注意する必要があります。

(2) 慢性腎不全

　慢性腎不全は高齢犬、高齢猫で一般的な疾患で、腎炎や水腎症など多くの腎疾患の末期です。したがって、病因についての観察ポイントとしては、急性腎不全の発症歴、慢性腎不全の徴候とこれを悪化させる要因（食事成分の過不足、嘔吐、下痢、過労、寒冷、感染など）の有無が挙げられます。

身体的問題についての観察項目

　腎臓の機能障害はあらゆる生体機能に影響を及ぼすため、腎不全が疑われる場合は次のような症状があるかどうかを総合的に観察する必要があります。

・全身状態：多飲、多尿、体重減少、衰弱、食欲減退・廃絶、嗜眠、抑うつ
・皮膚状態：脱水による弾力性の低下、低蛋白血症では浮腫
・血液所見：電解質異常、高窒素血症
・消化器系：口腔粘膜や舌端の変色・壊死・潰瘍、嘔吐、下痢（胃炎、腸炎、出血性胃腸炎による）、尿毒素性口臭
・循環器系：乏尿・無尿では血中K値の上昇により徐脈、不整脈、貧血が顕著な場合は心拍数の増加
・呼吸器系：重症で貧血およびアシドーシスが高度になった場合、呼吸数の増加
・骨　格　系：慢性では低カルシウム血症（ビタミンD_3の代謝障害による）、骨の軟化、粗しょう化（高リン血症により上皮小体機能が亢進）
・造　血　系：貧血（エリスロポエチンの産生低下による）
・神　経　系：意識障害、痙攣、神経筋麻痺、発作、昏睡

　これらの症状の有無や程度は、急性と慢性とでは異なります。たとえば、急性腎不全は慢性腎不全とは異なり、初期には多飲多尿・体温低下・著しい貧血がみられることはまれです。一方、慢性腎不全ではネフロンが消失して結合組織に置換されるため、腎臓が萎縮し、尿濃縮能が低下して低比重の尿を大量に排泄します。また、貧血、粘膜の潰瘍、筋肉の攣縮、痙攣、昏睡などの神経症状は、慢性腎不全の末期にみられる症状です。
　腎不全の悪化によって諸臓器の機能が障害され、さまざまな全身症状が発現した状態を尿毒症といいます。急性、慢性のいずれを問わず、病気が進行して各臓器の機能が低下すれば、最終的には尿毒症となります。

5. 泌尿器系

○下部尿路系（尿管、膀胱、尿道）の異常

病因についての観察項目

　疾患により、病因はさまざまです。原因には感染、神経系の障害、解剖学的先天異常、栄養上の問題、腫瘍のほか、外傷性、医原性の場合もあります。したがって、疾患の原因としていろいろな可能性を考慮する必要があります。

身体的問題についての観察項目

　観察ポイントとしては、排尿障害の有無、尿の異常、排尿行動の異常および全身症状が挙げられます。

・排尿障害：頻尿、尿失禁、乏尿、無尿、尿閉。尿閉の場合は膀胱内の尿の貯留。
・尿の異常：血尿、膿尿、混濁尿
・排尿行動の異常：排尿時の疼痛、排尿姿勢をとる、しきりに陰部をなめる、普段と違う場所で排尿するなどの行動の変化。
・全身状態：下部尿路系の異常でも、重症化すると元気消失、脱水、嘔吐、虚脱などの尿毒症症状が現れます。したがって、排尿の異常だけではなく、全身的な観察が不可欠です。

> **看護ポイント！**
>
> 　臨床症状から下部尿路疾患が疑われるときであっても、腎臓の異常がある可能性を除外するべきではありません。

その他の観察項目

　性別や体質、病歴、生活習慣（運動、与えられている食事の内容など）が発症にかかわっている可能性があります。たとえば猫下部尿路疾患（FLUTD）は、活動性が低く、肥満していて、ドライフードを多く与えられている猫が発症する危険性が高いとされます。また、一度治癒しても再発を繰り返す傾向があります。これらの要素を把握することも、治療計画、看護計画の立案に有効です。

検査

対象となる疾患に応じて、つぎのような検査が用いられます。
①腎臓
・尿検査：尿比重、尿検査紙による尿の性状の検査、尿沈渣

- 血液生化学検査：電解質、血中尿素窒素（BUN）、血清クレアチニン（CRE）
- 血液一般検査：ヘマトクリット値（Ht値）
- 腹部X線検査
- 腹部超音波検査
- CT、心電図
- 血糖値測定、糖負荷試験
- 腎機能検査
- ホルモン、内分泌検査：抗利尿ホルモン（ADH）
- バソプレッシン負荷試験
- 腎生検

②下部尿路系疾患（尿管、膀胱、尿道）
- 一般血液検査、血液生化学検査
- 尿検査：比重、尿検査紙による尿の性状の検査、尿沈渣
- 腹部X線検査
- 腹部超音波検査、尿の培養（膀胱穿刺により採取した尿を用いる）
- 経静脈的尿路造影
- 逆行性尿路造影
- 感受性試験

> **看護ポイント！**
> 尿量は尿比重とあわせて評価することが大切です。

泌尿器系の病気

泌尿器疾患は、腎臓の疾患（腎炎、水腎症、腎腫瘍、腎結石など）、尿管の疾患（異所性尿管など）、膀胱の疾患（膀胱炎、膀胱結石、膀胱腫瘍、猫下部尿路疾患（FLUTD）など）、尿道の疾患（尿道炎、尿道損傷など）、前立腺の疾患（前立腺肥大など）があります。

> **看護ポイント！**
> 尿路閉塞、膀胱破裂、急性腎不全などは救急の事態です。早期診断にもとづいた徹底した早期治療・看護により、症状改善に努めることが必要となります。

5. 泌尿器系

看護時と日常的な生活での配慮

①基本的な看護

バイタルサインの監視が中心となります。そのほか、嘔吐・脱水状態・体重・尿量（正常値は 1～2 mL/kg/hr）・尿性状・排尿行動の監視と記録をおこないます。導尿カテーテルを留置する場合はカテーテルの適切な管理（無菌的に取り扱う。動物が触らないように管理する）を心がけます。

②食事管理

適切な処方食を給与します。疾患にもよりますが、食欲がない場合には嗜好性の良いものを選ぶなどの工夫をしましょう。また、自由に水が飲めるような配慮も必要です。

③動物に対する配慮

必要に応じてシャンプー、グルーミングをおこない、動物を清潔に保ちます。尿やけ防止のための保護クリーム塗布、床敷の交換も忘れずにおこないましょう。

④飼い主家族に対する支援

泌尿器疾患の多くは治療に時間がかかること、再発の危険性があること、慢性腎不全にまで至ると治癒は困難であること、などの問題があります。腎臓はもともと予備能力が大きいため、症状が発現して来院した時点で、すでに腎機能が80％近く失われていることが多いのです。まずは飼い主家族の、疾患や治療に対する認識、理解力を確認します。飼い主の理解力にあわせて、現在の状態や今後の見通しなどを説明し、治療継続に協力してもらえるよう支援します。再発の危険性が高い疾患については、食事や運動などの生活面をコントロールすることで再発を防止するよう支援しましょう。飼い主家族が不安を感じている場合は、精神的な援助をおこないます。

看護ポイント！

治療開始後には、治療に対する反応を頻繁にモニターする必要があります。重要な指標として、BUN、CRE、尿量の変化、脱水の程度などがあります。電解質濃度が測定できればなお良いでしょう。全身状態に加えて、排尿行動も詳細に観察します。

看護アセスメント

　泌尿器系疾患においては、急性・慢性、腎・下部尿路系のいずれを問わず、疾病が進行すれば最終的には尿毒症となり、いろいろな臓器の機能が障害されて、さまざまな全身症状が発現します。先に述べたように、腎臓には著しく大きな予備能力があるため、臨床症状が現れて高窒素血症などの血液の変化がみられるころにはすでに、ネフロンの80％近くが障害を受けています。このため、多くの場合は、一刻も早く全身的な治療を開始しなければなりません。したがって、アセスメントにあたっては、これらの点をふまえた上で、データとあわせてどのような症状が出ているかを観察し、その原因や身体内部環境の平衡状態を把握します。ここから、起きる可能性がある看護問題を明らかにし、ケアの優先度を決定して、早急に身体状態を整えていくことが必要です。

・全身状態の把握
・原因となる疾患や誘因の明確化
・既往疾患の把握
・症状の有無・程度の観察
・随伴症状の有無・程度の観察

5. 泌尿器系　疾患看護

●代表的な疾患
5-1. 慢性腎不全

1）特徴

○病因
- 慢性間質性腎炎
- 慢性糸球体腎炎
- 慢性腎盂腎炎
- 慢性水腎症
- レプトスピラ症
- 多発性嚢胞腎
- 腎の新生物など

○身体的問題
- 多飲
- 多尿
- 食欲減退
- 体重減少
- 口臭
- 嘔吐
- 沈うつ
- 口腔内の潰瘍
- 被毛の荒れ
- 可視粘膜蒼白
- 低体温
- 高血圧

○飼い主家族の問題
- 全身状態悪化に対する不安
- 治癒しない可能性があることへの不安、予後への不安
- 看護の難しさにともなう不安

2）検査・診断

●臨床症状

●病歴
- 急性腎不全の発症歴、慢性腎不全初期の徴候（多飲多尿）とこれを悪化させる要因の有無

●血液検査
- BUN、CREの上昇、非再生性貧血、リンパ球減少、血清NaおよびKの低下、軽度～中等度の代謝性アシドーシス

●尿検査
- 尿比重の低下（＜1.030）

●X線検査
- 萎縮して不規則な腎臓の輪郭
- 腎性骨形成異常（頭骨、下顎骨、椎骨等で骨濃度の減少所見）

3）治療

- 輸液療法
- 自由に水が飲めるようにする
- 食事療法
- ビタミン類の投与
- アンギオテンシン変換酵素阻害薬の投与
- 細菌感染が疑われる場合には抗生物質の投与
- ストレスの回避

〈追加療法：尿毒症症状が発現した場合〉
- 食欲不振・嘔吐・胃潰瘍の治療
- 高リン血症の治療（リン吸着剤の投与）
- 低カリウム血症の治療（カリウム剤の投与）

- アシドーシスの治療
- 貧血の治療（エリスロポエチンの投与、輸血）
- 活性炭製剤の投与

看護アセスメント

4）一般的な看護問題	5）一般的な看護目標
・代謝性アシドーシス、電解質不均衡、高窒素血症になるおそれがある ・脱水し、循環器系に負担がかかるおそれがある ・食欲低下、栄養摂取不足により全身状態が悪化し、免疫力が低下するおそれがある ・起立不能、褥瘡、尿もれ、尿やけ、下痢、嘔吐により不潔になる ・飼い主家族に看護の負担がある	・体液量の是正 ・電解質異常の是正 ・血液循環の保持 ・体温の維持 ・感染を起こさない ・適切な食餌摂取ができ、栄養状態が改善する ・飼い主家族が無理なく看護をおこなうことができる

6）看護介入

①継続観察項目
- 血液検査（BUN、CRE）
- 症状
- 投薬
- 補液の効果

②看護治療項目
- 症状に対するケア
- 食餌療法
- 薬物療法
- 補液療法
- 感染予防

③飼い主家族への支援
- 具体的な看護法の指導
- 心理的支援

5-2. 異所性尿管

1) 特徴

○病因
・尿管の解剖学的異常

○身体的問題
・若齢時からの持続性尿失禁
・時に血尿

○飼い主家族の問題
・失禁が続いていることへの不安
・ケアの仕方についての不安

2) 検査・診断

●臨床症状

●腹部X線検査

●超音波検査

●膀胱尿路造影

●内視鏡検査

3) 治療

・外科的処置
・薬物療法

看護アセスメント

4) 一般的な看護問題	5) 一般的な看護目標
・失禁が続いていることにより動物がストレスを感じているおそれがある ・膀胱炎、尿管炎、腎盂腎炎などの尿路感染を併発するおそれがある ・尿やけによる皮膚炎を併発するおそれがある ・失禁により、飼い主家族の日常生活に支障が生じるおそれがある	・ストレスによる免疫低下を起こさない ・感染を起こさない ・尿やけを起こさない ・皮膚炎を起こさない ・失禁がコントロールされ、飼い主家族の負担が軽減される

6) 看護介入

①観察項目
・一般状態
・尿の流出状態
・尿の性状(色、混濁)
・症状により動物がかかえる困難
・飼い主家族がかかえる困難、対処の方法

②看護治療項目
・清潔の保持
・尿やけによる皮膚炎予防のため、皮膚保護クリームの塗布
・手術前後の一般的ケア
・補液療法
・薬物療法

・感染予防

③飼い主家族への支援
・外科的整復後、数ヵ月〜生涯にわたり、尿失禁が持続することがあることを説明し、治療・予防を継続できるよう支援をおこなう

5-3. 膀胱破裂

1) 特徴

○病因
・膀胱内圧の急激な上昇
・尿石症
・下部尿路閉塞
　尿道が完全に閉塞すると、尿道や膀胱の破裂が48時間以内に発生しやすい
・外科手術時の損傷
・尿道カテーテルなどの異物による損傷
・膀胱の圧迫
・外傷

○身体的問題
・排尿困難、腹痛、血尿、元気消失、硬直歩様
・進行すると一般状態の悪化（食欲不振、嘔吐、脱水）、ショック症状、尿毒症症状
・膀胱の触知が不可能
・尿の腹腔内貯留により、腹膜炎、高窒素血症、高カリウム血症、酸血症

○飼い主家族の問題
・緊急事態であることによる混乱、不安

2) 検査・診断

●飼い主からの情報収集

●血液検査、血液生化学検査
・PCV、TP上昇、赤血球数、白血球の増多、BUN、CRE、Kの上昇

●X線検査

3) 治療

・ショックに対する処置
・膀胱の外科的処置
・抗生物質の投与
・輸液療法
・電解質、酸塩基平衡の是正
・腹膜穿刺、腹膜洗浄

5. 泌尿器系　疾患看護

看護アセスメント	
4）一般的な看護問題	5）一般的な看護目標
・ショックを起こすおそれがある ・尿毒症に陥るおそれがある ・腹膜炎、二次感染を併発するおそれがある	・できる限り迅速に対応し、ショック、尿毒症に陥らせない ・腹膜炎、二次感染を起こさない
6）看護介入	

①観察項目
・心電図、脈拍
・血圧
・体温
・呼吸
・尿量
・血液検査
・脱水の状態

②看護治療項目
・心肺蘇生
・酸素療法
・輸液療法
・薬物療法
・感染予防
・留置カテーテルの管理

③飼い主家族への支援
・膀胱破裂は緊急事態であり、24〜60時間以内に死亡する場合が多いことの説明と支援
・動物を外に出さないように指導する

5-4. 膀胱炎

1）特徴

○病因
- 特発性
- 細菌感染
- 誘因
  - 膀胱結石などの膀胱の疾患
  - 導尿カテーテルなどによる物理的刺激
  - 下部尿路の構造異常
  - 排尿障害
  - 免疫抑制療法

○身体的問題
- 有痛性排尿障害
- 頻尿
- 不適切な場所での排尿
- 血尿、膿尿、混濁尿、尿の悪臭
- 外陰部の皮膚炎

○飼い主家族の問題
- 血尿や排尿困難が持続することの不安
- 排尿時の痛みに対する不安
- 不適切な場所で排尿することの不安、ストレス
- 治療が長引くことの不安
- 再発の可能性に対する不安

2）検査・診断

- ●臨床症状
- ●血液検査
- ●尿検査
  - 細菌尿、膿尿、血尿、蛋白尿、尿pH、尿沈渣、潜血反応
- ●尿培養
- ●X線検査
- ●超音波検査
- ●尿路造影検査
- ●誘引となる因子の有無

3）治療

- 細菌性膀胱炎の場合、感受性のある抗生物質の投与
- 尿のpHを適正に保つ薬剤の併用

看護アセスメント

4）一般的な看護問題	5）一般的な看護目標
・膀胱炎による排尿痛がある ・排尿痛のためストレスを感じているおそれがある ・排尿障害がある ・発熱など感染による症状がみられる ・腎盂腎炎、腎不全や敗血症を起こすおそれがある	・排尿痛が緩和される ・排尿障害の徴候が消失する ・血尿、混濁尿などの感染徴候が消失する ・発熱などの感染徴候が消失する ・ストレスによる免疫低下を起こさない ・腎盂腎炎、腎不全や敗血症を起こさない ・飼い主家族の看護の負担が軽減できる

5. 泌尿器系　疾患看護

6）看護介入

①観察項目
- 臨床症状
- 一般状態
- 排尿行動
- 尿検査
- 血液検査

②看護治療項目
- 輸液療法
- 薬物療法
- 感染予防
- 食事療法
- ストレスの除去
- 清潔の保持

③飼い主家族への支援
- 適切な抗生物質の投与により、数日で症状は改善するが、再発防止のため、さらに7～21日間投与を継続。症状が改善しても治療が完了するまで指示通りに抗生物質を与えるよう、飼い主家族を指導する必要がある
- 動物種、性別、年齢、体質や食事、飲水量、運動などの生活習慣が発症にかかわっていること、起こりやすい時期があること、再発しやすいことなども含めて生活面での指導をする
- 同居動物や環境などのストレス因子などを除去・軽減するための支援をする
- 治療・予防を継続できるように支援する
- 排泄しやすいようトイレの環境を整える指導をおこなう

5-5. 尿石症 （ストルバイト結石、シュウ酸カルシウム結石など）

1) 特徴

○ **病因**
- 排尿回数が少なく、尿が膀胱内に停滞
- 水分摂取量の不足
- 尿の濃縮
- 尿路の細菌感染
- 尿 pH
  - 酸性尿（シュウ酸カルシウム結石）
  - アルカリ尿（ストルバイト結石）
- 高カルシウム血症（シュウ酸カルシウム結石）
- 尿路粘膜の炎症
- ミネラルの過剰摂取
- 誘引
  - 好発品種・年齢・性別
  - 肥満
  - 運動不足
  - 個体の素因
  - 食事中の栄養素のバランス
  - 季節

○ **身体的問題**
- 頻尿、血尿
- 排尿困難（努力性排尿動作）
- 排尿痛
- 不適切な場所での排尿
- 結石（砂粒大）の排泄
- 膀胱結石、尿道結石の触知
- 尿道が閉塞した場合、無尿
- 膀胱の膨満
- 腹部を触ると嫌がる
- 陰部をなめる
- 腎盂腎炎、膀胱炎、尿道炎の併発
- 腎肥大
- 尿路閉塞がある場合、尿毒症症状（低体温、食欲廃絶、沈うつ、嘔吐）
- 腎盂腎炎による全身性の症状

○ **飼い主家族の問題**
- 血尿、排尿障害が持続していることの不安
- 不適切な場所で排尿することの不安、ストレス
- 排尿時の痛みに対する不安
- 治療が長引くことの不安
- 再発の可能性に対する不安

2) 検査・診断

● 臨床症状

● 尿検査
- 細菌尿、膿尿、血尿、結晶尿、蛋白尿、尿pH、尿沈渣、潜血反応

● 尿培養

● 感受性試験

● 腹部X線検査

● 超音波検査

● 腎後性尿毒症を示している場合、血液検査、血液生化学検査、心電図検査
- 血液検査：尿閉が継続すると、BUN、CREの上昇

● 誘引となる因子の有無

5. 泌尿器系　疾患看護

3）治療

- 尿道の閉塞がある場合、カテーテルによる導尿、不可能な場合は膀胱穿刺にて尿を排出
- 陰茎先端に存在する栓子・結石はマッサージで除去
- 逆行性尿道洗浄、膀胱洗浄
- 内科的療法
    - 療法食（結石溶解食）
    - 尿のpHを適切に保つ薬剤の投与
    - 尿路系感染のある場合、抗生物質の投与
- 水分摂取量の増加、尿量の増加
- 結石の種類、大きさや位置により、外科的処置
- 尿毒症の治療

看護アセスメント

4）一般的な看護問題	5）一般的な看護目標
・陰部をなめることにより、皮膚炎、感染を起こすおそれがある ・排尿困難のストレスにより免疫力が低下するおそれがある ・尿道の閉塞により腎後性尿毒症、膀胱破裂を起こすおそれがある ・腎盂腎炎、膀胱炎、尿道炎が併発するおそれがある ・手術後の合併症を起こすおそれがある ・飼い主の意欲が低下し、治療や予防を継続できないおそれがある	・皮膚炎、感染を起こさない ・ストレスによる免疫力低下を起こさない ・腎後性尿毒症、膀胱破裂を起こさない ・腎盂腎炎、膀胱炎、尿道炎を併発させない ・手術後の合併症を起こさない ・飼い主家族が治療や予防を継続できる

6）看護介入

①観察項目
- 臨床症状
- 一般状態
- 排尿行動
- 尿検査
- 血液検査

②看護治療項目
- 輸液療法
- 薬物療法
- 感染予防
- 食事療法
- 清潔の保持

③飼い主家族への支援
- 動物種、年齢、体質や食事、飲水量、運動などの生活習慣が発症にかかわっていること、起こりやすい時期があること、再発しやすいことなども含めて生活面での指導をおこなう

- 同居動物や環境などのストレス因子などを除去・軽減するための支援をする
- 排尿場所を清潔に保つ、適切なトイレ（形状、材質、場所など）を用いるなど、排泄しやすいようトイレの環境を整える指導をおこなう
- 治療・予防を継続できるように支援する

★看護解説 —泌尿器編—

❶一般的に使用される薬物例について

　基本となる輸液剤、ビタミン剤のほか、感染がある場合は抗生物質、疾患によっては利尿薬、グルココルチコイドなどを使用します。腎不全の長期治療においては、アンギオテンシン変換酵素阻害薬が腎不全の進行を遅らせるとされています。

　血液検査の結果から、カリウムの値が低い場合にはカリウム剤の投与、リンの値が高い場合にはリン吸着剤の投与をおこなう場合もあります。貧血を示している場合はエリスロポエチン製剤を投与したり、慢性腎不全の症例では尿毒症毒素を消化管内で吸着するため、活性炭製剤を使用することもあります。

　胃炎や嘔吐などの尿毒症症状を示している場合は、抗ヒスタミン薬や制吐薬などを用い、症状に対応した治療をおこないます。アシドーシスを起こしている場合は、重炭酸ナトリウムなどを使用します。

　また、尿石の形成には尿のpHが関係しているので、治療に尿酸化剤、尿アルカリ化剤を使用することがありますが、療法食との兼ね合いに注意が必要です。

　排尿障害では原因によって使用する薬剤が異なります。さまざまな原因により膀胱が弛緩し、正常に排尿できない排尿障害の場合は、ベサネコールなどのムスカリン受容体刺激薬を投与して膀胱壁の排尿筋の収縮を促進し、尿の排泄を促します。また、尿道括約筋を弛緩させ、尿道の抵抗を低下させるために、α受容体遮断薬であるフェノキシベンザミンやプラゾシンなどが使用されます。ホルモン反応性尿失禁にはホルモン製剤などが用いられます。

❷食事療法の実際（処方食のタイプなど）

①腎疾患と食事管理

　腎疾患における食事療法には、大きな意義があります。腎臓はたんぱく質が分解してできた血液中の老廃物を排泄する器官なので、腎機能が低下すると、老廃物を充分に排泄できず、尿毒症の症状が発現します。これを軽減するためには栄養バランス（たんぱく質、熱量、ビタミン、ミネラル等）に注意する必要があり、一般的にはたんぱく質やリンを制限します。食事療法の効果を判定するには、一般状態の観察とともに、脱水状態の改善、体重増加の有無を観察することが必要です。またBUNやCREの値のモニターも必要です。

②下部尿路疾患と食事管理

　尿路障害、特に尿石症の予防には、食事管理を適切におこなうことがきわめて重要です。たとえば尿石症で多くみられるリン酸アンモニウムマグネシウム（ストルバイト）結石の形成には、マグネシウムを多く含むフードを摂取することが関係しています。さらに、犬や猫の尿石症は再発する危険性が高い疾患です。このため、結石の種類に応じて適切な療法食を選択するとともに、飼い主家族が食事管理を継続できるように、具体的な指導をおこないましょう。

❸投薬遵守について

　尿石症、膀胱炎をはじめとして、泌尿器疾患は長期間の治療が必要なことが多いため、飼い主家族が途中で治療をあきらめてしまう可能性があります。また、症状が治まったと自己判断して治療を中断すると、再発を繰り返すことにもなりかねません。疾患や治療等について飼い主家族へきめ細かい指導をおこなうとともに、通院や自宅での看護を継続できるよう、精神面での支援が必要になってきます。

❹飲水量・尿量・点滴・体重管理のノウハウ

　慢性腎不全においては尿濃縮能が低下するため、多飲多尿がみられ、脱水が起きます。このため、看護動物が自由に新鮮な水を飲めるようにすることが重要です。さらに、定期的な血液検査等によって腎機能の状態を継続的にモニターし、脱水の状態とあわせて輸液の必要量や頻度を決定します。また、食欲が低下することにより体タンパクの異化が進むと、腎臓に負担がかかってきます。体重の変化などから動物の栄養状態を把握し、適切に対処することが必要です。採食できない場合は、体タンパクの異化が亢進して尿毒症が悪化しないよう、中心静脈内栄養を検討します。

　尿石症、膀胱炎などの疾患は再発しやすい疾病です。回復したあとでも、尿がでているかどうか、尿性状や排尿行動に異常がないかなどを、日ごろより観察する必要があります。

第6章 内分泌系

内分泌系とは

　細胞が血中に生理活性物質(ホルモン)を分泌し、それを標的細胞がうけとることで作用するしくみを内分泌とよびます。一方、外分泌とは体外につながる部位(消化管、肺など)に生理活性物質(汗、消化液など)を分泌するしくみのことです。ホルモンは現在では、「生体内における細胞間の情報伝達物質」と定義されています。ホルモンは生体の恒常性(ホメオスタシス)を維持するために必須であり、その過剰症や低下症は動物の健康状態にさまざまな悪影響を引き起こします。

　内分泌系を理解するには、ホルモンがどのような影響を生体に与えているのかを知ることが重要です。まずは各臓器から分泌される代表的なホルモンの名称とその作用を理解しましょう。

　ホルモンの産生部位とそのおもな作用を**表1**に示しました。このようにさまざまな組織からさまざまなホルモンが分泌されています。作用も多岐にわたりますので、その中で重要なものを示しました。また、「ビジュアルで学ぶ動物看護学」※図⑥-1に産生部位の模式図があるので参照して下さい。

視床下部・下垂体のしくみ

　生体内の内分泌器官の司令塔の役割をしているのが視床下部・下垂体であり、さまざまなホルモンが分泌される部位です。視床下部からは甲状腺刺激ホルモン放出ホルモン(TRH)、副腎皮質刺激ホルモン放出ホルモン(CRH)、成長ホルモン放出ホルモン(GHRH)、性腺刺激ホルモン放出ホルモン(GnRH)およびソマトスタチンが分泌されます。これらのホルモンは、すぐ近くに存在する下垂体におもに作用し、ホルモン分泌を促します。

　下垂体は視床下部のすぐ腹側に位置し、構造的に前葉、中葉、後葉にわけられます。下垂体から分泌されるホルモンは前葉から甲状腺刺激ホルモン(TSH)、副腎皮質刺激ホルモン(ACTH)、黄体形成ホルモン(LH)、卵胞刺激ホルモン(FSH)、成長ホルモン(GH)、プロラクチン(PRL)が、後葉か

表1

産生部位	ホルモンの名称	作用
視床下部	甲状腺刺激ホルモン放出ホルモン（TRH）	TSHの分泌を調節する
	副腎皮質刺激ホルモン放出ホルモン（CRH）	ACTHの分泌を調節する
	成長ホルモン放出ホルモン（GHRH）	GHの分泌を調節する
	性腺刺激ホルモン放出ホルモン（GnRH）	LHおよびFSHの分泌を調節する
下垂体前葉	甲状腺刺激ホルモン（TSH）	T_4・T_3の合成促進
	副腎皮質刺激ホルモン（ACTH）	副腎皮質ホルモンの合成を促進
	黄体形成ホルモン（LH）	エストロゲン・プロゲステロン（雌）テストステロン（雄）の分泌を促進
	卵胞刺激ホルモン（FSH）	
	成長ホルモン（GH）	成長促進作用など
	プロラクチン（PRL）	乳腺発育・乳汁産生など
下垂体後葉	バソプレシン（抗利尿ホルモン）	尿量減少作用
	オキシトシン	乳汁分泌など
副腎皮質	コルチゾール	代謝や免疫など全身にさまざまな作用
	アルドステロン	血圧や電解質の調節
	副腎アンドロゲン	男性化作用
副腎髄質	アドレナリン	血圧の調節など
	ノルアドレナリン	
甲状腺	サイロキシン（T_4）	全身の代謝や各臓器のはたらきを活発にする
	トリヨードサイロニン（T_3）	
副甲状腺	副甲状腺ホルモン（PTH）	カルシウム代謝の調節
膵臓	インスリン	血糖値を下げる
	グルカゴン	血糖値を上げる

らはバソプレシン（抗利尿ホルモン）およびオキシトシンが分泌されます。

　このように視床下部・下垂体からはさまざまなホルモンが分泌され、甲状腺、副腎の恒常性や生殖器、成長、利尿などに重要な役割を担っています。獣医療で代表的な内分泌系疾患としては、成長ホルモンの過剰による末端肥大症や、バソプレシンの欠乏による尿崩症などが挙げられます。

※『ビジュアルで学ぶ動物看護学』　緑書房　発行

6. 内分泌系

甲状腺のしくみ

　甲状腺は、頚部に位置する臓器で左右に1つずつ存在します。甲状腺からはおもにサイロキシン（T_4）が分泌され、体内のさまざまな細胞にとりこまれます。細胞にとりこまれると、強い生理活性をもつトリヨードサイロニン（T_3）に変換されて作用します。このとき、実際に細胞にとりこまれるのは蛋白に結合していないT_4、すなわち遊離サイロキシン（fT_4）です。甲状腺ホルモンは、ひとことでいうと全身の代謝を上げるホルモンであり、生体の代謝機能に対してさまざまな作用をもち、体温調節、体の成長、糖・蛋白・脂質代謝、心臓の代謝、皮膚の代謝などの恒常性に寄与しているのです。

観察ポイント

◎甲状腺機能低下症

　甲状腺機能低下症の症状として、代表的なものに、脱毛、膿皮症、脂漏性皮膚炎、虚弱、筋萎縮肥満、低体温および徐脈などが挙げられます。飼い主家族に問診した際に特徴的なのは、左右対称性の脱毛、脂っぽい被毛や尾部の脱毛（ラットテール）、いつもに比べて元気がない、動きたがらない、食事量は変わらないのに太ってきた、朝方は寒くて震えているなどの症状です（「ビジュアルで学ぶ動物看護学」図⑥-4を参照して下さい）。

> **看護ポイント！**
> 　脱毛やラットテールが認められれば、この疾患を疑うヒントになります。もしそれがない場合には、丁寧な問診で情報を引き出すことが重要となります。

◎甲状腺機能亢進症

　甲状腺機能亢進症の症状として代表的なものには、体重減少、被毛粗剛、多飲多尿、嘔吐、活動性亢進、下痢、虚弱、活動性低下、多食、食欲減少、腫大した甲状腺の触知、頻脈などさまざまな症状があります。甲状腺機能亢進症の症例の飼い主家族が訴えることは、大きく2つのタイプに分かれます。
　1つは体重が減ってきて、毛並みが悪くなった。水をたくさん飲んで、おしっこをたくさんする。夜も眠れないほど興奮していて、食欲は常にある（**タイプ1**）。このタイプ1は、典型的な甲状腺機能亢進症の症状かもしれません。

もう1つは体重が減ってきて、毛並みが悪くなった（ここまでは同様）。嘔吐や下痢が多く、元気がなく活動性が低下している。また食事もあまり食べたがらない（**タイプ2**）。このタイプ2は、消化器疾患との区別がつきづらいので、甲状腺ホルモンを測定することで、その消化器症状が甲状腺ホルモンの上昇によるものであることを確認します。

どちらのタイプであっても、甲状腺を触知できることがあります（図1）。

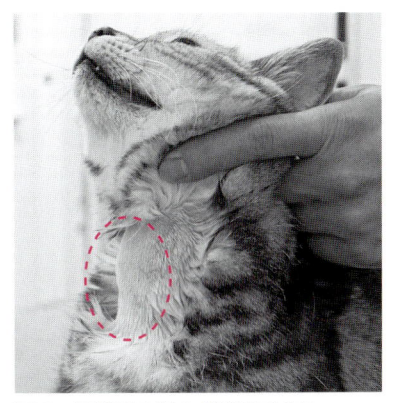

図1　甲状腺の腫大が確認できる。

> **看護ポイント！**
> 甲状腺機能亢進症でもっとも頻発する症状は体重減少です。それ以外の症状は、起こる場合とそうでない場合があります。そのため、丁寧な問診や触診が重要となります。

検査

◎甲状腺機能低下症

血液検査および血液生化学検査では、非再生性の貧血がみられることがあります。また高コレステロール血症が特徴的です。

診断は血清総サイロキシン（T_4）値、血清遊離サイロキシン（fT_4）および血清甲状腺刺激ホルモン（TSH）を測定して、総合的に診断します。治療のモニタリングにはT_4を用います。

◎甲状腺機能亢進症

血液検査および血液生化学検査をおこないます。肝臓の酵素（AST、ALT、ALP）が上昇していることが多いです。さらに、腎機能が悪化していて、BUNやCREも上昇しているケースもよくみられます。

甲状腺のエコー検査をおこない、その大きさを評価します。甲状腺機能亢進症は心臓に負担をかけるので、心雑音が認められる場合には、胸部レントゲン検査および胸部超音波検査をおこなう必要があります。加えて、血圧を測定す

る必要もあります。確定診断には血清総サイロキシン（T_4）値を用います。治療のモニタリングにも T_4 を用います。

甲状腺の病気

　甲状腺の病気の代表的なものに、甲状腺機能低下症（犬）や甲状腺機能亢進症（猫）があります。犬の甲状腺機能低下症は、中齢～高齢の犬で罹患しやすく、ゴールデン・レトリーバー、ラブラドール・レトリーバー、ドーベルマンでは発生率が高くなります。猫の甲状腺機能亢進症は7歳以上の猫でよくみられる疾患です。

　甲状腺の病気は、低下症では生涯の甲状腺ホルモン製剤の投与が必要となります。亢進症の場合も、内科療法を選択した場合には、薬剤を与えて甲状腺ホルモン濃度をコントロールする治療を一生涯続けなければなりません。亢進症の内科療法には、おもにチアマゾールという甲状腺ホルモンの産生・合成を抑制する薬剤が用いられます。一方、亢進症において外科療法を選択した場合には、腫大した甲状腺を摘出する方法がとられます。

看護時と日常的な生活での配慮

◎甲状腺機能低下症

　看護指導の基本は、まずはきちんと投薬ができているかを確認することです。なぜなら、この疾患では投薬をきちんとおこなって、甲状腺ホルモン濃度を正常に維持できれば、健常な犬とほぼ同じように生活をしていくことができるからです。また飼い主家族から、低下症の特徴的な症状である活動性低下がみられないか、代謝の低下による肥満が認められていないか、寒さに弱くはないか、そのほかの皮膚病変が認められないかなどを定期検診の際に確認します。

◎甲状腺機能亢進症

　内科療法を選択した場合、薬をきちんと与えられているかどうかを確認する必要があります。投薬によって甲状腺ホルモンが低下すると、症状が改善することが比較的多いです。

　しかし、甲状腺ホルモンが低下しすぎると、血圧が低下し、腎臓の血流も低下するため、隠れていた腎不全が顕在化することがあり、注意が必要です。

定期検診の際には、血液検査、血液生化学検査およびT_4測定をおこないます。また、チアマゾールの副作用が出ていないかをチェックする必要があります。チアマゾールの副作用には、消化器障害、顆粒球・血小板数の減少、肝酵素の上昇、顔のかゆみなどがあります。またチアマゾール（メルカゾール®：中外製薬）は糖衣錠であるため、分割すると糖衣がはがれ落ちることがあります。そのため、分包紙に包んで飼い主家族に薬を渡した方が良いでしょう（**図2**）。

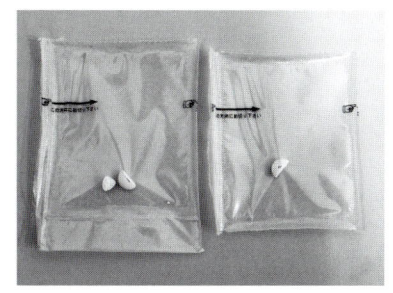

図2　チアマゾール分包法

上皮小体のしくみ

　上皮小体は、甲状腺の表側と裏側に左右2個ずつ存在する計4個の内分泌器官です。上皮小体から分泌されるホルモンはパラソルモン（PTH）とよばれ、骨や腎臓に作用し、血中カルシウムの上昇作用およびリン濃度の低下作用があります。獣医療領域で代表的な疾患としては、原発性上皮小体機能亢進症や低下症などが挙げられます。
　亢進症の場合には、腫大している上皮小体があれば外科的に切除します。
　低下症ではホルモン補充療法やカルシウム剤の経口投与により、一生涯、治療を続けていく必要があります。

副腎のしくみ

　副腎は腎臓の頭側に左右1個ずつ存在します。副腎から分泌されるホルモンには**表1**のようなものがあります。コルチゾールは副腎から分泌される代表的なホルモンで、糖質コルチコイドに分類されます。一方、アルドステロンは鉱質コルチコイドに分類されます。コルチゾールの作用は多岐にわたりますが、代謝の免疫系の調節など全身に大きな影響を与えています。アルドステロンは電解質の調節作用があり、腎臓でナトリウムを再吸収して、カリウムを排出する作用をもちます。ナトリウムの再吸収と同時に水も再吸収するため、抗利尿ホルモンとも呼ばれます。

6. 内分泌系

　犬では、副腎皮質機能亢進症（クッシング症候群）が多く、おもにコルチゾールの過剰分泌によってさまざまな臨床症状を引き起こします。クッシング症候群は、下垂体の腫大により ACTH 分泌が過剰となる下垂体性（80～90％）と、副腎が腫瘍化する副腎性（10～20％）に大別されます。

観察ポイント

　クッシング症候群の症状としては、多飲多尿、多食、パンティング、腹部膨満、内分泌性脱毛および皮膚病変、筋力低下、皮膚の石灰沈着、神経症状（下垂体巨大腺腫）などが挙げられます。飼い主家族からの主訴に特徴的なのは、①水をたくさん飲む（いつもの2倍以上）②元気はあるが少し散歩に行くと疲れている様子③ご飯をいつも欲しがって困っている④毛が抜けてきて薄くなっている⑤お腹が張ってきて、いつもハアハアしているなどの症状です。

　下垂体の巨大腺腫による神経症状として、元気消失、食欲不振、ふらつき、失明などがみられることがあります。

　皮膚の石灰沈着はクッシング症候群の特徴的な症状で、この症状がある場合はこの疾患を疑います。また、体重1kgあたり50mLの飲水が一日の通常量ですが、1kgあたり100mL以上飲むようであれば多飲と判断します。クッシング症候群の90％以上に多飲多尿の症状がみられます。飲水量を測定することは治療の効果判定にも非常に重要です。なぜなら、血中コルチゾールの低下にともなって飲水量が減少するため、治療の有効性をはかるものさしになるからです。

看護ポイント！

　飲水量の計測に飼い主家族が非協力的なこともあります。そういう場合には、ペットボトルを何本か用意してもらい、500mLのペットボトルで約2本分飲んだ、などの記録が残るようにするとよいでしょう。

検査

　CBC、血液生化学検査、尿検査をおこないます。CBCでは好中球増加症、著明なリンパ球減少症、好酸球減少症が認められます。生化学検査では肝酵素の上昇（AST、ALT、ALPなど）、コレステロールの上昇、高TG、GLUの

中等度上昇などが認められることが多いです。特にALPはこの疾患の90%で上昇します。

尿検査では等張尿、低張尿が認められます。確定診断には、ACTH刺激試験、副腎のエコー検査および内因性ACTH濃度測定をおこないます。副腎のエコー検査では、両側の副腎の腫大が認められる場合は下垂体性（「ビジュアルで学ぶ動物看護学」図⑥-5Cを参照して下さい）、片方の副腎が2cm以上の大きさであれば副腎性と診断されます（図3）。

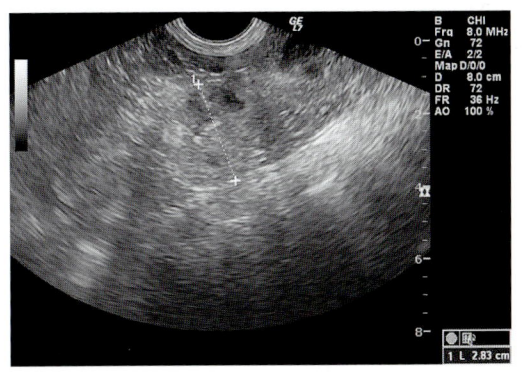

図3

副腎の病気

クッシング症候群は、7歳以上の高齢犬に認められることが多いです。すべての犬種に発生しますが、好発犬種としてプードルやダックスフントなどが挙げられます。

内科的治療では、はじめにトリロスタンという製剤が用いられます。この製剤を投与してみて、コルチゾールの低下が認められれば、2～3日たつと多飲多尿が改善します。トリロスタンの副作用は、コルチゾール値が逆に低下してしまうことによって、副腎皮質機能低下症の症状が出てしまうことです。副作用の症状として元気消失、食欲低下、下痢および嘔吐などがあります。

看護時と日常的な生活での配慮

看護指導の基本は投薬の確認です。トリロスタンは、短時間作用型の製剤であるため、継続的にほぼ毎日投薬しなければいけません。またコルチゾールが上昇すると、多飲多尿の症状が現れ、低下すると飲水量と尿量が低下するため、毎日の飲水量を飼い主家族に記録してもらうことがとても大切です。また、看護動物が飲むための水は絶対に切らさないように注意します。

6. 内分泌系

　脱毛などの皮膚の変化は、治療によりコルチゾールの低下が3〜4ヵ月間認められないと改善しないことが多いので、皮膚の改善には時間がかかることを飼い主家族に話しておく必要があります。同じく、衰えた筋力が元に戻るのにも時間がかかることが多いことを伝えます。また、ストレスによりコルチゾール分泌が増してしまうため、なるべくストレスのないような、普段通りの生活を送れるように心がけてもらいましょう。

膵臓のしくみ

　膵臓は胃〜十二指腸の尾側に存在する臓器で、血糖値の調節をおこなう臓器であり、もっとも重要な役割を担う内分泌器官といえるでしょう。膵臓のランゲルハンス島のβ（ベータ）細胞は、血糖値を低下させる唯一のホルモンであるインスリンを分泌しています。またα（アルファ）細胞から血糖値を上昇させるグルカゴンが分泌されています。

　インスリンは、骨格筋におけるグルコースやアミノ酸の取り込み、肝臓における糖新生の抑制、グリコーゲンの合成促進、脂肪組織における脂肪の合成促進などの役割を果たしています。最終的に筋肉合成や脂肪合成が起こるので、インスリンは太るためのホルモンともいえるかもしれません。逆にインスリンが欠乏すると体重減少が現れます。インスリンの効果が減弱したり、分泌が低下もしくは欠乏すると、血糖値が上昇し、尿糖が出現し糖尿病となります。

観察ポイント

　糖尿病の臨床症状として、多飲多尿、多食、体重減少、食欲不振、感染症、白内障（「ビジュアルで学ぶ動物看護学」図⑥-7を参照して下さい）などが認められます。飼い主家族からの主訴で多いものは、①水を数週間〜数ヵ月前からよく飲み、おしっこの量が多い、②食欲はあるのに体重がどんどん減ってきている、などです。さらにその状態が続き、病院に来るのが遅れると糖尿病性ケトアシドーシスという病態になります。症状として、水を飲まなくなり、食欲不振、嘔吐、下痢および感染症などが認められることがあります。

　多飲多尿になるのは、尿中に糖が出てしまい、浸透圧によって水が尿中にとどまり多尿となり、水分が不足して多飲となることによります。そのため、**飲むための水は絶対に切らしてはいけません**。高血糖の影響で尿量が増加してい

るので、飲水量を制限すると脱水の悪化につながります。

> **看護ポイント！**
> 糖尿病で飲水をさせないと脱水につながります。入院中は絶対に飲み水を切らさないようにし、飼い主家族へもそのように指導します。

検査

　血液検査、血液生化学検査、尿検査をおこないます。検査結果の中で特徴的にみられるのは、血糖値の上昇です。犬では 250 mg/dL 以上、猫では 350 mg/dL 以上の血糖値である場合に、尿検査で尿糖の出現が認められ、上記の症状が存在すれば糖尿病と診断できます。

　尿検査ではそのほかに、ケトン体（状態が悪い場合にみられます）の出現や膀胱炎が認められることがあります。ケトン体の出現が認められる場合は血液ガス測定をおこない、血中の pH を測定する必要があります。

膵臓の病気

　糖尿病は膵臓に関連した重要な内分泌疾患です。犬と猫では、高齢になると発生率が高くなります。

　犬では避妊していない雌犬で発生率が高く、猫では肥満した症例で多くみられます。また、去勢は肥満を助長させることが多く、猫では去勢雄で発生率が高くなります。ちなみに犬は肥満しても糖尿病にはならないので、飼い主家族に説明する際には注意が必要です。

　治療方法は、犬でも猫でもインスリンを用いることがほとんどです。

　インスリンの重大な副作用には、過剰投与による低血糖があります。症状としては、頻脈、ふらつき、意識低下などがあり、進行するとけいれん発作により起立不能になることもあります。低血糖の結果、亡くなってしまうこともあるので、インスリン治療においてもっとも注意が必要な副作用です。またインスリンが不足していれば、糖尿病の症状が改善されず、上記に説明した症状が継続します。

看護時と日常的な生活での配慮

　糖尿病症例に対する看護は非常に重要です。入院中は、点滴のラインの状態の確認や輸液製剤の内容を適宜変更する必要があります。また、インスリン投与をしていることが多いため、低血糖の発現がないかをこまめに確認する必要します。退院後においても、自宅でインスリン投与をおこなう必要があるため、インスリンの扱い方と、皮下投与の方法を飼い主家族が納得するまで説明し、自宅でも同様の方法で実践してもらう必要があります。

　低血糖はとても重大な副作用となります。よって、日本獣医生命科学大学動物医療センターでは、**表2**のような用紙を手渡し、低血糖の症状の確認を何度もおこなうようにしています。

看護アセスメント

①物質代謝の調整機能のアセスメント

　ホルモンは身体内部の環境を調整し、正常な状態を維持するはたらきをしていますので、その調整機能が低下するとさまざまな症状が現れます。甲状腺ホルモンの分泌の異常の原因は、分泌亢進と低下です。

　分泌亢進の原因には、甲状腺自体の障害や自己免疫性が考えられます。低下の原因としては、甲状腺自体の障害、視床下部・下垂体の障害、甲状腺ホルモン受容体の障害が考えられます。

　甲状腺ホルモンの分泌が増加すると、末梢組織の酸素消費量と酸素要求量が増加するため心機能が亢進し脈拍が増加します。消費エネルギーが増加するため、食欲も増進します。食べているのに体重が減少します。反対に、甲状腺ホルモンの分泌が低下した場合は、食事量が減少しているのに体重は減少しません。栄養状態が低下しやすいので、栄養状態のアセスメントも必要です。

　検査データの観察としては、甲状腺刺激ホルモン（TSH）、遊離トリヨードサイロニン（fT_3）遊離サイロキシン（fT_4）の３つをホルモン検査で総合的にみます。TSHは負のフィードバックによって調整されているので、甲状腺ホルモンの分泌が亢進すると低値となり、分泌が低下すると高値を示します。

　これらの物質代謝の調整機能をアセスメントしていきます。甲状腺ホルモンの分泌が亢進している時は、エネルギーの消耗を最小限にし、食事を援助します。一方、甲状腺ホルモンの分泌が低下している時は保温に努めるといったように、それぞれの状況に合わせた援助の方向性を考える必要があります。

②血糖の調整機能のアセスメント

　血糖値は、血液内のブドウ糖の濃度です。ブドウ糖は肝臓でグリコーゲンに合成された上で蓄えられており、血中のブドウ糖が不足した場合に放出されます。つまり、血糖濃度が低くなるとグルカゴンが分泌され、肝臓のグリコーゲンの分解を促進することによって、血中に放出されます。反対に、血糖値が高くなるとインスリンが分泌され、ブドウ糖を取り込んでグリコーゲンとして貯蔵や細胞内に取り込ませるように作用します。このしくみを理解した上で血糖値異常をとらえることが大切です。

　血糖値異常には、高血糖と低血糖があります。高血糖の原因としては、膵臓あるいはランゲルハンス島が炎症疾患などによって障害され、インスリンの分泌が低下する、過剰なカロリー摂取や運動不足によってインスリンが分泌されても十分に作用しない、血糖上昇ホルモン（糖質コルチコイドなど）の分泌過剰、肝臓での糖の取り込みと貯蔵の減少などがあります。一方、低血糖の原因は、ランゲルハンス島の腺腫（インスリノーマ）などによってインスリンが過剰に分泌される、血糖上昇ホルモンの分泌低下、組織の糖需要の増加、血糖降下薬やインスリン療法による薬剤の過量投薬・食事摂取量の減少などがあります。

　観察する項目としては、多飲多尿が重要なポイントになります。血糖値が上昇すると血液の浸透圧が上昇して浸透圧利尿を起こし、多尿になります。多尿になると脱水状態になり、水分を多量に摂取するようになるのです。

　インスリンが不足すると血中の糖を細胞内に取り込むことができないため、肝臓のグリコーゲンの分解だけでなく、脂肪やたんぱく質も分解してブドウ糖をつくりだすため（糖新生）、体重の減少や元気消失がみられます。このインスリン作用の不足による代謝異常と高血糖状態が続くと細小血管の血流が悪くなり、神経細胞が必要としている酸素や栄養が行きわたらない状態になります。その結果、末梢の神経障害、血管障害、血流障害がみられます。皮膚が脆弱になりますので、知覚障害による外傷が起こりやすくなり、外傷があると感染の症状が進行したり、治りが悪くなったりします。高血糖になると好中球の貪食機能が低下し、抗体反応が低下します。血流が悪化することによって細胞のはたらきが低下したり、感染による免疫物質（サイトカイン）などによるインスリン効力の低下など感染症状が悪化したり、治癒が遅れるといった悪循環になります。外傷が起きないような環境整備と清潔に保つケアが必要になります。

　高血糖の場合は食事療法の指導や、清潔の援助、運動・活動の指導などを進めていきます。食事療法はまず、飼い主家族より看護動物の食生活を聴取することからスタートします。食事療法の目的は、インスリンの需要を減らすこと

6. 内分泌系

です。腎障害などがみられる時はたんぱく質を控えた腎臓食に変更する必要があります。獣医師を中心に、今の看護動物の状態に合ったエネルギー量、栄養素のバランス、食物繊維量などが考慮された食事が選択されるでしょう。動物看護師は、看護動物の年齢や活動量に応じて必要な1日のエネルギー摂取量を算出し、それを超えないようにバランスよく食事を与えてもらえるように飼い主家族を支援します。

　清潔に保つことについては、特に四肢のケアを重視します。肢は汚染されやすく感染を起こしやすいので、細やかな観察と丁寧なケアが必要です。爪が伸びていると、体を掻いた時に脆弱になっている皮膚を傷つける可能性も出てきます。ひび割れた肉球から細菌が入る場合もあります。皮膚や肢先を保湿することが大切です。

　高血糖の原因がインスリン作用不足にあると判断された看護動物に対しては運動療法が獣医師から指導されるでしょう。筋肉の運動によりエネルギーが消費され、必要なインスリンが節約されると生体のインスリン需要がその分減少します。そして、インスリンの感受性や肥満が改善されます。特に猫は意識的に運動をさせることが難しいので、遊べる環境を作る工夫が大切になります。室内の環境を変えなければならないこともあるため、飼い主家族と十分な信頼関係をつくり、運動療法の目的を理解してもらうことが大切です。

表 2

＿＿＿＿＿＿ちゃんのインスリン療法について

朝：8 時 00 分
ごはん；＿＿＿＿＿＿kcal（例：＿＿＿＿＿＿）
インスリン：＿＿＿＿＿＿単位　皮下注射

夜：8 時 00 分
ごはん；＿＿＿＿＿＿kcal（例：＿＿＿＿＿＿）
インスリン：＿＿＿＿＿＿単位　皮下注射

〈注意点〉
* 必ず与えたごはんの半分以上を食べたことを確認してからインスリンをうつようにして下さい。
* ごはんの量を半分以下しか食べない場合は、インスリンの投与量を＿＿＿＿＿＿単位にして下さい。
* まったくごはんを食べない場合は、インスリンを投与しないで下さい。
* 2 回以上ごはんを食べないときはインスリン投与を中止し、近医へ受診して下さい。
* 次の症状がみられないかどうか観察してください。
    ・性格の変化
    ・元気、運動性の低下
    ・ぼんやりしている
    ・ふらつく
    ・震える
    ・発作をおこす
  以上の低血糖症状がみられた場合は、ガムシロップや砂糖水を＿＿＿＿＿＿kg であれば＿＿＿＿＿＿mL 飲ませ、近医を受診して下さい。
* 朝晩の散歩のときに、尿糖のチェックをして下さい。
* 糖尿病は食事管理も大切なことです。おやつは厳禁です。
* 日誌をつけましょう。それを次回お持ち頂けると参考になります。
    インスリンの投与量；動かれてしまい、半分しか投与できなかったなど
    ごはんの量；半分しか食べない、盗み食いしてしまったなど
    尿スティック；尿糖 3 ＋など

ご不明な点がございましたらご連絡ください。

6. 内分泌系　疾患看護

●代表的な疾患
6-1. 甲状腺機能亢進症

1）特徴

○病態
- 甲状腺ホルモンの過剰が原因で起こる疾患で、おもに高齢の猫にみられる。
- 甲状腺ホルモンの過剰が全身の代謝を活性化させさまざまな症状を引き起こす。
- 甲状腺の腺腫と癌の場合がある。

○症状
- 甲状腺機能亢進症の症状としては、体重減少、被毛粗剛、多飲多尿、嘔吐、活動性亢進、下痢、虚弱、活動性低下、多食、食欲減少、腫大した甲状腺の触知、頻脈など、さまざまな症状が認められる。

2）検査・診断

○身体検査
●視診・触診
- 体重減少が起こることがほとんどであり、そのほかの身体検査上の特徴は症例により異なるが、被毛の粗剛、脱毛および削痩が認められることが多い。
- 頸部の触診で甲状腺の腫大が認められることがある。

○検査
●血液検査
- 肝臓の酵素（AST、ALT、ALP）が上昇していることが多い。また腎機能が悪化していることも多いので、BUN、CRE も上昇していることが多い。

●超音波検査
- 甲状腺の超音波検査をおこない、大きさを評価する。また甲状腺機能亢進症は心臓に負担をかけるので、心雑音が認められる場合は、胸部 X 線検査および心臓の超音波検査をする必要がある。

●血圧検査
- 甲状腺ホルモンはカテコールアミンの分泌を増加させる作用があるため、血圧が上昇することが多い。

●ホルモン検査
- 確定診断には血清総サイロキシン（T_4）値を用いる。治療のモニタリングにも T_4 を用いる。

3）治療

- 内科療法には主にチアマゾールという甲状腺ホルモンの産生・合成を抑制する薬剤が用いられる。また高血圧や心拍数の増加がある場合は降圧剤を用いることがある。内科療法は根治治療ではないので生涯の投薬が必要である。外科療法を選択した場合、腫大した甲状腺を摘出する。

看護アセスメント	
4）一般的な看護問題	5）一般的な看護目標
・投与量の調整ミスにより症状が改善しない。 ・投薬がきちんとおこなわれていない。 ・全身症状が悪化してしまう（甲状腺ホルモンの過剰分泌は循環器、呼吸器、消化器、運動器、神経系などの症状を全身に及ぼすため）。 ・食欲不振、下痢および嘔吐による栄養状態の悪化。 ・治療によって血圧が低下することにより、腎血流が低下し、腎機能が悪化する可能性がある。	・飼い主家族が症状の悪化を防ぐことができる。 ・飼い主家族がきちんと投薬をおこなえる。 ・食欲が改善する。 ・治療薬の副作用を引き起こさない。 ・腎不全がある場合は、それを悪化させない。 ・体重を減らさない。
6）看護介入	

①診察・治療を受ける際の援助
・食欲が亢進することも、低下することもある。
・食欲が低下している場合は、強制給餌などの積極的な栄養指導をおこなうこともある。
・治療効果を判定するために体重測定を行う。治療がうまくいけば、体重は増加傾向に傾く。

②診療・治療の介助
・服薬指導（指示されたとおりの服薬と副作用出現時の対処方法）。
・チアマゾールの副作用が出ていないかをチェックする必要がある。
・チアマゾールの副作用としては、消化器障害、顆粒球・血小板減少、肝酵素の上昇、顔のかゆみなどが挙げられる。そのため、定期的なモニタリングとして、CBC および肝酵素測定をおこなうべきである。
・定期健診の際の症状の確認。
・T_4 測定を行い、チアマゾールの投与量の調節をおこなう。
・治療後に BUN、CRE の上昇がみられる場合は、チアマゾールの投与量を調節し、腎臓へのケアも治療に取り入れる。
・血圧測定をおこない、降圧剤の投与量や種類の検討をおこなう。
・心臓に異常が認められる場合は、その治療をおこなう。
・症状の改善が悪かったり、チアマゾールの副作用が発現するような場合は、外科療法も検討する。

6-2. 甲状腺機能低下症

1) 特徴

○病態
- 甲状腺ホルモンの産生が低下することにより、血中の甲状腺ホルモン量が減少する疾患である。
- 犬での発症が多く、原発性の甲状腺機能低下症が多い。

○症状
- 脱毛、膿皮症、脂漏性皮膚炎、虚弱、筋萎縮肥満、低体温および徐脈などが挙げられる。

2) 検査・診断

○身体検査
●視診、触診
- 肥満や、皮膚炎、脱毛が認められることがある。

●体温測定
- 体温の低下が認められることがある。

○検査
●血液検査
- 血液検査および血液生化学検査では、非再生性の貧血がみられることがある。また高コレステロール血症が特徴的である。
- 診断は血清総サイロキシン（T_4）値、血清遊離サイロキシン（fT_4）値および血清甲状腺刺激ホルモン（TSH）を測定し総合的に診断する。治療のモニタリングには T_4 を用いる。

3) 治療

- 甲状腺ホルモン製剤であるレボチロキシンを投薬する甲状腺機能低下症では、生涯にわたって甲状腺ホルモン製剤の投与が必要となる。

看護アセスメント

4) 一般的な看護問題
- 投与量の調整ミスにより症状が改善しない。
- 投薬がきちんとおこなわれていない。

5) 一般的な看護目標
- 症状の悪化を防ぐ
- 飼い主家族がきちんと投薬をおこなえる
- 過剰投与による副作用がおこらない

6) 看護介入

①診察・治療を受ける際の援助
- 体重が増えないように食事量の調節をおこなう。
- 代謝率の低下による呼吸・循環器への影響を念頭に置き、呼吸・脈拍・体温の変化を把握する。

②甲状腺機能低下症症状の緩和
- 服薬指導（指示されたとおりの服薬と副作用出現時の対処方法）。
- 投与量が適切かどうか、甲状腺ホルモン濃度の測定や臨床症状より判断する。
- 甲状腺ホルモン不足のために熱産生が起こらず、低体温となり、寒さで震えていないかなどを評価する。
- 甲状腺ホルモンの過剰投与により、甲状腺機能亢進症や代謝の上昇が起こっていないか判断する。
- 投薬での頻脈、呼吸数の増加、不眠、発熱、消化器症状など副作用の発現に注意する。

6-3. 副腎皮質機能亢進症

1）特徴

○病態
- 副腎皮質機能亢進症（クッシング症候群）は、副腎からコルチゾールが過剰に分泌することによって引き起こされる疾患である。下垂体腫瘍により、ACTH分泌が過剰になることによっておこる下垂体性（80〜90％）と副腎腫瘍（10〜20％）にわけられる。
- クッシング症候群は7歳以上の高齢犬に認められることが多い。
- 好発犬種として、プードルやダックスフントなどが挙げられるが、すべての犬種に発生する可能性がある。またステロイド製剤の長期投与で、医原性に起こる場合もある。

○症状
- 多飲多尿の発生頻度がもっとも高く、90％の症例で認められる。その他の症状として、多食、腹部膨満、内分泌性脱毛、皮膚病変、パンティング、筋力低下などが認められる。コルチゾールの過剰により、糖尿病や甲状腺機能低下症が併発していることもある。
- 皮膚の石灰沈着はクッシング症候群で特徴的な症状であり、この症状が出ている場合は、罹患している可能性が高い。また、下垂体巨大腺腫により、さまざまな神経症状（食欲不振、元気消失、失明、ふらつきなど）が認められることがある。

2）検査・診断

○身体検査
●視診・触診
腹部膨満、パンティング、脱毛が認められることがある。

○検査
●血液検査
- CBC
好中球増加症、著明なリンパ球減少症、好酸球減少症が認められることが多い。
- 血液生化学検査
もっとも特徴的なものはALPの上昇（300〜3,500 IU/L）であり、90％以上の症例で認められる。またその他に、ALTの上昇（100〜300 IU/L）、コレステロールの上昇（250〜500 mg/dL）、高中性脂肪血症、血糖値の中等度上昇（120〜200 mg/dL）が認められる。
- ACTH刺激試験
ACTH刺激試験1時間後のコルチゾール値が20 μg/dL以上であれば、クッシング症候群と仮診断をする。
- 内因性ACTH濃度
内因性ACTH濃度の測定をおこなう。内因性ACTH濃度が上昇しているとPDHを強く疑い、低下しているとATを強く疑う。しかしながら、正常範囲の場合がほとんどであり、PDHもATも除外できない可能性があることが欠点である。内因性ACTH濃度以外の他の検査結果で診断がつくのであれば、そちらを優先するべきである。
- 低用量デキサメサゾン抑制試験
デキサメサゾンを静脈内投与後、投与前、投与4時間後および8時間後に採血をして、コルチゾールを測定する。ACTH刺激試験よりも感度は高いが、特異性は低い。

●超音波検査
- 腹部超音波検査をおこない、両側の副腎の形態を評価する。両側の副腎の短径が>6 mm（小型犬）、>7〜8 mm（中・大型犬）で形態が正常であれば、下垂体性副腎皮質機能亢進症（PDH）と診断する。左側の副腎はピーナツ型をしていて、右側は楕円形をしている。片方が>2 cm以上と大きく、形態も正常な副腎と異なる場合、副腎腫瘍（AT）を疑う。ATの場合、もう片方の副腎は逆に萎縮していることが多い。

3）治療

- 治療には内科療法、放射線治療、外科療法がある。副腎腫瘍の場合、外科での摘出が根治治療となるが、内科療法を選択することもある。下垂体性クッシング症候群の場合、症状の改善を目的に内科療法を選択することが多い。どちらの場合でも内科療法は根治治療ではなく、コルチゾールを下げ、臨床症状を改善するために用いるのであって、原因となる下垂体を治療しているわけではない。そのため、治療を開始すると一生投薬を継続する必要がある点を飼い主家族にインフォームド・コンセントする必要がある。また副作用が重篤となることがあるため、飼い主家族に薬の副作用を十分に説明し、理解をしてもらってから治療をはじめるべきである。
- 内科療法としてはトリロスタンという副腎からのコルチゾールの産生を抑制する製剤を用いる。この製剤を投与してコルチゾールの低下が認められれば、2～3日で多飲多尿の改善が認められる。トリロスタンの副作用はコルチゾール値が低下しすぎてしまうことにより、副腎皮質機能低下症の症状が出てしまうことである。副作用の症状として、元気消失、食欲低下、下痢および嘔吐などが挙げられる。

看護アセスメント	
4）一般的な看護問題	**5）一般的な看護目標**
・投与量の調整ミスにより症状が改善しない（多飲多尿が改善しない）。 ・投薬がきちんとおこなわれていない。 ・ストレスはコルチゾールを誘導するため、かゆみやいたみなどのストレスがある場合は症状が悪化してしまうことがある。	・飼い主家族が症状の悪化を防ぐことができる。 ・多飲多尿が、生理的に正常な範囲まで抑えられる。 ・飼い主家族がきちんと投薬をおこなえる。 ・投薬での副作用が起こらない。 ・飼い主家族がかゆみやいたみに対するストレスの軽減をおこなえる。 ・日常生活になにかしらのストレス要因がある場合は、飼い主家族が原因に気付き、改善できる。

6）看護介入

①診察・治療を受ける際の援助
- 食欲が亢進することがほとんどであるため、体重が増えないように食事量の調節をおこなう。

②副腎皮質機能亢進症状の緩和
- 服薬指導（指示されたとおりの服薬と副作用出現時の対処方法）。
- ＊副作用が起こった場合、直ちにトリロスタンの投与を中止することが必要である。また、投薬を中止した後も症状が続く場合は、輸液による脱水への対処および副腎皮質ホルモン剤の投与が必要となる。トリロスタンは副作用が重篤になることがあるため、飼い主家族に必ずそのことをインフォームド・コンセントして低用量から治療を開始するべきである。
- 投与量が適切かどうか、臨床症状およびACTH刺激試験でのコルチゾール濃度の測定から判断する。
- 治療の評価には臨床症状の改善（飲水量の変化が一番わかりやすい）のモニタリング、ACTH刺激試験後のコルチゾール値の測定ならびに血液生化学および電解質検査をおこなう。

- クッシング症候群の90％以上に多飲多尿の症状があるため、飲水量の測定は治療の効果判定にも非常に重要となる（コルチゾールの低下にともない、飲水量が減少するため）。よって、飲水量を飼い主家族に毎日記録してもらう。

③併発症の管理
- 副腎皮質機能亢進症では、膿皮症などの皮膚病変も併発しやすい。この併発疾患が悪化するとストレスの原因となり、内科療法に反応しにくくなる。そのため、適切な抗生物質やシャンプー療法により、ストレスを軽減する必要がある。

④日常生活でのストレスの管理
- 日常生活のストレスでも、副腎皮質機能亢進症の症状が悪化することが考えられる。例えば分離不安の犬の場合には、飼い主家族が長期間留守をしたり、同居動物や家族構成などの家庭内の変化が、動物のストレスになっている可能性がある。ストレスについては、飼い主家族とよく相談する必要がある。

6-4. 糖尿病

1) 特徴

○病態
- インスリンの作用が不足するために血糖値が上昇し、代謝異常を引き起こす疾患である。
- 犬ではインスリン分泌が欠乏するタイプがほとんどである。犬の糖尿病の危険因子として、クッシング症候群と未避妊雌の黄体期が挙げられる。
- 猫ではインスリンが足りなくなる、またはインスリンが効きづらいタイプが多い。猫の糖尿病の危険因子として、肥満や膵炎などが挙げられる。

○症状
- 多飲多尿、多食、体重減少、食欲不振、虚脱、元気消失、嘔吐、下痢、感染症などが認められることが多い。
- 食欲不振、元気消失、虚脱および嘔吐などが認められる場合には、糖尿病性の昏睡が起こっている可能性があり、緊急の治療が必要となる。

2) 検査・診断

○身体検査
●視診、触診
- 脱水が確認されることが多い。また、栄養状態が不良のために、毛並みが悪いことも多い。
- 犬の場合は白内障がみられたり、猫の場合後肢の跛行（はこう）が認められることがある。

○検査
●血液検査
- 血液検査、血液生化学検査、尿検査をおこなう。犬では250 mg/dL以上、猫では350 mg/dL以上の高血糖である。生化学検査では肝臓、腎臓への負担および電解質のバランスを見るためにALT、電解質（Na、K、Cl）、BUN、血清クレアチニン濃度、カルシウム、リンを測定する。
- また慢性的な高血糖とストレス性高血糖を区別するために糖化タンパク（糖化アルブミンなど）を測定する必要がある。

●尿検査
- 尿検査で尿糖の出現が認められる。膀胱炎やケトン体（状態の悪い場合）の出現が認められることもある。
- ケトン体の検出が認められた場合には、血液ガス測定をおこなうことが望ましい。

3）治療

- 重度の脱水が起こっている場合がほとんどであるため、輸液療法を実施する。かつ高血糖の是正のため、インスリンの持続点滴を同時におこなう。その際、インスリンの作用により血中のカリウムやリンが細胞内に取り込まれるため、血液検査の結果をみながら輸液剤の組成を適宜変更する必要がある。
- 血糖値の低下により食欲が認められた場合は、食事を与えながら、皮下へのインスリン投与をおこなう。投与後 2 時間おきに採血をおこなって血糖値を測定し、血糖値を 100〜300 mg/dL 以内になるようにインスリン量を調節する。インスリン量が決定すれば一時退院となる。

看護アセスメント

4）一般的な看護問題	5）一般的な看護目標
・糖尿病性昏睡状態の継続。 ・入院中に血糖コントロールができない可能性。 ・インスリンの投与調節による低血糖の可能性。 ・飼い主家族が感じる、毎日のインスリン注射をおこなうことに対する不安。 ・糖尿病により免疫機能が低下している可能性。	・脱水の改善をする。 ・食欲の改善。 ・活動性の亢進。 ・体重を増やす。 ・良好な血糖コントロールがされる。 ・飼い主家族がインスリン投与をおこなうことが可能となる。 ・飼い主家族が、糖尿病治療に関心をもつ。

6）看護介入

①診察・治療を受ける際の援助
- 決められた食事を食べたのちに、決められたインスリン量の投与を実施する。
- 食事量が異なる場合のインスリン投与量の調節が可能か。
- 体重の上昇が認められるか。

②糖尿病症状の緩和
- 活動性は維持できているか。
- 多飲多尿、体重減少などの糖尿病症状が発現していないか。
- インスリンの副作用による低血糖が認められないか。

③急性増悪や二次的合併症の早期発見・対応
- インスリン投与の失宜などによって、糖尿病症状が発現していないか。
- 犬では白内障、猫では後肢の跛行が認められないか。

④飼い主家族への支援
- 低血糖に陥った場合の対処法や病院への搬送手順を話しておく。
- インスリン投与の方法を細かく説明する。
- 食事を全量食べないときのインスリン量の調節方法を伝える。

★看護解説 —内分泌編—

❶甲状腺の理解

甲状腺は基礎代謝を担うフィードバックシステムをもちます。脳下垂体から刺激を受けた甲状腺より甲状腺ホルモンが分泌されます。つまり、視床下部の放出ホルモンから刺激を受けた下垂体の刺激ホルモンが内分泌器官を刺激すると、ホルモンが直接血液に分泌され、標的器官に届くというしくみです。ホルモンの血中濃度が低いとき、分泌促進を指令する「正」のフィードバック機構がはたらきます。反対に、ホルモンの血中濃度が高いときは、分泌抑制命令を出す「負」のフィードバック機構がはたらきます。甲状腺は体温を維持するため、生きていくために必要な基礎代謝（なにもしなくても、血液を循環させたり、呼吸したりするのに必要なエネルギー）もつかさどる重要な器官です。

❷低血糖

健康であれば血糖値は自分の力で調整されています。しかし、低血糖になり血糖値が正常値の半分ぐらいになると交感神経系のホルモン分泌を介して血糖を上昇させようとする結果、交感神経症状が出現します。脱力感、震え、元気消失など低血糖を防ごうとする症状が現れますが、個体差があります。さらに血糖値が下がると、中枢神経のブドウ糖不足の症状が現れます。悪心、嘔吐、動作緩慢、ふらつきなど中枢神経症状が出現します。さらに低下すると重篤な低血糖状態となり、中枢神経症状が進み、意識障害、けいれん、昏睡となります。

また、治療行為による血糖値の変動にも注意する必要があります。今まで血糖が高く安定していた看護動物に治療をおこなった場合、血糖値が正常な値に近づくのですが、急激な落差で血糖が下降することによって交感神経系が刺激され、ホルモン分泌を介して血糖を上昇させようとするため、落下スピードが通常よりも低くなります。これは初回治療などにおいても出現しやすいので注意しましょう。

また、低血糖を頻発しているような場合は低血糖の域値が下がっているので、低血糖を認識できず、いきなり意識障害が現れることがあります（無自覚性低血糖）。

❸インスリン療法

インスリン療法の原則は、不足しているインスリンを皮下注射により補充することです。インスリンを投与することで健康な個体の血中インスリン分泌パ

ターンを再現するのです。そのため、1日の血糖値の変動を正常範囲におさめることと低血糖を起こさないように注意します。

インスリンは作用発現時間、最大作用時間、持続時間によって、超速効型、速効型、混合型、中間型、時効型に分けられます。

・超速効型、速効型：インスリンの追加分泌を補充する
・中間型、時効型　：基礎分泌を補充する
・混合型　　　　　：速効型または超速効型と中間型の2つの効果が期待できる

インスリンの投与方法は皮下注射です。これは筋肉注射では作用時間が変化してしまうためです。皮膚を引っ張るか伸ばして伸展させて打つと皮膚が戻って逆流を防ぐことができます。皮膚の硬結ができるとインスリンの効きが悪くなりますので、少しずつ注射部位をずらしていきましょう。インスリン注射専用の注射器を使用し、確実な注射手技の習得と飼い主家族への指導が必要になります。

インスリンを保存する際、未使用のインスリンは冷蔵保存、ペン型インスリンで使用したものは常温保存（25℃以下）します。インスリンは冷凍や高温保存で力価が下がります。開始後1ヵ月以内に使い切るように、飼い主家族にも期限切れのものは交換してもらうように指導します。インスリン薬を使用する場合は有効期限に注意することが大切です。

第7章 神経系

神経系とは

　神経系とは、神経細胞のはたらきによってさまざまな生体の器官の動きを管理するネットワークと、情報の処理をおこなう一連の器官のことをおもにいいます。

　また、神経系はそのはたらきから、大きく2つにわけることができます。1つ目は、感覚器官から届けられた刺激を受けて、適した行動をとるための指令を筋肉に出す**中枢神経（または中枢神経系）**、2つ目は、刺激や命令を単に伝えるだけの**末梢神経（または末梢神経系）**です。

　中枢神経は、感覚器官からの信号を知覚・判断し、反応の命令を与える**脳**と、脳と末梢神経を中継するとともに、末梢神経からの刺激に対して反射の命令を出す**脊髄**にわけられます。そして**末梢神経**は、感覚器官で受け取った刺激を中枢神経に伝える**感覚神経**と、中枢神経から筋肉に命令を伝える**運動神経**にわけられます。

　わかりやすくコンピューターに例えると、感覚器官は「キーボード」、中枢神経は「CPU（本体）」、末梢神経は中枢神経と感覚器官や筋肉をつなぐ「ケーブル」の役割を果たしているといえます。

　この章では多く取りあげませんが、末梢神経には**自律神経（交感神経と副交感神経）**も含まれます。自律神経は心臓の拍動や呼吸、腸の蠕動（ぜんどう）といった、自分の意識と関係なく動く体内のさまざまな器官の機能を調節しています。

神経系の分類

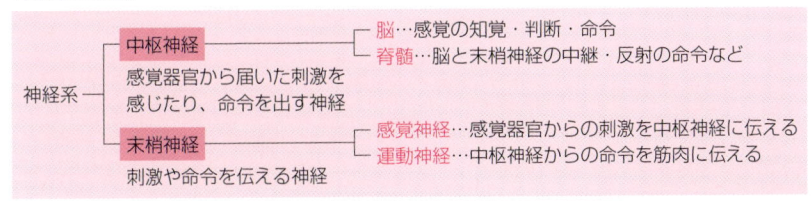

神経系
- 中枢神経（感覚器官から届いた刺激を感じたり、命令を出す神経）
  - 脳…感覚の知覚・判断・命令
  - 脊髄…脳と末梢神経の中継・反射の命令など
- 末梢神経（刺激や命令を伝える神経）
  - 感覚神経…感覚器官からの刺激を中枢神経に伝える
  - 運動神経…中枢神経からの命令を筋肉に伝える

7. 神経系

中枢神経のしくみ

　中枢神経とは、脳と脊髄のことです。脳は頭蓋骨の中にあり、脊髄は脊椎の中を通っています。

　脳と脊髄は、髄膜と呼ばれる3層の被膜に覆われ、この3層の被膜は外側から**硬膜**・**クモ膜**・**軟膜**とよばれています。クモ膜と軟膜の間には脳脊髄液が流れるスペース（クモ膜下腔）があり、脳脊髄液は脳や脊髄内を絶えず循環し、脳実質との物質交換や、代謝産物の運搬、クッションの役割をしています。

◎脳

　脳は、**大脳**、**小脳**、**脳幹**にわけることができます。脳幹はさらに**中脳**、**橋**、**延髄**にわけられます。間脳は大脳に含めることもありますが、生命維持機能に強く関わるために、脳幹に含められる場合もあります。

　間脳は**視床**と**視床下部**からなり、視床は嗅覚を除く、視覚、聴覚、体性感覚などの感覚を大脳に伝えています。視床下部は交感神経・副交感神経機能および内分泌機能を調節するだけでなく、摂食行動や飲水行動、性行動、睡眠などの本能行動をつかさどる器官であり、怒りや不安などの情動（比較的短期の感動の動き）をつかさどる器官でもあります。

　中脳は脳幹のうちでもっとも上部にあり、その上には第三脳室、下には橋、両外側には間脳があります。なめらかな動きを可能にする錐体外路性運動系の中継所のほか、対光反射、視聴覚の中継所、眼球運動反射、姿勢反射（立ち直り反射）、歩行リズムの中枢になっています。

　橋には多くの脳神経核が存在し、三叉神経、外転神経、顔面神経、聴神経といった脳神経がここから出ています。脳幹を経由する多くの伝導路が通過するほか、大脳からの運動性出力を小脳へと伝える経路が存在します。

　延髄は脳幹のうちもっとも下（尾側）にあり、上（吻側）には橋、尾側には脊髄が、背側には小脳があります。嘔吐、嚥下、唾液分泌、呼吸および循環、消化の中枢を含み、生命維持に不可欠な機能をもちます。

　脳幹の背側に位置する小脳は外観がカリフラワー状で、ヒダが多い特徴をもちます。主な機能は知覚と運動機能を統合することで、平衡、筋緊張、随意筋運動の調節などをつかさどります。

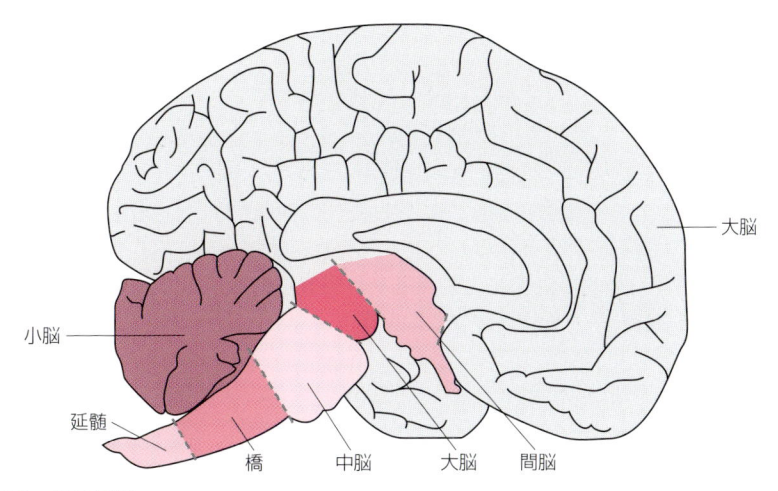

図1 脳の構造

◎脊髄

　延髄から伸びた神経線維の束で、脊椎の中央を通る脊柱管の中にあります。上から**頚髄**、**胸髄**、**腰髄**、**仙髄**、**尾髄**にわけられます。また脳と同様に、脊髄も3層の組織（髄膜）で覆われています。

　脊椎は椎骨とよばれる骨が連なった構造で、上から**頚椎**、**胸椎**、**腰椎**、**仙椎**、**尾椎**にわけることができます。椎骨と椎骨の間には軟骨でできた**椎間板**があります。これは、歩行やジャンプなどをした時に起こる、脊椎への衝撃をやわらげるクッションの役目を果たしています。

　脊髄からは、椎骨と椎骨のあいだを通って31対の脊髄神経がそれぞれ、上下2本の短い枝（神経根）にわかれて出て行きます。脊髄の腹側にあるのが**運動神経根**で、背側にあるのが**感覚神経根**です。運動神経根は脳と脊髄からの命令を、体のほかの部分、特に骨格筋へ伝えます。一方、感覚神経根は、体のほかの部分の情報を脳へ伝えています。

　脊髄は、脊椎の下方約4分の3の位置で終わり、そこから下へは神経の束がひと束伸びています。この神経の束は馬の尾に似た形をしているため馬尾とよばれ、下肢の運動・感覚を伝えます。脊髄はまた膝蓋腱反射などの反射中枢でもあります。

7. 神経系

末梢神経のしくみ

◎運動神経

　運動神経とは、身体や内臓の筋肉の動きを指令するために、その信号を伝える神経のことです。頭部では脳神経、体部では脊髄神経として中枢から末梢に向かうので、遠心性神経とよばれることもあります。

　運動神経が支配する筋肉には骨格筋と、感覚器や臓器、血管の内臓筋があり、骨格筋を支配する神経は**体性運動神経**とよばれ、随意運動（自分の意思でおこなう運動）に関係します。一方で、内臓や感覚器の平滑筋や心筋の収縮は、**内臓運動神経**として自律神経により自動的におこなわれます。

◎感覚神経

　感覚神経とは、身体や内臓が動く感覚を頭部へ伝えるために、その信号を脳や脊髄に送る神経のことです。頭部では**脳神経**、体部では脊髄神経として受容体（感覚器）から中枢に向かうので**求心性神経**、また、知覚を感じ取るので**知覚神経**とよばれることもあります。

◎感覚器

　感覚器とは、動物の体を構成する器官のうち、なんらかの感覚情報を受け取る受容器としてはたらく器官のことをいいます。受け取った情報は感覚神経を介して、中枢神経系へと伝えられます。

　感覚器には、眼（視覚器）、耳（聴覚器）、鼻（嗅覚器）、舌（味覚器）、皮膚（触覚器）などがあります。このうち皮膚は特に敏感な感覚器であり、触覚（何かが接触している）、圧覚（押されている）、痛覚（痛い）、温覚（熱い）、冷覚（冷たい）などの感覚を受け取るための異なった受容器があり、それぞれに感覚神経が接続されています。これらをまとめて皮膚感覚とよびます。

　このように皮膚感覚は体の表面の感覚ですが、一方で深部感覚（あるいは深部知覚）というものもあります。これには位置覚、運動覚、抵抗覚、重量覚があり、関節や筋肉、腱の動きによって、体の各部分の位置や運動の状態、体に加わる抵抗と重量を感知しています。これら皮膚感覚と深部感覚を併せて体性感覚とよびます。

観察ポイント

どの部分の神経がどれだけ傷害を受けたかによって、さまざまな症状の違いが現れます。しかし神経は外から見えない臓器なので、どこがどれだけ傷害されたかは、外から見た変化や症状で判断されることがほとんどです。ですから、できるだけ詳しく様子を観察し、症状を正しく把握することがとても重要なのです。正確な観察ができたかどうかが、診断や治療だけでなく予後や、さらには看護や家庭での生活におけるADL（日常生活動作）やQOL（生活の質）の改善にも大きく影響します。

①意識

声をかけたり、音をたてたりして反応をみます。声や音に気がついてこちらを見るようなら、聴覚と意識はあると考えてよいでしょう。またその振り向き方やこちらを見た時の眼の様子も注意して観察しましょう。

眼を閉じて動かないときは眠っているのか意識がない状態なのか判断する必要があります。声や音をたてても反応しないときには体に触れるなどして覚醒させます。覚醒（起きて、意識がはっきりとすること）しない場合は、意識状態が落ちていると考えます。

意識障害は「意識清明度（意識レベル）の低下」をいい、外からの刺激に対する反応が低下することです。意識障害には段階があり、「昏睡（coma）」、「半昏睡（semi-coma）」、「昏迷（stupor）」、「傾眠（somnolence）」に分けられます。

「昏睡」は四肢の自発運動が全くなく、痛覚刺激にも全く反応しない状態をいい、四肢は弛緩します。「半昏睡」は自発反応がほとんどないものの、いたみ刺激に反応し、四肢を引っ込めて刺激を避けようとするような逃避行動を示します。「昏迷」は自発反応がみられ、刺激に対して振り払うなどの動作がみられ、簡単な指示動作に反応することもあります。「傾眠」では刺激を与えると覚醒し呼びかけに反応しますが、刺激がなくなるとまた眠ってしまう状態をいいます。「傾眠」と「昏迷」の中間を「嗜眠」とよぶこともあります。

意識障害の程度の判定は、観察者の主観によって大きく左右されることがあるので、用語のみで表現するのではなく、具体的な状況（たとえば、「大きな声で名前をよぶと、ゆっくりと眼を開けて四肢を進展した」など）を記載するほうがわかりやすく、観察者が変わっても状態の変化を比べやすくなります。

7. 神経系

② 姿勢や歩行

　姿勢や歩行の様子を観察しましょう。どちらかに傾いたり、ふらついたり、旋回したりせず、まっすぐ歩けているでしょうか？　歩くリズムは正常ですか？　歩く時の頭の位置はどうでしょうか？　尻尾の位置はどうか、尻尾を振ることができるかどうかも大切な観察ポイントです。歩行中に地面に足を付けたとき、足先がひっくり返る（ナックリングする）ことなく、4本ともしっかりと足裏が地についているかも観察しましょう。

③ 頭部

　頭部については特に、
　・頭部の位置：真っすぐですか？　傾いていませんか？
　・頭部にゆれ（振戦）はないですか？
　・耳の位置：左右のずれはないですか？
　・眼は見えていますか？
　・眼球の位置は正常ですか？
　・眼球の振とう（眼振）や斜視はないですか？
といったことに注意して観察します。
　また、食事の時には、
　・頭を保持していつもどおりに食べることができていますか？
　・フードなどの固形物や水をきちんと（自然に）飲みこめていますか？
　・食事や水が口の左右どちらかからこぼれ落ちていませんか？
といったことも確認しましょう。

④ 震え、けいれん

　全身の震えやけいれん、顔面の不自然なけいれんにも注意します。けいれんをしている場合には、周囲のものにぶつかったり、高い所から落っこちたりしないように気をつけましょう。その様子を詳しく観察し、どの程度の時間が経ったら治まったのかを記録します。けいれん終了後の様子や、正常に戻るまでの時間や状況を記録することはとても大切です。

⑤ 触った時

　入院中の世話をするときや保定するときなど、全身を触ったときに、筋肉が左右不対称になっているところはないか、触ると過敏に反応したり、痛がるような部位がないかを確認します。もし、そのような場所がある場合には記録し、獣医師に報告しましょう。

⑥ 排泄
- 排泄回数や排泄物の状態は正常でしょうか？
- 排泄姿勢をとることができますか？
- 排泄姿勢に異常はみられますか？
- 排泄量が少ない場合には、排泄しきれていない場合があるので注意が必要です。

看護ポイント！

　神経系の疾患はいたみをともなうものもありますが、ともなわないものも多くあります。人の場合はいたみがなくても違和感があれば、自分からその違和感を訴えます。けれども、動物ははっきりしたいたみがない場合に自分から訴えることがほとんどありません。その点で、神経系の疾患では日々の様子の変化を発見するために、細やかな観察がとても重要になります。

　細やかな観察を心がけることと、その変化をほかのスタッフと共有できるように、カルテにわかりやすく記載することが大切です。

検査

神経系の病気の検査には、つぎのようなものがあります。

- **神経学的検査**……………姿勢反応や脊髄反射で神経学的異常の有無や病変の部位を調べる。
- **画像検査**………………CT（コンピュータ断層撮影）やMRI（磁気共鳴画像）で脳や脊髄の断面図をみる。
- **EEG（脳波検査）**…………興奮する神経細胞の位置（発作焦点）を確認する。
- **脳脊髄液（CSF）検査**……感染や脳の損傷程度と異常細胞の有無を調べる。

　神経学的検査以外の検査は、大学病院といった専門的な病院でおこなわれることが多いです。これらの検査の際には全身麻酔が必要になるので、あらかじめ血液検査などをして全身麻酔が可能かどうかを調べる必要があります。

神経系の病気

　神経系の病気というと、なにかとても難しくて治りにくい慢性的な病気と感じるかもしれません。けれども、すべての神経系の病気が慢性疾患というわけ

7. 神経系

ではありません。

　神経系の病気としてよく知られているものに"てんかん"があります。これは脳神経の異常で、周期的にけいれん発作を起こす病気です。

　けいれん以外にも、神経系の病気のおもな症状としては、歩行障害などの「運動失調」やいろいろな部位の麻痺もあります。首が曲がってしまう「斜頚（しゃけい）」とよばれる症状や、急に元気がなくなり腰が抜ける「虚脱」などの状態も、神経系の病気が原因で起こることがあります。病気によっては、急に攻撃的になったり、怖がりになったりというような異常行動を起こすこともあります。

　また神経系の病気には、遺伝性のものがあります。遺伝性の疾患の場合は起こりやすい犬種が存在します。

　たとえば、セロイドリポフスチン症（CL症）はミニチュアダックスフントやボーダー・コリーなどにみられます。この病気は進行性の運動障害や視力障害、行動異常を起こす神経変性疾患で、生後2歳までに発症し急速に症状が進行します。また、GM1ガングリオシドーシスは1歳前の柴犬に見られます。これは通常では代謝されるべきGM1ガングリオシドが、中枢神経系に蓄積して神経症状や運動失調を起こす病気です。発作性睡眠（ナルコレプシー）はゴールデン・レトリーバーやラブラドール・レトリーバーにみられます。

　そのほかに犬種に特異的な神経疾患もあります。キャバリア・キング・チャールズ・スパニエルにおける脊髄空洞症、レオンベルガー多発性ニューロパチー（Leonberger Polyneuropathy：LPN）、アフガンハウンド脊髄症などです。

　また、平衡感覚をつかさどる前庭神経に異常が起きて、体のバランスがうまくとれなくなり、斜頚を示す前庭疾患は一般的に中年齢（5、6歳）以上にみられます。

　さらに猫のトキソプラズマ症や、犬のジステンパーなど感染性の疾患でも神経症状を示す病気があります。

けいれん発作 ≠ てんかん発作

　てんかんでは、てんかん発作とよばれるけいれん発作を起こすのが特徴です。しかし、動物がけいれん発作を起こしたからといって、それがすべててんかん発作であると断定することはできません。

　不整脈や低血圧などの心臓の病気や中毒、門脈（もんみゃく）シャントなどの重篤な肝疾患などが原因でけいれん発作を起こすことがあるからです。中毒ではほとんどの場合、原因になる毒物を摂取した直後に起こるので、比較的わかりやすいかもしれませんが、少量を継続的に摂取していた場合は原因がわかりにくいかもしれません。特に心臓疾患がある高齢犬では、持病による発作なのか、てんかん

による発作なのか判別しにくいことがあるので注意が必要です。

　心臓疾患を原因とする場合は、前徴がなく、突然けいれんが起こります。運動後や興奮後に起こりやすく、だいたい10～20秒程度、長くても1～2分でおさまります。また、発作後すぐに正常な状態に戻ることが特徴です。

　これに対して、てんかん発作はほとんどの場合、眼をきょろきょろ動かし、不安そうな表情になるなど、なにかしらの前徴があった後に発作が起こります。発作は短い場合もありますが、通常は心臓疾患の発作よりも長く続きます。重度の場合には、1時間近く続くこともあります。また、てんかん発作の場合には治まったかなと思っていても、少し時間が経つと再び発作が起こり、繰り返すことがあります。

　心臓疾患とてんかんの発作の最大の違いは、発作後の状態です。てんかん発作の場合は、発作が終わってもぼんやりとして、なかなか元の状態に戻らないのが一般的です。

看護時と日常的な生活での配慮

　これまでに挙げた看護ポイントにあるように、神経系の病気をもつ動物に対しては、日常の様子や生活動作の変化を細かく観察することが必要です。それに応じて、看護動物が快適に生活を送れるように生活環境に配慮し、生活動作を援助することが看護の基本になります。

　たとえば、姿勢がしっかりと維持できない場合は、なにかの拍子に転んだり、ぶつかったりすることが考えられます。周囲にさまざまなものが置いてあれば転ぶ危険が高まりますし、周囲や床面が硬い場合は転んだりぶつかったりしたときに危険です。また、けいれん発作を起こす動物は、発作のときに思わぬ動きをすることがあります。ですから、壁や床を軟らかい素材にしたり危険な物をどかすといった周囲の環境の整備が大切です。

　さらに旋回(せんかい)するような動物に輸液などのチューブを設置したときには、チューブが絡まないように注意しましょう。

　麻痺がある動物では、同じ姿勢が続くと麻痺がある部分、特に関節周囲の力がかかる部分に、褥瘡(じょくそう)ができることがあります。その場合には、クッション性のある敷物を使い、かつ定期的に姿勢を変えてあげることが必要になります。

　自分で身体を支えることができないので、抱きかかえる時にも全身を包み込むように抱きあげ、1点に力が集中しないように注意する必要があります。また床ヒーターなどを使用したときには、温覚がないために低温やけどにならないように気をつけましょう。

7. 神経系

さらに後駆に麻痺がある場合は、尿がしっかり出ているかを観察します。入院している場合は、手で膀胱を圧迫して排尿させるか、尿カテーテルを用いて閉鎖的に尿を回収するかによって看護のしかたは変わってきます。尿カテーテルを留置していないときは尿がもれることがあります。また便は自然に出てくることが多いので、尿や便で身体が汚れないような配慮も必要となるでしょう。

なんらかの神経症状があるためにうまく食べられなかったり、水が飲めないために、食欲があるにもかかわらず、摂食量や飲水量が少ない場合もありますので、きちんと食事・飲水がとれているかも確認しましょう。

このように神経系の疾患では他の疾患と比べて、飼い主家族への指導や支援を含めて、極めて細やかな配慮が必要となります。

看護アセスメント

①意識を保つ機能のアセスメント

意識障害は、重大な障害が起こった時の徴候です。どのような疾患でも重篤になると意識障害がみられるため、その有無や程度を観察することが重要です。

目を開けたり、よびかけに反応したり、刺激に対して正しく対応できるのであれば意識が保たれている状態であると判断できます。これらの行動ができるときは脳全体の機能がはたらいているといえるからです。しかし、なんらかの原因で神経細胞への酸素や栄養の供給不足が起こり脳が正常にはたらかなくなると、脳血管障害、頭蓋内圧の亢進、呼吸不全、肝機能障害、循環器障害などが起こります。

観察に際しては看護動物の意識の状態やレベルを評価します。人医療では意識の状態を判断する時に、「3−3−9方式（JCS：Japan coma scale）」「コーマ・スケール（GCS：Glasgow coma scale）」という指標を用います（**表1、表2**）。刺激を与えていくつかの反応が得られた場合には、もっともよい項目で評価をします。この指標をそのまま動物看護に応用することはできませんが、これらを参考に看護動物の微妙な変化も観察しましょう。

表1 「3-3-9方式（JCS：Japan coma scale）」

Ⅲ．刺激しても覚醒しない	
300	全く動かない
200	手足を少し動かしたり顔をしかめたりする
100	払いのける動作をする
Ⅱ．刺激すると覚醒する	
30	いたみ刺激でかろうじて開眼する
20	大きな声、または体を揺さぶることにより開眼する
10	よびかけで容易に開眼する
Ⅰ．覚醒している	
3	名前、生年月日がいえない
2	見当識障害あり
1	意識清明とはいえず、今ひとつはっきりしない

＊R：不穏状態　I：糞尿失禁　A：自発性喪失
＊評価例）Ⅱ-30　Ⅲ-100　10-RI

表2 「コーマ・スケール（GCS：Glasgow coma scale）」

観察項目	反応	スコア
開眼 Eye opening	自発的に開眼する	E4
	よびかけで開眼する	3
	いたみ刺激を与えると開眼する	2
	開眼しない	1
言語反応 Best verbal response	見当識の保たれた会話ができる	V5
	会話に混乱がある	4
	混乱した単語のみ	3
	理解不能の音声のみ	2
	なし	1
運動反応 Best motor response	命令に従う	M6
	合目的な運動をする	5
	逃避反応としての運動	4
	異常な屈曲反応	3
	伸展反応	2
	全く動かない	1
合計		15

＊T：気管内挿管・気管切開　A：失語症　E：目瞼浮腫
＊評価例）E：3　V：4　M：6　計13点、E：1　V：T　M：2　計3+T　など

7. 神経系

②バイタルサインのアセスメント

　バイタルサインではまず、呼吸数、リズム、パターン、深さなど呼吸の様子を観察します。意識障害があると呼吸の異常が現れます。呼吸運動をつかさどっているのは延髄ですから、なんらかの障害が延髄に生じていることになります。また、脈拍数、脈のリズム、大きさをみます。頭蓋内圧が亢進していると徐脈になり血圧は上昇します。なお、体温の調整をつかさどっている視床下部が損傷されると、高熱になります。その時の四肢は冷たく、頭部・顔面・体感は熱がある状態になります。

　瞳孔と眼球の位置は脳の状態をよく反映します。瞳孔の大きさが5mm以上になっている場合を散瞳、2mm以下を縮瞳といい、これらが一般的な環境でみられた場合には異常です。正常なときは、左右の瞳孔の大きさの差は0.5mm以内ですが、これ以上の差がみられる場合は「瞳孔不同」といいます。また、眼球にペンライトなどで光を当てた時に反射で瞳孔が収縮する「対光反射」を確認します。正常であれば瞳孔は収縮しますが、視神経・動眼神経の障害がある場合には反応しません。

　時間経過とともに意識障害の程度は変化していきます。徐々に悪化する場合もあれば急激に悪化する場合もあります。バイタルサインと意識レベルはこまめに観察し続けなければなりません。

③運動機能のアセスメント

　神経の損傷部位によってさまざまなところに麻痺が現れます。麻痺が出現している範囲や程度、筋肉の緊張を観察してみましょう。また、食事、排泄、歩行など生活行動が障害されているかどうか判断します。麻痺がない機能においても、どの程度の筋力があるのか、どのくらいの活動に耐えられるのかを詳細に観察し、看護介入すべき点をアセスメントします。

　特に気をつけなければならないことは、麻痺があるために長時間同じ体位を取るような場合です。このような状態のときは、関節の拘縮や変形、廃用性筋萎縮などの二次的な障害に注意が必要です。

　運動の機能障害による危険を予防し安全な環境を整備すること、障害された動作に対する生活行動を援助することの2つが看護の方向性になるでしょう。治療や症状の回復とともに、生活行動の拡大や自分でできる行動が増えるように援助していきましょう。

●代表的な疾患
7-1. てんかん

1）特徴

- 脳内の神経回路がショートしているために突然発作が起こる病気。普段は全く問題なく生活しているにもかかわらず、その発作は繰り返し起こる。繰り返し起こる発作の間隔は個体によって異なり、毎日起こる場合もあれば、1年に1度という場合もある。慢性の脳の病気であるため、この発作の頻度は増加する可能性もある。
- 犬でおおよそ100頭に1頭（0.55～2.3％）、猫では100頭に1頭以下（0.3～1.0％）で発生する。
- 大きく2つにわかれ、原因不明の特発性てんかん（50％以下）と症候性てんかんに分類できる。症候性てんかんには、脳になんらかの異常があるが、その病因は不明あるいは特定できない潜因性と、脳内疾患（水頭症、脳炎、脳腫瘍など）によるものがある。なお、多くが潜因性である。
- 脳内になんらかの異常がある症候性てんかんは1歳未満の仔犬（猫）と5歳以上の高齢犬（猫）に、特発性てんかんは1歳～5歳にみられる。
- 仔犬ではジステンパーなどのウイルス感染による脳炎や、水頭症などの脳の先天性奇形や門脈シャントなどによるものがある。高齢犬（猫）では脳腫瘍や他の疾患による低血糖や低カルシウムなどの代謝異常によるものなどがある。

○病態
- 脳の中には常に規則正しいリズムで微量の電気が流れているが、時々電気的ショートが起こる。正常な神経細胞は、この電気的ショートを起こしている神経回路に対してそのショートが広がらないように抑えているが、そのショートが広がる時にてんかん発作が起こる。電気的なショートが脳のどこの部分に生じたかによって、どのような発作を起こすかが異なる。
- 意識が残っている中で部分的なけいれんや震えが起こっている場合には、脳の1部分にショートが起こっていることが考えられ（部分発作）、この部分発作では脳の表面のショート回路周辺のみに電気的な興奮が起こったと考えられる。
- 全身性けいれんの場合は意識がなく、全身性に激しくけいれんがおこる。これを全般発作という。

○症状
- 意識があり身体のある一部に発作がおこる部分発作と、意識がなく全身が激しくけいれんする全般発作に分けられる。

2）検査・診断

- 発作の状況を詳しく聴取することで、発作のタイプを明らかにする。その後、人医療では脳波検査をおこなうことでてんかんと診断する。動物では脳波検査をおこなうこともあるが、一般的にはてんかんを診断するための検査というものはない。しかし、てんかん以外の病気を除外するため、てんかん発作と同じような症状を引き起こす、ほかの病気がないかどうかを調べる必要がある。
- てんかんでは発作以外の神経症状は認められないが、ほかの神経学的異常が認められるという場合は、てんかん以外のなんらかの進行性脳疾患をもっている可能性が高い。
- 神経や脳内疾患の検査としては、神経学的検査、脳脊髄検査、CTあるいはMRIといった画像検査がおこなわれる。

- 全般発作は3つに分類される。1つ目のパターンは強直間代発作とよばれ、突然気を失って倒れ、全身をのけぞるように突っ張り（強直性けいれん）、その後四肢を激しくけいれんする状態がしばらく続く（間代性けいれん）。2つ目は全身をのけぞらせたり、ぐーっと四肢を伸ばすだけのけいれん（強直発作）。3つ目はバタバタと四肢を動かすだけのけいれん（間代発作）。これらの全身性のけいれんの持続時間は2〜3分程度であるが、その後に動物が普段の状態に戻るまでに時間がかかる場合がある。数分で何事もなかったようになる場合もあるが、1時間以上ふらふらしていたり、1日以上ボーっとしたり、腰が抜けたようになり、そのままぐっすり寝てしまうなど、程度はさまざまである。このような状態を、発作後もうろう状態（後発作）とよぶことがある。この発作後もうろう状態は、電気的ショートを起こした神経細胞の疲弊によるものである。
- けいれんが10分以上続いたり、意識がはっきりしないまま発作が続いて起きたりする状態を、重積発作あるいはてんかん重積状態とよぶ。この状態はてんかん発作の中で一番危険な状態であり、生命に関わることもある。治療が遅れると、神経細胞の壊死などにより後遺症が残ることもあるため、直ちに救急処置が必要となる。

看護ポイント！

- 神経学検査では検査の目的と方法を理解しておく。
- 鎮静や麻酔が必要な検査では、麻酔導入時や覚醒時にてんかん発作を起こす可能性があるので、注意深く観察する必要がある。

3）治療

- 一般的には月に1回以上の発作があった場合、発症初期でも1日に何度も発作を起こした場合、てんかん重積状態になった場合、あるいは頻度が増えているような場合（半年に1回であったのが3ヵ月に1回、2ヵ月に1回になっているなど）に、治療が開始される。治療は投薬によっておこなわれ、一般的に一番少ない薬用量からはじめて、発作の頻度や強度への効果や副作用の有無を観察する。
- 開始して2〜3週間たったら、服薬している抗てんかん薬の血中濃度の測定をおこなう。血中濃度を測定することで、薬の効果、血液中濃度の安全性、薬剤耐性の有無をチェックし、血中濃度と発作の頻度を評価しながら、抗てんかん薬の用量を調整していく。使用する抗てんかん薬の種類にもよるが、投与後3ヵ月、6ヵ月、12ヵ月のときに血中濃度を測定する。その後も6〜12ヵ月間隔で血中濃度を測定し、調整する。原因がはっきりしている症候性てんかんの場合には、原因に適した治療が必要となる。抗てんかん薬の中には肝酵素が上昇するものもあるため、定期的に血中濃度とともに血液検査をおこなうとよい。
- もっともしてはいけないことは、飼い主家族の判断で抗てんかん薬を中止することである。抗てんかん薬で抑えられていた電気的ショートが一気に広がり、興奮が強く出て、それまで与えていた薬の用量を再び与えても、発作を抑えきれなくなることがある。

- てんかんを完全に治すことはできない。そのため、長期の投薬が必要になる。適切に薬を使うことができれば、抗てんかん薬による治療でおおよそ 70〜90％の発作を抑えることができるといわれている。

看護アセスメント	
4) 一般的な看護問題	5) 一般的な看護目標
・長期の確実な投薬をおこなう。 ・定期的な血液検査（血中濃度測定／血液検査）をおこなう。 ・抗てんかん薬の中には肝酵素を高めてしまうものがある。 ・けいれんのきっかけになる症状をつかむ。いつ、けいれんが起こりやすいのかを予測できるかどうか、観察する。 ・けいれん発作時の対応を伝える。 ・けいれん発作時や、今後の生活などに対する飼い主家族の不安への対応。	・飼い主家族が確実に看護動物に投薬できる。 ・けいれん発作時に看護動物が安全な環境にいる。 ・飼い主家族がけいれん発作に対してうまく対応できる。 ・血液検査のために、飼い主家族が動物を定期的に動物病院に連れてくることができる。
6) 看護介入	

①診察・治療を受ける際の援助
- 指示された投薬量を、指示された時間に確実に投与しているか。
- 定期的な血液検査のために、飼い主家族に来院の指示を確実におこなっているか。

②けいれん発作時の飼い主家族の不安を軽減する
- けいれんは苦しそうに見えるが、けいれん時は意識がないので苦しくない。
- 意識がないので、ゆすったり、口の中へ手をいれようとすると噛まれてしまう可能性がある。
- 近くに危険なものがないか、あるいは看護動物が落下するような危険な場所でないかを確認する
- 発作の状況を詳しく観察する
    1. 発作を起こした時は何をしていたか？
    2. 発作は体のどの部分からはじまったか？
    3. それからどのようになったか？
    4. 意識はどうであったか？　常に声をかけて動物の視線を観察する。
    5. はじまりからおわりまで何分くらいだったか？
    6. 発作の後はどうなったか？
    7. 完全に回復するのに何分くらい必要だったか？
    8. 発作を起こす前に普段と違う行動をとったか？
    9. それは発作のどれくらい前であったか？

③日常生活での飼い主家族の不安を軽減する
- 普段どおりの生活をしても問題ないが、ストレスが発作の引き金になることがある。発作を起こした時には何をした後だったかなど、てんかんについての日記を作成するように伝える。

> **看護ポイント！**
>
> 発作状況の観察は、動物のてんかん発作の型や発作の強さもわかるので、発作が起きた場合には、上述の項目についてあらかじめメモをとったり、発作の状況を記すノートを作るようにする。

7-2. 椎間板ヘルニア

1）特徴

- 「椎間板」とは、脊椎を構成する椎骨の腹側（下部分）にある椎体同士を結び付ける円板状の軟骨をいい、軟らかいゼリー状の「髄核」とその外側を取り囲む「線維輪」からなり、脊椎にかかる力を吸収するクッションの役割を果たしている。
- 脊椎の中には脊髄が通り、全身の末梢神経が感知した刺激情報を脳に伝え、また脳から各部の筋肉を動かす指令を末梢神経に伝えたり、寒熱やいたみを感じて手足を動かす「反射」情報を処理している。脊髄は、椎骨の中の椎体と椎間板との連結組織の背側（上）に位置している。そのため椎間板がさまざまな要因で硬くなったり、損傷したりして、内部にあるゼリー状の髄核が外に出てきたり（ハンセンⅠ型）、外側の線維輪が突き出る（ハンセンⅡ型）と脊髄を圧迫し、神経麻痺など、さまざまな症状を起こす。
- 犬で椎間板ヘルニアがもっとも起こりやすい場所は、胸椎と腰椎の移行部（背中）と頚椎（首）である。四足歩行の動物では、頭部や胴体の重みを地面と平行して伸びる脊椎が支えており、跳んだり、身体をねじったりする時に特定の部分に力がかかるためである。
- ダックスフント系の犬は、若い頃から椎間板ヘルニアになりやすいが、これは第一にダックスフントが軟骨異栄養犬種であるために（次項を参照）若いうちに椎間板が固く脆くなりやすいからである。さらに、胴長であるため脊椎への負荷が大きいことも原因である。またダックスフントは一般的に元気で、室内でもよく跳んだり、駆けたり、ほえたりしがちで、脊椎に無理な力がかかりやすいことが挙げられる。

2）検査・診断

- 治療の前に、脊髄を圧迫する椎間板ヘルニアの部位や状態を知るために、一般X線検査、造影レントゲン検査、CT検査、MRI検査などをおこなう。さらに麻痺の程度、症状を詳しく調べるために、神経学的検査などをおこなう。これらの検査にはそれぞれの特徴があり、適切な検査が選択される。

●一般X線検査
- おもに骨の構造を確認するために撮影する。
- 椎体の数、骨折の有無や脊椎の大きなずれ、そのほかの整形外科的な疾患の除外をおこなうことができる。
- X線検査のみで、ヘルニアの診断をすることはできない。

●造影X線検査
- 単純X線検査では描出されない脊髄自体を、肉眼的に見えるようにするために、脊髄の周囲に存在する脊髄液が貯留するクモ膜下腔に、造影剤（レントゲン上で白く映る液体）を注入し、撮影する。

○病態
- ダックスフント、シーズー、ウェルシュ・コーギー、ビーグル、コッカー・スパニエル、ペキニーズ、ラサ・アプソなどの軟骨異栄養性犬種では、2歳までに椎間板が変性を起こして脱水し、髄核のゼリー状の滑らかな構造が、硬い乾酪状の物質に変化する。このような変化が起こると椎間板の衝撃吸収能が損なわれ、同時に線維輪も弱くなる。このような状態の椎間板に負荷が加わることで、破れた線維輪から髄核が飛び出し、脊髄を圧迫する。これがハンセンⅠ型のヘルニアであり、多くは3～6歳までの間に急性に発症する。
- ヨークシャー・テリア、マルチーズ、パピヨン、プードル、ミニチュア・ピンシャー、ミニチュア・シュナウザー、ゴールデン・レトリーバー、ラブラドール・レトリーバー、シベリアン・ハスキー、フラットコーテッド・レトリーバーなどの犬種でよくみられるものでは、椎間板が加齢にともなって変性を起こし、過形成を起こした線維輪が脊髄を圧迫する。これがハンセンⅡ型のヘルニアである。このタイプの椎間板ヘルニアは、そのほとんどが成犬から高齢犬で、慢性的に経過し悪化する。

○症状
- 椎間板ヘルニアによって脊髄が圧迫されると、さまざまな脊髄障害が生じるが、症状の発症の仕方には一定の順序がある。重症度により腰椎部のヘルニアは5段階に、頸部のヘルニアは3段階に分類される。傷害の程度により選択する治療法が異なってくる。

①腰椎部のヘルニア
〈1度〉
脊椎痛（背部にいたみがある）。ごく軽度の脊髄圧迫があり、脊髄の機能障害はないが脊椎のいたみが生じている状態。一般的には背中を丸める姿勢をとることが多く、運動したがらなくなる。散歩に行きたがらなかったり、走らなかったり、抱く時や背中を触った時にいたがって「キャン」と鳴く。身体検査の時に脊柱を押して検査することでいたみを確認できることが多い。

〈2度〉
不全麻痺。後肢の力が弱くなり、ふらつきながらよろよろと歩く。足先を引きずるように歩くために、趾先の爪が擦り減っていることが多い。足先を裏返しにした状態で立っていることがある。

〈3度〉
完全麻痺、随意運動不能。後肢の動きは全くなく、普通に立てなくなり、後肢を引きずって歩くようになる。

脊髄が圧迫されている部位を確認することができる。

● CT検査
- 脊髄の形態を評価するために、CT検査もしくはMRI検査をおこなう。
- CT検査はX線検査と同様にX線を利用した画像診断方法だが、体の周囲を360°撮影することで脊髄の3次元的な画像化が可能になる。

● MRI検査
- MRI検査は磁気を利用した画像診断装置である。MRIでは脊髄の形態の評価および、脊髄の変化の詳細な評価が可能になる。
- 椎間板ヘルニアだけではなく、同じような症状がみられる脊髄腫瘍、脊髄炎、脊髄梗塞、脊髄軟化症などの評価をおこなうことができる。

7. 神経系　疾患看護

〈4度〉
排尿不能。自力で排尿ができなくなり、膀胱に尿が貯まった状態が続く。体が動いたり、吠えたりした時に少しずつ尿がもれ出ることがあるが、気づくことがない。
〈5度〉
深部痛覚の消失。後肢のすべての感覚がなくなり、鉗子などで後肢の趾先などを強く挟んでもなにも感じない。

②**頚部ヘルニア**
〈1度〉
激しい頚部痛のために首をすくめて、動くのを嫌がるようになる。このいたみは腰椎の椎間板ヘルニアに比べてとても強く、悲鳴をあげていたがることも少なくない。
〈2度〉
後肢の障害だけでなく、前肢にも障害が起こり、フラフラと歩行し、転倒する。起き上がることも困難になる。
〈3度〉
四肢の機能が失われる。重度になると呼吸の機能も妨げられ急死することがある。

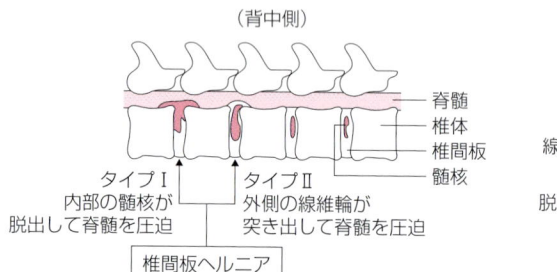

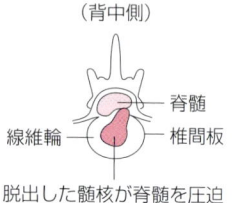

図2　椎間板ヘルニアのタイプ分類

> **看護ポイント！**
> ・神経学的検査では検査の目的と方法を理解しておく。
> ・いたみがある場合には、保定や抱き方に注意が必要となる。いたみのある部位をできるだけ圧迫しないように心がける。また麻痺や不全麻痺がある場合、動物は自分の体の一部の意識がないために、落下や器具や機材にひっかかることによる怪我、やけどなどの事故などを起こしやすいので、細心の注意をはかる必要がある。

3）治療

治療は、症状のグレードにより異なる。

〈内科療法〉
- ヘルニアの状態や神経麻痺の程度、症状が軽い初期の段階なら、いたみや炎症を抑える薬剤を投与する内科療法をおこなう場合もある。患部にいたみがあると、周辺の筋肉が緊張したままであるため、ヘルニアを起こした椎間板への負荷が大きくなる。また炎症があると、患部が腫れて脊髄への圧迫も増す。いたみや炎症を抑えるだけで、症状が緩和することも少なくない。激しい動作をひかえるために、ケージの中で安静にさせるのも有効である。通常、この治療には 2～4 週間の絶対安静が必要であり、飼育環境や性格により絶対安静が不可能な看護動物では不向きである。適切な絶対安静ができない場合、椎間板ヘルニアが悪化して症状が進行する危険性もある。内科療法では、椎間板ヘルニアによる脊髄の圧迫は減圧されず、そのまま持続するため、脊髄機能の回復は外科療法に比べて時間がかかり、不完全であるため、症状が一時的に改善しても、後に椎間板ヘルニアが再発することもある。

〈外科療法〉
- グレード 2 以上、つまり足先がひっくり返ったまま戻らなかったり（ナックリング）、"腰が抜けた"状態で立つこともできないような場合は、脊髄造影 X 線検査や CT あるいは MRI 検査で患部の部位と状態を正確に見きわめ、外科手術によってすぐに脊髄を圧迫している髄核を取り除く必要がある。一般的に、グレード 3 では 95％前後の回復率であるが、グレード 4 では 60％前後と著しく回復率が低下する。深部痛覚が失われるグレード 5 になると 1～2 日で脊髄が壊死してしまい、48 時間が経過すると治癒の可能性は数％以下に低下してしまう。できるだけ早期の治療が必要となる。最近、このような動物に対して自身の骨髄細胞を増殖して患部に注入する「再生医療」技術が進展し、試験的な治療がはじめられている。
- 椎間板ヘルニアの治療では、手術での成功は治療過程の 6 合目程度でしかなく、神経麻痺が回復するかどうかは、術後のリハビリ治療の良否にかかっている。その中で効果的といわれているのは、麻痺した患部に刺激を与えるマッサージやジェットバス療法、鍼療法、機能回復を図る水泳や屈伸運動、タオルで身体を支えたり車椅子を使っての歩行療法などである。リハビリ療法でなによりも大切なのは、獣医師とリハビリを支える動物看護師、そして飼い主家族と犬自身の意欲である。

看護アセスメント

4）一般的な看護問題	5）一般的な看護目標
・迅速な診断と治療が必要。症状が進行するにしたがって治癒率は低くなる。 ・リハビリも含めると治療は長期間にわたる。 ・不全麻痺や麻痺がある場合、麻痺した部位のケア（褥瘡が起こりやすいなど）が必要である。 ・内科療法（ケージレスト）の場合は、確実なケージレストをおこなう。 ・犬と飼い主家族のリハビリに対する理解。	・麻痺がある看護動物が安全な環境にいる。 ・飼い主家族が確実にケージレストができる（内科的治療の場合）。 ・術後、スムーズにリハビリにうつることができる。 ・飼い主家族がリハビリに対しての動機を持続できる。 ・麻痺が残る場合は、日常の生活の援助を飼い主家族ができる。

・再発の防止。 ・今後の生活などに対する飼い主家族の不安。	・飼い主家族が今後の体重管理や生活の管理ができる。 ・再発や進行を抑えることができる（内科療法の場合）。

6）看護介入

①診察・治療を受ける援助。
②確実なケージレスト（内科療法）。
③感染予防（術後）とリハビリへのスムーズな移行。
④リハビリを継続する飼い主家族の動機づけの持続。
⑤再発防止のための体重／生活／運動管理。
⑥麻痺が残る犬との生活の工夫（日常生活での飼い主家族の不安への対応）。

7-3. 特発性前庭疾患

1）特徴

- 前庭は耳の中でも一番奥の内耳にあり、「卵形嚢」と「球形嚢」と「半規管」という、複雑な構造からできている。卵形嚢と球形嚢には炭酸カルシウムでできた耳石が存在し、水平方向や重力の方向を感知する。また、半規管はリンパ液で満たされた3つの管が互いにほぼ直角に交わったもので、「三半規管」ともいわれる。頭を動かすと、この管の中のリンパ液も動き、このリンパ液の動きに反応して神経伝達がおこなわれ、頭がどの方向に動いているのかを脳に伝える。これによって、体のバランスを保つ動作をとることができるのである。よって前庭は、姿勢や体のバランスを保つ平衡感覚を維持するはたらきをする器官である。また、眼の運動や筋肉の協調を維持するはたらきもしている。
- 特発性前庭疾患は、前庭の病気の中では内耳感染に続いて2番目に多い急性の前庭異常であり、多くの場合、突然、しかも中年～高齢の時期に起こる病気で、犬種に関係なく起こる。また、「特発性」というのは「原因不明」という意味である。症状は、発症してから24時間以内にピークになることが多く、軽度なものから重度なものまでさまざまで平衡感覚や体のバランスを保つことができなくなるほか、さまざまな脳神経異常を起こす。
- 犬では中年～高齢に多い（平均12.5歳）ため、老年性前庭症候群ともよばれている。一方、猫は年齢にかかわりなく罹患する。

2）検査・診断

- 特発性前庭疾患は原因不明で起こる病気であるため、確定診断はない。よってほかの病気を除外することでこの病気であると診断する。具体的には以下のようないくつかの検査からほかの病気を除外し、この病気と同じ症状とその経過が認められれば、特発性前庭疾患と診断される。

①神経学的検査などから前庭徴候以外の神経症状が認められない。
②耳鏡検査やレントゲン検査により急性内耳炎／外耳炎を除外される。
③血液検査や尿検査などから、他の疾患や炎症を思わせる所見が認められない。
④病歴などから、頭部の外傷や中毒の可能性を除外される。

○病態
・特発性前庭疾患とは、多くの場合その原因は不明であるものの、なんらかの原因で前庭の機能に異常が現れることであり、病気のはじまりはほとんどのケースで（少なくとも飼い主家族からみて）突然起こる。原因不明で起こる病気のため、詳しい病態は不明で、かつ確定診断はない。したがってほかの病気を除外することで、この病気であると診断される。

○症状
・ほとんどのケースで突然、頚や体が左右どちらかの一方向に傾き、ねじれる「捻転斜頚」がみられる。単に頚がねじれるだけでなく、体のバランスをうまく保つことができなくなるため、まっすぐ歩けずにめまいやよろめきが起こる。重症の場合は立っていることができずに倒れこむ。同じ場所を同一方向にぐるぐる回り、食事や水をうまく摂取できなくなったり、嘔吐や流涎などが起こることもある。猫では嘔吐はあまりみられない。眼をみると、こきざみに一定のリズムで左右に動く水平眼振があり、これを眼球震盪、略して眼振とよぶ。
・これらの症状は24〜48時間かけて進行するが、眼振は数日でみられなくなり、よろめきなどの運動失調は数週間続くが、その後、徐々に回復に向かうことがほとんどである。ただし、回復後も後遺症として生涯にわたり、わずかな斜頚が続いたり、再発したりすることもある。

・しかし、脳神経の病気はCTやMRIのような大がかりな検査が必要になるため、実際には検査結果を待つまでの間に暫定診断で治療をはじめなければならないことが多い。
・また、「中枢性前庭疾患」では、前述の諸症状に加えて、顔面麻痺や手足の運動異常などの脳神経症状が現れることがあり、「末梢性前庭疾患」の場合は眼球の運動を調節する神経が障害されるために、通常、患っている側の眼球が縮瞳して奥の方に引っ込み、瞬膜が出てくる症状（ホルネル症候群）が現れることもある。また、眼振の動き方で「水平眼振」の場合は末梢性、「垂直眼振」や「振り子眼振」の場合は中枢性と考えられる。

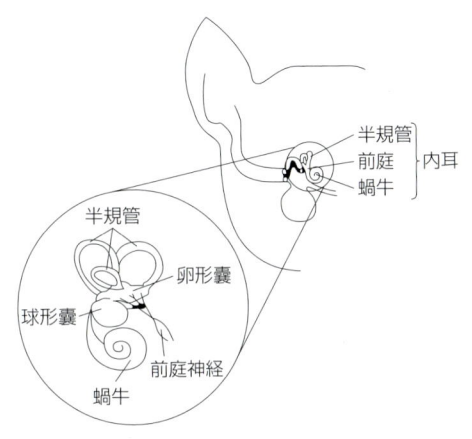

図3　前庭のしくみ

7. 神経系　疾患看護

前庭疾患の分類

分類	
末梢性前庭疾患	細菌などの感染による外耳・中耳の炎症、腫瘍／外傷／中毒の影響による内耳の炎症、先天性などによって発症。
中枢性前庭疾患	中枢神経（脳・脳幹部）の病気。脳の病気として脳炎（ジステンパー、トキソプラズマなど）、奇形（水頭症など）、腫瘍、中毒、外傷、血管病変（梗塞）などにともない発症。
特発性前庭疾患	さまざまな品種、年齢で発症するが、高齢犬で多い。特に原因が特定できないもの。

> **看護ポイント！**
>
> - 症状は突然起こり、またその様子が激しいために飼い主家族の不安が強い。
> - 犬では高齢で発症することがほとんどであるため、麻酔を使用する検査の場合は基礎疾患などに十分な注意を要する。
> - 突然の発症、特に身体が自由にならないことは犬自身を不安にするため、扱いに注意が必要である。
> - 「捻転斜頸」がみられ、身体がまっすぐにならないため、保定に工夫が必要である。

3）治療

- 原因不明であるため、一般的に原因療法はなく、対症療法をおこなう。食欲がなくなってしまった場合には補液、嘔吐があれば制吐剤、炎症が完全に除外できない場合には抗生物質やステロイドなどの投与をおこなう。程度にもよるが、前庭疾患による運動失調や平衡感覚の喪失による転倒、落下などによる骨折や外傷などの二次的な事故を防いだり、嘔吐による虚脱や体力低下を防いだりするために入院預かりをおこない、静脈点滴、ビタミン注射をおこなうこともある。
- 特発性前庭疾患は時間とともに穏やかに改善していくことがほとんどであるが、症状が徐々に重くなっていく場合は、脳に異常がある可能性があるため、改善は難しくなる。関連は明らかではないが、高齢の時期に多く発生することから、特発性前庭疾患から続いて認知症に移行し寝たきりの状態になるケースもある。治療には時間がかかるため、回復するまでの間は飼い主家族の自宅での看護が必要不可欠となる。よろめきが起こり転倒してしまう場合は、倒れた時に外傷を負わないようにクッションや座布団などのやわらかいもので家具をカバーしたり、イスやテーブルなどをできる限り置かないようにしたりして、広い場所を設けるなどの工夫が必要である。特発性前庭疾患に対しては、病院での治療よりも、毎日一緒に暮らす飼い主家族による看護が重要なポイントになる。

看護アセスメント	
4）一般的な看護問題	**5）一般的な看護目標**
・動物自身が姿勢を維持することができないため、転倒やぶつかりなどによる二次的な事故が起こりやすい。 ・一方に傾いたり、一方向に回ったりするので、点滴や食事などの処置についての配慮が必要である。 ・症状の経過が重要で、悪化する場合にはほかの疾患が考えられる。 ・寝たきりになる場合は、褥瘡の予防やケアについての配慮が必要である。 ・回復に長期間かかり、自宅での介護が必要になる。 ・飼い主家族にとって長期間にわたる看護や介護に対する動機づけが必要である。 ・今後の生活などに対する飼い主家族の不安がある。	・転倒しやすい看護動物に対して、安全な環境が提供されている。 ・症状の進行がない。 ・長くかかる治癒過程に対する飼い主家族の動機づけができている。 ・斜頸などが残る場合は、飼い主家族が斜頸がある犬との生活に工夫ができる。 ・飼い主家族が食事の与え方（誤嚥の予防）など生活の管理ができる。
6）看護介入	

①診察・治療を受ける援助。
②姿勢を維持できない動物の治療の援助と世話（飲水、食事、排泄）。
③激しく突発的な発症に対する飼い主家族の不安を軽減する。
④長期にわたる治癒過程での飼い主家族の介護への援助。
⑤麻痺が残る日常生活での飼い主家族の不安を軽減する。

★看護解説 —神経編—

❶関節訓練（拘縮予防）
　運動麻痺がある場合は、なにもしないでいると関節が硬くなり拘縮が起きてしまうため、できるだけ早く関節訓練を開始する必要があります。獣医師の治療方針のもと、動物看護師が介入できる看護計画を立案し、きちんとした計画をもとに実施しなければなりません。関節訓練は、治療を目的とする理学療法とは異なります。あくまでも正常な関節を拘縮しないように援助する目的でおこないます。したがって、拘縮しやすい肩関節、肘関節、手関節、指関節、股関節、膝関節、足関節などを関節可動域内でやさしく動かしていきます。

❷廃用性症候群
　なんらかの原因で運動ができない状況になると、体に障害が出てきます。これを廃用性症候群といいます。症状には次のようなものが含まれます。①筋力の低下・萎縮が起こり、運動障害を引き起こす②関節が拘縮し、運動障害を引き起こす③換気量が減少し、無気肺、沈下性肺炎を起こす④誤嚥による嚥下性肺炎を起こす⑤重力に対する血圧調整機能が低下するため、起きあがった時に低血圧になる⑥末梢循環が不全になり、浮腫や静脈血栓を起こす⑦腹圧をかけにくくなり、排尿・排便困難を起こす⑧尿路感染を起こす⑨褥瘡ができる⑩覚せいを促す刺激量が少なくなり意識レベルが低下する、などです。
　動物看護師は運動機能障害からくるこれらの症候群に対する十分な知識をもち、注意深く観察をすることで、看護動物の苦痛を緩和するとともに入院生活や家庭での療養生活が安全・安楽に過ごせるように援助する責任があるのです。

❸褥瘡
　重点的な褥瘡ケアが必要な看護動物は、①ショック状態のもの②重度の末梢循環不全のもの③麻薬など鎮痛・鎮静剤の持続的な使用が必要であるもの④6時間以上の全身麻酔の手術を受けたもの⑤特殊体位による手術を受けたもの⑥強度の下痢が続く状態であるもの⑦極度の皮膚脆弱のあるもの⑧褥瘡に関する危険因子（骨突出、皮膚浸潤、浮腫など）があってすでに褥瘡を有するもの、と定められています。
　まずは褥瘡ができるメカニズムを理解しましょう。人医療では、褥瘡について次のような定義がされています。「身体に加わった外力は骨と皮膚表面の間の軟部組織の血流を低下、あるいは停止させる。この状況が一定時間持続され

ると組織は不可逆的な阻血性障害に陥り褥瘡となる」。これは、1986年にアメリカのブレーデン博士らによって示された褥瘡発生の概念です。博士らは同時に、褥瘡の程度を評価するブレーデン・スケールという指標を考案し、これは今でも広く用いられています。

　褥瘡の発生の直接的な原因は、可動性の減少、活動性低下、知覚・認知障害により圧迫が起こることですが、そこに浸潤・摩擦・ずれなどの外的因子や栄養の低下、加齢などによる組織の耐久性の問題など、さまざまな要因が加わって発生します。したがって、看護動物が自分自身で動けるのか、動かしてよい病状なのか、どのくらい圧迫が加わっているのかによって、発生する部位や程度が大きく変わってきます。

　体位の違いによる褥瘡の好発部位を予測しておくことも大切です。実は褥瘡は寝たきりの看護動物だけの問題ではありません。たとえ起き上がっていても同じ姿勢を取り続けている場合には起こるのです。ですから仰臥位での好発部位、側臥位での好発部位、座位での好発部位など、それぞれの体位で発生しやすい部位を知っておくことが大切です。看護動物の場合は、仰臥位で寝ていることは、あまり考えられませんので、側臥位での好発部位を把握しておくとよいでしょう。

　腸骨部位などは大きな骨があり、体重による大きな圧力がかかる部位です。まずは普段の体勢における体圧を調べてみましょう。自分の指や手の平を看護動物の体の下へそっと入れてみてください。手が体重で押しつぶされる感じがわかります。その押しつぶされた感じが、組織が受ける圧力です。極度にやせている大型犬ほど1点にかかる体重が重たいため、かかる圧力も大きくなることがわかります。

　褥瘡予防の看護としては、体位変換や体圧の管理（体圧分散寝具の選択と使用、体圧分散寝具の評価）、ずれの予防、予防的なスキンケア、褥瘡の評価、創傷がある場合のケア、などが挙げられます。ここではずれと摩擦について説明します。

　圧は、面に垂直にかかるのですが、ずれや摩擦は、面と平行に起こります。ずれというのは、内部組織の変形です。摩擦というのは、表面のすれを指します。注意したいのは、体位変換などをおこなって看護動物を動かすことにより圧をとることができても、ずれや摩擦は発生する可能性があることです。

　ずれを理解するには、一度自分で体感してみることが一番です。ベッドに寝てみて、徐々にベッドをギャッジアップ（ベッドのリクライニング角度を上げていくこと）してみてください。思った以上にずれが生じることがわかるでしょう。ずれは内部組織に影響することですから、体位を変えた後、体表面を軽くなでるようにしてください。人医療の看護では「背抜き」という言葉で表

現される手法です。背中だけではなく下肢においても、体位を変えた後に軽く触るだけでずれがなくなり、血行がよくなります。時間を置いて体位変換をするときには、タオルを用いて無造作にするのではなく、部位の観察をしながら自分の手で触ることこそ看護の基本です。

体圧の管理をするときは、部分的な除圧ではなく全身的な体圧を分散する寝具をお勧めします。ウレタンフォームの反発力の少ないものの方が圧分散効果がありますし、自力で動く場合も支持力や安定性があるので妨げにもなりません。座布団サイズからマットレスサイズまで販売されていますので、看護動物の大きさに合わせて病院で準備するか、退院後も使用する場合は飼い主家族に購入してもらうとよいでしょう。

マットを使用するときには、余分なものは敷かないようにします。タオルを入れる場合もシワができないようにしましょう。また、被毛にもつれや毛玉がある場合は十分に解いておくことが大切です。特に、動物種に合わせたブラッシングは血行を良くしますので、毎日おこなう必要があります。また、皮膚を正常な状態に保つために予防的なスキンケアが必要です。皮膚を清潔に保つ、乾燥から守る、刺激物から守る、物理的刺激から皮膚を守るということを念頭に置いてケアをします。特に、ドライスキンになると、角質水分量が減少し、ひび割れの隙間から刺激物が進入しやすくなり、そう痒、湿疹、皮膚のトラブルが起こりやすくなります。創傷がある場合、洗浄により褥瘡周辺の皮膚が乾燥しやすくなります。また、排泄物で皮膚が汚染される場合も、保護・保湿剤などを用いて皮膚や被毛の手入れを忘れずにしましょう。

褥瘡看護の基本は予防であり、なによりも「褥瘡をつくらない」ことが大切です。そのためには、圧迫の除去やスキンケア、創部のケア、栄養状態の改善、感染予防が重要です。褥瘡についての十分な知識をもち、看護動物の全身状態に注意しながら、皮膚や創部の状態を観察してアセスメントします。適切な看護ケアによって褥瘡の発生・悪化を防ぎ、早期治療の促進を目指しましょう。

第8章 感覚器系

感覚器系とは

　外部からのさまざまな刺激や環境の変化を受けとめる器官を感覚器系といいます。外部からのさまざまな情報が大脳に伝達されて認識されるしくみになっており、その刺激や環境の変化に対応することができます。感覚器には嗅覚（鼻）、視覚（目）、聴覚・平衡感覚（耳）、味覚（舌）、知覚（皮膚）などがあります。ここでは、視覚器・聴覚器である耳と目について考えてみましょう。

耳のしくみ

　耳は、外耳、中耳、内耳の3つの部分から構成されています。立ち耳や垂れ耳など、犬にはさまざまな耳の形がありますが、この部分は外耳の一部であり、耳介といいます。耳介は耳介軟骨という平たい軟骨を皮膚が挟み込む構造をしており、その薄く平らな組織の中に毛包や血管などがあります。また、耳の入り口から鼓膜までの通路である耳道も外耳を構成する部位で、外耳道とよばれています。外耳道の役割は音波を鼓膜に伝えることであり、垂直耳道と水平耳道からなっています。犬の外耳道の長さと直径は犬種によってかなり違いがあり、生えている毛の量も犬種によってさまざまです。猫の場合は耳道の入り口の毛はほとんど認められないか、少ししか生えていません。この違いが犬に外耳炎が多いことの原因となっています。

　耳道の突きあたりには鼓膜があり、鼓室と耳道を隔てています。鼓室は耳管とよばれる細い管で咽頭とつながっており、鼓膜、鼓室、耳管を合わせて中耳とよびます。

　内耳はもっとも奥に位置しており、頭骨内にあります。内耳には、音を感じるための蝸牛、前後や上下方向への加速度センサーである耳石器、頭の回転する方向を知るための加速度センサーである半規管があります。また蝸牛、耳石器、半規管からの情報を脳に伝えるための聴神経もここにあります。

8. 感覚器系（耳）

観察ポイント

○**耳介**

次のような疾患が考えられます。
- 耳血腫　　　　　　：耳介にのみ現れる皮膚疾患
- 疥癬、皮膚糸状菌　：最初に耳介に病変が生じ、その後拡大する場合がある
- 犬アトピー性皮膚炎：耳介に湿疹が生じて外耳道に明らかな症状がない場合もある

そのほか、内分泌性疾患やアレルギー性皮膚炎、落葉状天疱瘡といった全身に症状をあらわす疾患で、その一部の病変部として耳介に症状がみられる場合もあります。

検査

〈耳介の検査〉

耳介の検査は皮膚の検査と特に違いがないため、検査方法の詳細に関しては外皮系の項を参照してください。

○**皮膚掻きとり検査（皮膚掻爬検査）**

耳介辺縁にそう痒をともなう皮膚炎があるときは疥癬の可能性を必ず考慮します。疥癬を疑う際には、毛細血管から出血をともなう程度の深部の掻爬（深部掻爬検査）をおこなって検査材料を採取し、虫体が検出できるかどうかをみます。

○**被毛検査**

皮膚糸状菌の検出、毛包虫の簡易的な検出のためにおこないます。耳介は実にさまざまな原因によって脱毛症が生じるので、掻くことによる機械的脱毛か、毛周期が休止期になっているため脱毛しているか（休止期脱毛）を合わせて評価する事を目的として検査します。

○**直接塗沫検査（押捺塗沫検査）**

耳介表面に丘疹などの皮疹、腫瘤、潰瘍を認める場合におこないます。自己免疫性疾患のうち発生頻度が高い落葉状天疱瘡では、膿疱を注射針で破ったり、痂皮を剥がしたりしてから病変部へスライドグラスを押し付けることで標

本を採取します。落葉状天疱瘡では"棘融解細胞"や"未変性の好中球"などの所見が得られます。また、異型細胞を認めるなら腫瘍性疾患、感染症であれば微生物と変性した好中球などの検出、猫の好酸球性肉芽腫症候群では好酸球の浸潤像がみられます。これは鑑別診断に重要な検査です。

○テープストリッピング検査

耳介はマラセチア感染症にともなう続発性油性脂漏症に罹っていることがしばしばあります。検査のおもな目的は、細菌感染由来の膿皮症か、マラセチア皮膚炎かを調べることです。

○ウッド灯検査

波長 365 nm の紫外線を用いておこなう検査です。犬と猫の真菌感染症の場合、*Microsporum canis* という皮膚糸状菌の一種がこの検査で検出できます。皮膚糸状菌症は猫の耳介に生じるもっとも一般的な疾患の1つですが、犬では頻繁に認めるほどではありません。

○培養検査

細菌培養と真菌培養検査の両方でおこなわれます。

○穿刺吸引細胞診（FNA）

腫瘤を認めた場合、注射針を用いた吸引細胞診を実施します。そのほかの腫瘤の検査方法として、腫瘍組織が壊死したり潰瘍を呈している場合は、スライドを押しつけたり、掻爬・剥離して押捺塗沫標本を作成します。耳介によくみられる肥満細胞腫や組織球腫といった独立円形細胞の腫瘍には診断価値が非常に高い検査です。

○皮膚生検

明らかに隆起した結節や腫瘤を採材する場合は、耳介の変形や生検後の耳介の欠損は起きません。しかし、特発性疾患、特に耳介辺縁に生じる疾患では病変部を採取する際に耳介を貫通して生検材料を得るため、耳介の欠損や変形を免れないことについて飼い主家族から同意を得る必要があります。

○血液検査

総血球計算、生化学検査、電解質検査、血中ホルモン検査が対象になります。耳介の脱毛は甲状腺機能低下症や副腎皮質機能低下症といった内分泌疾患が原因で生じることがよくみられます。そのため、それぞれの内分泌疾患に特

8. 感覚器系（耳）

徴的な変化が生じる血液検査の項目と血中ホルモン検査が必要です。

〈耳道の検査〉
外耳道の解剖

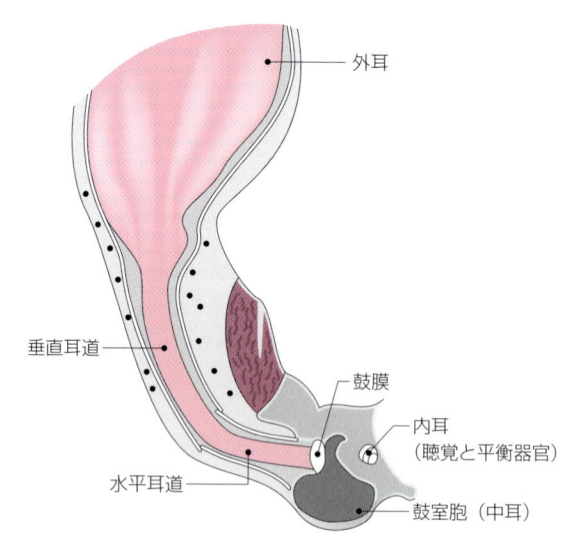

図1　耳の構造

　耳道を検査する際は、耳に関する一般的な解剖学を理解することが必要です。外耳道は垂直耳道と水平耳道からなっています。垂直耳道と水平耳道は軟骨成分で形状が支えられていて、耳介から外耳道の途中までは耳介軟骨で構成されています。耳介軟骨は水平耳道で途切れ、輪状軟骨に移行します。さらに、頭蓋骨の一部である骨性耳道へと移行して外耳道の末端である鼓膜へとつながっています。犬の外耳道は約75度の角度で垂直耳道から水平耳道へ屈曲していますが、外耳道を支えている軟骨がつながっているため、耳翼を優しく引き上げることで耳道をまっすぐにすることができます。こうすると耳鏡で外耳道を観察しやすくなります。

　また、犬の耳道の長さは、耳の入り口（耳珠）から鼓膜まで平均5.8cm（3.0〜7.6cm）です。成人の耳道が約3.5cmであることと比較すると、犬の耳道が非常に長いことがわかります。また、水平耳道の長さは約2.0cmで、耳道の直径は垂直耳道から水平耳道へと接続する基部で直径0.5〜1.0cmです。なお、耳道入り口の直径は品種によりさまざまです。

観察時の保定

　看護動物を立位の状態にしておきます。耳道を圧迫すると観察の障害になるため、吻部（マズル）や下顎などを利用して頭部を保定します。特に大型犬では、側臥させることが可能であれば、外耳道の入り口を天井に向けて頭部を保定すると観察および洗浄がしやすくなります。神経質で咬みつくなどの可能性がある場合は、ネッカー（エリザベスカラー）や口輪を利用しましょう。
　ネッカーは看護動物に装着することが容易ですが、検査や処置をするときは、緩めにネッカーを固定して観察する側のネッカーから外へ耳を出す必要があります。これは頭部の保定が難しいうえ、ネッカーが外れる危険があります。
　一方、口輪は装着が難しいという欠点があります。看護動物および動物看護師自身の技量に合わせた方法を採用しましょう。また、重度の外耳炎の場合や中耳炎に発展している場合は、いたみがあるために頭部の保定を非常に嫌がります。その際は、化学的な保定（鎮静処置や全身麻酔）が選択されます。

耳鏡の使用

　耳鏡に装着するスペキュラコーンを選択するときは、挿入可能なサイズのうち、できるだけ大きな口径を使用することが一般的です。また、看護動物ごとに新しいスペキュラコーンを付け替えます。左右の耳道を観察する際にもスペキュラコーンを替えるようにします。

耳鏡による耳道の観察

　つぎに挙げる項目を観察します。
・耳道が開存しているか狭窄しているか
・外耳道の色調の変化
・外耳道の増殖性変化
・外耳道壁の潰瘍病変
・滲出物の観察
・腫瘍の有無
・過剰な被毛や皮脂の蓄積
　被毛や過剰な耳垢あるいは浸出物により観察できない場合は、被毛を除去し、外耳道を洗浄してから観察します。ただし、洗浄する前に滲出物や分泌物を塗沫標本および培養検査用にあらかじめ採取しておくことを忘れないようにします。

8. 感覚器系（耳）

〈耳垢の検査〉
- 細胞診の材料は耳の洗浄の前に採取します。
- 採取部位は両側の外耳道で、個別におこないます。外耳道の水平耳道から採取するのが理想的です。

○耳垢の培養検査
可能な限り滅菌的に準備するか、直前にアルコール消毒をおこないます。

【準備するもの】
輸送培地、清潔なスペキュラコーン

【方法】
細菌培養の場合は、おもに外部検査機関に依頼するのが一般的でしょう。その場合、検査機関に送るための培地である輸送培地を使用します。輸送培地のキットに付属している滅菌綿棒で、外耳道にある耳垢や滲出物、膿瘍といった内容物を採取します。水平耳道からサンプルを採取する場合は清潔なスペキュラコーンに輸送培地付属の滅菌綿棒を差し入れて採材します。または、別に準備した滅菌綿棒で同様に採取した耳垢を、注意深く輸送用培地の綿棒に移します。サンプルが付着した綿棒を培地に差し入れて提出します。

○細胞診
【準備するもの】
綿棒（先端の綿花の量と軸の径の違いで複数の種類を揃えるのが良い）、スライドグラス、鉱油（流動パラフィンなど）、染色キット（簡易染色セット、ライトギムザ染色、グラム染色）、封入剤（マリノール、キシレンなど）、カバーグラス

【方法】
無染色標本の作製：ミミヒゼンダニを疑う場合は、標本が分厚くならないように採取した耳垢を鉱油に混ぜて分散させます。さらに、スライドグラスをかけて顕微鏡にて観察をおこないます。

染色標本の作製：微生物による感染が原因であると疑われる場合は、外耳道に丁寧に綿棒を差し入れて採材するか、耳鏡のスペキュラコーンに綿棒を挿入させて水平耳道の耳垢を直接採取します。綿棒に付着した検体を、スライドグラスに転がしながら塗りつけます。検体が載っているスライドグラスを、必要であれば熱で乾燥・固定させてから、定法に従って染色をおこないます。あとで再度観察したり、外部の検査機関に提出する際は、定法に従って封入剤を用いてカバーガラスを被せて標本を保存しましょう。

○ビデオオトスコープによる検査

　全身麻酔をかけて耳道の深部まで観察と検査をおこないます。耳道内に迷入した異物や昆虫などを容易に排除できるメリットがあります。一番の特徴は、外耳道を完全に洗浄できることです。診断が難しい中耳炎の評価や鼓膜切開、耳道内腫瘍の生検や小手術も可能となります。

　ただし、外耳炎から中耳炎・内耳炎に病変が発展していたり、耳道の炎症が周囲に存在する顔面神経に影響を及ぼしている際は、処置後にホルネル症候群や顔面神経麻痺などの神経症状が生じる可能性があるため、飼い主家族によく説明してからおこなうことが重要です。

【術前の検査】

　全身麻酔をおこなう際は、心肺機能の評価、総血球計算、生化学検査などがおこなわれます。

【準備するもの】

　オトスコープ、オトスコープ専用の付属品（把持鉗子、生検鉗子、キュレット）、サクション、栄養カテーテル（各Frを準備しておきます）、トムキャットカテーテル、シリンジ（5 cc、10 ccなど）、生理食塩水、耳垢溶解剤、耳垢の塗沫検査および細菌培養検査の準備（前述）。必要に応じて、耳道の乾燥剤や治療用の点耳薬。

【方法（1例）】

　全身麻酔をおこないます。耳鏡の先端が挿入できる程度に機械的に耳垢を取り除きます。オトスコープを挿入して検査用のサンプルをキュレットで採取します。サンプルの処理は、塗沫標本の作成および細菌培養検査の項を参照してください。

　耳道の滲出物・分泌物により耳道の観察が難しい場合は耳道の洗浄をおこないます。耳垢溶解剤を外耳道に満たして10分間静置します。栄養カテーテルとシリンジを接続させて、温めた生理食塩水を用いて耳道の洗浄をおこないます。大きな耳垢や膿汁などを除去したあと、再びオトスコープを挿入します。ポートから栄養カテーテルまたはトムキャットカテーテルを挿入して生理食塩水などで観察下による耳道の洗浄をおこないます。洗浄後はできる限り洗浄液を回収するようにします。耳道を観察し、検査および耳道の洗浄が終了したら、麻酔から看護動物を覚まします。

8. 感覚器系（耳）疾患看護

●代表的な疾患

8-1. 犬の外耳炎（外耳道炎）

1）特徴

- 外耳炎とは外耳に発生する炎症をさすが、症候名であり病名（疾患名）ではない。外耳は耳介と外耳道から構成されるため、外耳道炎と耳介炎を含めた名称である。ここでは、外耳道に生じる"外耳道炎"を対象にする。
- 日本では、外耳道炎による来院看護動物は10%程度という報告があるほど頻度が多く、特に犬で生じる疾患のうち10〜20%を占めるほど発生頻度が高い疾患である。一方、猫では約5%程度と報告されている。
- 外耳炎の内訳として、細菌性外耳道炎、マラセチア性外耳道炎、ミミダニ、アレルギー性外耳道炎、耳垢腺腫などがある。
- 好発品種は幅広く、文献的にはコッカー・スパニエル、スプリンガー・スパニエル、ラブラドール・レトリーバー、ミニチュア・プードル、ジャーマン・シェパードなどが挙げられている。日本では、ウエスト・ハイランド・ホワイトテリアやシー・ズーといった小型犬、柴犬なども含まれるだろう。
- 外耳炎の発症率が高いのは3〜6歳であるが、外耳炎の原因となる疾患が生じる年齢も重要である。たとえば、ミミヒゼンダニ、アレルギー性皮膚炎が基礎疾患となる外耳炎では、1歳前後で発症することになる。また、外耳炎に性差はない。

2）検査・診断

○**問診**
- 治療歴と使用している薬剤や洗浄剤などを聴取しておく。とくに、飼い主家族自身がおこなっている耳洗浄・耳処置の方法によっては外耳炎の誘発因子となる。
- 耳からの臭気でマラセチアの増殖が判断できることが多い。
- 臨床症状の聴取、初めて発症した時期、持続期間、再発性の場合は発症する時期と原因の聴取、そのほかの皮膚疾患の併発、基礎疾患となるアレルギー性皮膚炎および代謝性疾患の鑑別に必要な問診項目を聴取する。

○**検査**
- 耳鏡検査と耳垢の細胞診をおこない、外耳道内の症状を把握し、持続因子となる微生物の性状と量的な評価をおこなう。

●**耳介の検査**
- 疥癬、シラミ、角化異常症、亜鉛欠乏症、内分泌疾患、蚊過敏症（猫）、アレルギー性皮膚炎（おもに、アトピー性皮膚炎と食物アレルギー）、接触性皮膚炎を考慮において検査を進める。検査項目として、寄生虫の検出のため、皮膚掻爬検査、抜毛検査、テープストリッピング検査を実施する（検査法については外皮系の検査の項を参照）。

●**耳鏡検査**
- 耳道内を観察する時は、耳道入り口の毛量が多い場合はカットする。耳垢が多くて耳道が閉塞している場合は耳の洗浄後に観察をおこなう。
- 外耳道の性状を評価する。上皮の発赤や肥厚、分泌腺の過形成といった急性〜慢性の変化を観察し、異物や腫瘍などの内容物の評価をおこなう。理想的には、中耳炎を併発しているのか評価するため鼓膜も観察する。しかし、慢性外耳炎の場合には看護動物の耳道が狭窄しているため鼓膜の評価は難しいことが多い。鼓膜が評価できない場合も、耳道の上皮の変化が著しく緑膿菌の感染が疑われる看護動物では中耳炎を併発している可能性が高い、と判断する。

〇病態
- 外耳炎が発症して進展する過程には、外部寄生虫や微生物の感染といった直接的な因子だけでなく、外耳炎発生リスクを高める誘発因子、外耳炎を遷延させる持続因子が複合してかかわっていると理解されている。
- 直接因子には、寄生虫、耳道内異物、治療過誤（過度な処置による皮膚炎など）、基礎疾患（アレルギー性皮膚炎、甲状腺機能低下症、副腎皮質機能亢進症、自己免疫疾患など）がある。
- 誘発因子には細い耳道、耳介の下垂、耳道内の被毛、分泌腺（アポクリン腺、皮脂腺）の過形成、耳道内の腫瘍、ポリープ、肉芽腫などの閉塞性病変がある。これらの誘発因子を備えた代表的な品種として、コッカー・スパニエルが挙げられる。水泳や入浴も誘発因子となる。
- 持続因子は悪化因子ともいわれ、細菌やマラセチア菌の増殖、耳道上皮の皮膚バリアの破たん、分泌腺の過形成などが挙げられる。

〇症状
- 頭部を振る
- 耳を掻く
- 耳を擦り付ける
- 耳漏の存在
- 耳からの強い臭気

● 耳垢検査
- 耳垢の肉眼的観察、押捺塗沫検査を実施する。

● 穿刺吸引細胞診（FNA）
- 腫瘤を認めた場合、注射針を用いた吸引細胞診を実施する。その他の腫瘤の検査方法として、腫瘤組織が壊死したり潰瘍を呈している場合は、スライドを押しつけたり、掻爬・剥離して押捺塗沫標本を作成する。

● 培養検査
- 微生物輸送培地（細菌の培養を外部検査機関に依頼するため）、クロモアガーマラセチアカンジダ培地（マラセチアの培養）を使用する。

● 血液検査
- 総血球計算、生化学検査、電解質検査、血中ホルモン検査、アレルギー検査（抗原特異的IgE検査など）。外耳炎の基礎疾患の検索をおこなう。内分泌疾患、アレルギー性皮膚炎（アトピー性皮膚炎と食物アレルギー）を対象とした検査として実施する。

3）治療

〈内科療法〉
● 抗生物質の投与
- 持続因子となる微生物が増殖している場合、各抗生物質や抗真菌薬（マラセチアに対して）を含有する点耳薬を使用する。抗生物質・抗真菌薬の内服をおこなう場合もある。

● ステロイド剤の使用
- アレルギー性皮膚炎を基礎疾患とする耳道内の炎症にはステロイド剤の点耳薬や内服をおこなう。また、耳介や耳道入り口の表皮の肥厚や耳道の狭窄を治療するためにも使用する。

8. 感覚器系（耳）疾患看護

●定期的な耳道洗浄
・耳道内の耳垢量と耳道の肥厚などの症状から洗浄をおこなう頻度は変わる。ビデオオトスコープを用いて、全身麻酔下に処置をおこなう方法も実施されている。全身麻酔をする負担があるが、耳道内を隅々まで観察できるため鼓膜の観察を含めて耳道の検査方法として優れていること、および洗浄の回数を減らせることで看護動物へのストレスを減らせることなどのさまざまな利点がある。

●食事の変更
・食物アレルギーが原因となる外耳炎では、新奇タンパク質（食べたことがない食事）を用いた手作り食または食物アレルギー用の処方食への変更をおこなう。

〈外科的治療〉
●側壁切除
・外耳道の耳道壁の変化は正常〜軽度であるが、慢性・再発性の外耳炎の管理を向上させるための予防的手術として適応。
・垂直耳道を半分〜3分の1程度残したまま、外耳道を水平耳道のみに短縮する手術である。
・一般的に、術後も外耳炎の内科的管理を継続する。対象となる看護動物の外耳道の変化がすでに進んでいる場合が多いため、術後も残った外耳の外耳炎の管理が向上しないことがある。

●垂直耳道切除
・外耳道に不可逆性の慢性的変化が生じている症例や垂直耳道の腫瘍があるときに適応する。
・垂直耳道をすべて除去して、水平耳道のみとする。
・術後は残った耳道の定期的な管理が必要となる。手術の合併症として顔面神経の損傷が起こる可能性がある。すでに垂直耳道にも耳道の変化が生じている場合が多いので、全耳道切除が選択される場合が多い。

●全耳道切除（および側方鼓室胞切開術）
・外耳道の広範な不可逆性の変化をともなう外耳炎の場合や、内科的な管理やほかの外科処置で外耳炎の管理ができない場合、外耳道の腫瘍、中耳炎に波及した外耳炎のときに適用となる。
・骨性耳道を含むすべての耳道を切除する。同時に、鼓室胞を部分的に切除・鼓室腔内壁の組織の除去をおこなった上で術創を閉じる手術である。
・耳道がないため、外耳炎の治療は必要がない。手術手技の性格から、顔面神経などの神経障害が生じる可能性が高いことを飼い主家族に了解を得る必要がある。また、聴覚障害も同じく生じる。ただし、重症な看護動物の場合は、術前に較べて術後の聴覚障害が明らかでない場合が多い。すでに術前に聴覚障害が進んでいるためと思われる。

目のしくみ

　眼瞼、結膜、眼球などをまとめて眼とよびます。眼瞼には、上眼瞼、下眼瞼、および人にはない第三眼瞼（瞬膜）があります。犬や猫では瞬膜に存在する瞬膜腺で涙を産生していて、主涙腺と合わせて涙を眼球表面に供給しています。上下眼瞼には涙液油層を産生するマイボーム腺が存在します。

　外界からの光は、角膜と水晶体で屈折されて網膜に集められて、網膜へと届けられます。水晶体は凸レンズ状になっており、厚みを多少変化させることで焦点を合わせています。また、虹彩は明るさによって大きさが変化し（明るい所では縮瞳、暗い所では散瞳する）、網膜に届く光量を調節しています。網膜に届いた光の刺激は、脳が認識できる電気刺激に変換され、視神経により脳に伝えられます。これが"みる"というしくみなのです。

　犬や猫は眼球のうしろにタペタムという反射板があり、これに光が反射するため網膜により多くの光が届くようになっています。犬や猫は暗い所でも物を見ることができるのはタペタムがあるおかげなのです。

観察ポイント

　眼科疾患は飼い主家族が異常に気がつく場合が多いです。前肢で目をこする、顔を床に擦りつける、物にぶつかるなどの眼の疾患に関連した行動がみられるだけでなく、行動の変化や元気消失、食欲不振なども眼科疾患がもとで生じる場合があるため、全身状態も含めて飼い主家族からの訴えをよく聞き取ることで看護動物を把握することができます。

飼い主家族の訴え（看護動物の症状）としてつぎのようなものがみられます。
・目が赤くなっている
・目をいたがっている
・目の表面が乾いている
・明るいところを眩しがる
・涙が多く出る
・目ヤニが出る
・目元を頻繁に掻いている
・目元に湿疹ができている
・まぶたがけいれんしている
・ものが見えづらくなっているようだ

8. 感覚器系（目）

・目が白く濁っている
・目の中が赤くなっている
・目の大きさが左右で違う
・目が飛び出している、大きくなっている

このような症状（または訴え）と疾患の関係を理解することが非常に重要になります。

○目の充血（目が赤くなる）

　いわゆる"赤目"は、結膜が充血している場合だけでなく、眼内出血でも赤くなることに注意しましょう。また、正常な動物であっても保定などで興奮したり、運動すると結膜の充血がみられます。疾患が原因となる眼の充血は多岐にわたります。

・眼周囲の被毛や睫毛の異常、感染症（細菌、真菌、ウイルス）、アレルギーが原因となる結膜炎や眼瞼炎
・角膜潰瘍などの角膜炎、虹彩・毛様体・脈絡膜からなるブドウ膜と呼ばれる眼球内の炎症（ブドウ膜炎）
・眼圧が上昇する緑内障

　上記のように多くの疾患から鑑別する必要があります。これらの疾患は抗生物質の点眼といった一般的な治療で回復するものから、進行性、急性の経過をたどる疾患まで多くの種類があるため、予後もさまざまです。飼い主家族には、疑わしい疾患が多いため検査をおこなって疾患を診断する必要があることを伝えます。

○視力の低下や消失

　眼科疾患では白内障、緑内障などのように、視力の低下が進行して視力を失う可能性がある疾患が多いのですが、角膜障害による視覚障害のように症状の改善（角膜の混濁が治ること）により視力が戻る場合があります。
　また、視力の消失が認められるにもかかわらず、網膜や視神経といった眼の異常がない場合があります。脳内の視交叉や視覚野がある後頭葉などが障害される頭蓋内の疾患がある場合は、視覚映像を伝達できなくなったり認識できなくなったりするため視力が消失します。

○目が白くなる

　水晶体が混濁しているのが白内障の症状として一般的ですが、他の原因として、角膜の浮腫が重度の場合にも白く見える場合があります。

眼の疾患は肉眼的な変化をともなう異常がみられるため、飼い主家族から眼の症状に関する訴えが多いものです。しかし、症状が同じようにみえても、さまざまな診断が下されることを留意しなければなりません。障害物を避けたり、明るい光に対する反応を見る視覚検査、肉眼的に観察が可能な前眼部（眼瞼、第三眼瞼、結膜、角膜表面）の検査、透明な角膜を通して眼内構造物（虹彩、水晶体、硝子体、網膜）を観察する検査をおこなって総合的な判断を下します。

　眼球は直径が約 2.5 cm と大変小さな臓器に実にさまざまな構造物が配置されています。このため、光源を利用して眼球構造物に焦点を合わせて拡大観察をおこなう、眼科特有の検査方法が重要となります。眼の疾患を学ぶ上で、眼球の解剖学的構造と疾病の成り立ち（病態）を知るとともに、診断に必要な検査と検査器具についても理解を進めましょう。

検査

> **看護ポイント！**
>
> 　看護動物を獣医師が診察をする際に、「頭を動かす」、「瞼を閉じる」、「瞬膜が出てくる」、「瞳を動かす」などの行動は観察の妨げとなります。このような看護動物の行動をすべてコントロールすることはできませんが、動物看護師は、より観察をしやすい保定を工夫する必要があります。
> - 観察者と看護動物の顔が正面に対するように保定します。
> - 下顎と頭頂部〜後頭部、頚部を押さえることで頭部の動きを抑制する必要があります。
> - 犬では 20 度、猫では 10 度顔を横に向かせることで観察者と看護動物の視軸が正中に対面するようにします。
> - 咬みつくおそれのある看護動物には、銜口帯（かんこうたい）や口輪をあらかじめ装着しておく必要があります。

○病歴聴取
・品種、年齢、性別
・視覚の有無
・外傷の病歴
・症状の発現：急性か慢性に発現したか、症状の持続期間、症状の進行性、両眼性か片眼性か、他の疾患の有無

8. 感覚器系（目）

○診察室での観察
行動の異常、歩行の異常、顔貌の様子、眼球の不対称性、眼瞼けいれん、羞明の有無、疼痛の有無、外傷の有無

○視覚検査
威嚇まばたき試験、綿球落下試験、障害物試験、眩目試験、瞳孔対光反射

○涙液量検査（シルマー涙試験、フェノールレッド綿糸試験）

シルマー涙試験

シルマー試験紙は下眼瞼外側から1/3の位置に挿入して60秒間そのままにします。検査時間中は看護動物を保定し、シルマー試験紙が外れないように眼瞼部を保持する必要があります。1分間あたり15mm未満で涙液の減少と判定されます。シルマー涙試験による涙液量の検査をする前には、眼球表面に分泌液が付着していても洗顔や薬剤点眼（例：表面麻酔薬）を絶対におこなってはいけません。

フェノールレッド綿糸試験

涙液測定にフェノールレッド糸（ゾーンクイック®）を用いる検査があります。フェノールレッドの黄色で染色されており、涙液にぬれると赤色に変色します。綿糸の先端3mmを下眼瞼結膜円蓋に挿入して、15秒後に涙液で変色している部位の長さを測ります。

正常範囲は27〜29mm/15秒です。この検査では、結膜嚢内に貯留している涙液量を測定しています。シルマー涙試験を先におこなうと、結膜内に貯留した涙液が喪失するため計測できなくなります。両方の試験をおこなう場合は本試験を先におこないます。計測時間が短いという利点がありますが、明確な異常値が設定されていないため、涙液量が少ないか正常かのスクリーニング検査として実施します。

○角結膜上皮の細胞診、および細菌・真菌・ウイルス培養検査

結膜の細胞診では、点眼麻酔薬を1滴垂らして5分後におこない、綿棒やスパーテルを用いて結膜を擦過してサンプルを採取します。採取したサンプルを定法に準じて処理し、塗沫標本を作成します。培養検査は難治性・再発性の看護動物に対して実施します。点眼などの処置をおこなう前に実施しなければなりません。

サンプル提出先の外部検査機関が指定する輸送培地を使用します。付属の滅菌綿棒を結膜嚢に挿入しサンプルを採取します。

○**眼瞼部の検査**

　角膜潰瘍などの前眼部の病変をともなうことが多いため、眼瞼異常や涙液減少、睫毛異常に関する検査をおこないます。ビジティングランプやフィノフトランスイルミネーターといった明るい光源と直像検眼鏡やヘッドルーペ、非球面レンズなどの拡大鏡を用いて検査します。マイボーム腺を検査する場合は、睫毛鑷子を使用してマイボーム腺分泌物の検査をおこないます。

○**前眼部像（前眼部：角膜の内側から水晶体の前面までの部分）**

　暗室内で検査する眼球をフィノフトランスイルミネーターなどの光源で動物の耳側（外側）から角膜全体を照らして、非球面レンズやヘッドルーペなどで拡大して詳細に観察します。

○**スリットランプ（細隙灯）検査**

　スリット光（細隙灯による細い光軸）を、前項（前眼部像）と同じく外側から眼に当てます。角膜、前房、虹彩の表面、水晶体、硝子体などを3次元的に観察する検査です。
　一般的に、散瞳剤による散瞳処置をしてから本検査をおこないます。

徹照像

　スリット光を使用した検査のひとつです。スリット光を観察者の視線と同軸（観察者と観察光の角度は0度）にして眼底から反射してきた光を使用して間接照明のように水晶体や硝子体の病変部を二次元的に描出する検査方法です。とくに、小さな水晶体の混濁まではっきり観察することができるため、小さな初発白内障の検査では必須の検査方法です。

○**生体（角膜）染色検査**

　眼表面（角膜表面）の状態を観察する検査です。

フルオレセイン染色

　フルオレセインは青色光をもっとも吸収し、緑色光を放出する蛍光色素です。ろ紙にこの色素を吸収させた検査紙（フローレス試験紙®）を生理食塩水で湿らせてから眼瞼結膜に軽く接触させます。約1分間そのままにしてから観察するか、色素が多い場合は生理食塩水などの洗眼液で洗眼してから観察します。照明を落とした検査室または暗室で、細隙灯顕微鏡または直像鏡のコバルトフィルターを用いて観察します。障害がある病変は黄色に染色されるので、その様子を観察します。

ローズベンガル染色

　正常な細胞には染色されず、ムチン層（粘液）に覆われていない角結膜上皮

細胞を染色する性質から、角膜上皮や結膜上皮の障害を早期から診断する有用な検査です。検査をおこなうには、試薬を蒸留水で溶解して0.5〜1.0％溶液を滅菌する自家調整が必要となります。使用期限は3ヵ月程度とされています。ローズベンガルは点眼時に刺激があり、被毛を赤く染色するため、このような欠点が改善されるリサミングリーンとよばれる染色液をかわりに使用することも試みられています。

　検査する際は両眼に染色液を1滴（0.5μL程度）垂らして1分間待ちます。生理食塩水などの洗眼液にて洗眼した後に観察をおこないます。本検査では、点眼麻酔を先に使用していると正常にもかかわらずローズベンガル染色液が上皮に残ってしまい、誤診する可能性があるため気をつける必要があります。

○フルオレセインによる涙液層破壊時間試験（FBUT）

　涙液は油層・水層・ムチン層の三層で構成されています。どの成分が減少しても、早期に蒸発するか角膜上に留まれず流れ去ってしまうため眼球表面の乾燥を招きます。眼球表面に留まっている涙（涙液層）の早期破壊はドライアイの特徴です。

　フルオレセイン1滴を結膜嚢に滴下し、被験眼を瞬目させます。そのまま眼瞼縁を保持して開眼状態を維持して、コバルトフィルターをかけたスリットランプで角膜を観察します。最初に瞬目させてから乾燥して染色むらが現れるまでの時間（涙液層破壊時間）を計測します。犬では、正常値は20±5秒です。10秒以下は涙膜の安定性を欠いていると判定されます。

○フルオレセイン排出試験

　鼻涙管の開存と涙液の排泄を全体的に確認する検査です。
暗室で検査をおこないます。結膜嚢にフルオレセイン染色液を点眼し、染色液のフルオレセインが外鼻孔の外腹側表面に現れるのをコバルトフィルターで観察します。フルオレセインは4分以内に同側の鼻孔にみられます。10分経過しても現れない場合は観察を終了します。被験動物が鼻を舐めてしまう前に、外鼻孔の外腹側表面から現れるフルオレセイン染色液を確認する必要があります。

　短頭種や猫の場合、尾側鼻腔への涙液通過路では鼻咽頭に排泄されるため、鼻涙管が機能していても陰性の結果となります。その場合、舌や咽頭部に出てくるフルオレセインを観察します。

　通常、フルオレセインの生体（角膜）染色検査実施の際、同時に排出試験をおこないます。

○鼻涙管のカニュレーションと灌流

滅菌涙管カニューレや尿道カテーテルを上涙点に挿入します。滅菌生理食塩水や滅菌水の入ったシリンジを接続し、涙嚢領域を指で圧迫した状態で灌流液をゆっくり注入することで、下涙点、上涙点、上涙小管、下涙小管、涙嚢の開存を確認します。頭部を下方に向けて保定し、下涙点を指で圧迫して閉塞させて鼻涙管の開存を確認します。涙液が咽頭へ流れる場合も、覚醒下の検査では明確な嚥下反応が観察できます。

同時に、培養・感受性検査の材料として、外鼻孔に現れた灌流液を採取します。

一般的に犬では点眼麻酔下でおこなわれますが、不注意で損傷するのを避けるために、看護動物が動いてしまう場合は全身麻酔下で検査をおこないます。全身麻酔をおこなう際は誤嚥防止のため、頭部を下方に傾け咽頭部にガーゼ包帯などを詰めておきます。

○眼圧測定（シェッツ圧入眼圧計、トノペン、トノベット）

すべての罹患動物で実施することはありませんが、赤目の看護動物では鑑別診断のためにおこなわれる検査です。

ただし、眼球の穿通外傷が疑われる場合は眼圧測定を原則的におこないません。また、角膜障害がある場合でも一般的におこないません。

トノペンを使用するときは表面麻酔の必要があります。使用時は、新しい使い捨てカバー（オキュフィルム）に取り換えます。計測前にキャリブレーションの操作をします。

トノベットの場合は、表面麻酔の必要は一般的にありません。使用時は、新しいプローブ（ディスポーザブル）を装着します。キャリブレーションは不要です。

○隅角鏡検査

眼房水が排出される出口である隅角の形態を直接観察する検査です。隅角が開いているか、狭いか、閉じているのかを評価することで、緑内障の種類（分類）を判断できます。検査法は、角膜表面の点眼麻酔をおこなってから、隅角鏡を角膜上に直接のせてスリットランプで観察します。隅角鏡を角膜にのせる際に検査用粘弾物質を使用して角膜の保護をします。

○眼底検査

検査器具として、直像検眼鏡、非球面レンズ（一般的に＋20D集光レンズ）と光源（ビジティングランプやフィノフトランスイルミネーター）、ヘッ

ドライト型双眼倒像検眼鏡、パンオプティック検眼鏡が使用されています。病院が採用している器具を確認し、その特徴を学んでおきましょう。

眼底検査は散瞳をしなくても観察できる場合がありますが、理想的には散瞳させて検査をおこないます。散瞳処置に先立って、眼圧の異常がないかどうかを確認します。眼圧が高い場合は散瞳処置を控えます。

○超音波検査

眼房出血、角膜炎による角膜の混濁、白内障により水晶体が白濁しているため、眼球内の観察ができない場合に、眼球や水晶体の大きさの測定に用います。

眼球内腫瘍、網膜剥離、硝子体変性、水晶体変位などの診断で使用しますが、眼科用の超音波検査装置（隅角専用超音波検査装置）であれば、隅角・毛様体の精密な観察も可能となります。

看護時と日常的な生活での配慮

感覚器が障害を受けたときには日常生活にどのような障害が起きているのか観察しなくてはなりません。事故が起きる可能性はありませんか？　視力が障害されると、周辺視野が著しく狭くなり、歩行時につまずきやすくなります。また、危険なものがあっても気づかずに近づいてしまうかもしれません。聴力が障害されたときには視野に入っていないものには気づかないため、危険を早めに察知することができなくなります。家庭の環境整備が必要です。

看護アセスメント

①聴覚障害をもつ看護動物が来院したときは

聴覚障害をもつ看護動物に関わる場合は、音による認識ができないことを忘れないようにしましょう。近づくときには必ず看護動物の視野に入り、手を振るなどして看護動物が動物看護師の存在に気づいてから触れるようにしましょう。決して驚かしてはいけません。手の臭いをかがせるなどして存在に気がついてもらうことが大切です。保定をする際も、ゆっくりと身体をなでるなどして、緊張を和らげるような関わり方が大切です。

②感覚器系の疾患をもつ看護動物の飼い主家族

　白内障で水晶体が混濁してくると、人の場合は「雲がかかったように見える」とか「まぶしい」などと訴えることができます。しかし、動物の場合は詳細な症状を訴えることはできません。飼い主家族がいつもと様子や行動が異なることを感じて、危険を予防する策を講じなければなりません。

　不可逆的な疾患の場合、視機能の低下を遅らせるために、また、感染症を起こさないために、点眼などの薬物療法を長期間続ける必要があります。耳の疾患において手術をした場合も、術後の経過を理解してもらい、退院後の生活上の注意点をすべて飼い主家族に依頼しなければならないのです。効果的な治療への取り組みができないと、外耳炎などでは反復感染を起こし、更に悪化する場合もあります。

　感覚器の疾患をもつ動物の飼い主家族に説明する時は、ツールや表現方法を工夫して丁寧に説明し、きちんと理解してもらうことが大切です。点眼薬や点耳薬などの薬物療法をおこなえるかどうか、動物の性格や行動の特性、飼い主家族の性格やライフスタイルからアセスメントします。そのためにも、不安やストレスが表出できるように信頼関係をつくりましょう。「なにか様子がおかしい」という段階ですぐに相談したり、受診したりする行動をとれるような関係作りが必要なのです。

　点眼や点耳の手技も修得してもらいましょう。特に、犬や猫の耳は耳道がＬ字型になっているため、飼い主家族が自己流で耳掃除をすると症状が悪化する場合もあります。耳を洗浄する場合は、必ず鼓膜の異常がないか獣医師の確認が必要であることを伝えましょう。

8. 感覚器系（目）疾患看護

●代表的な疾患

8-2. 乾性角結膜炎 (keratoconjunctivitis sicca：KCS)

1）特徴

- 一般的にはドライアイとして知られているが、涙の量が減ることが原因となって角膜、結膜に障害を起こす病気。犬では一般的な病気だが、猫ではまれな病気である。
- 角膜表面の涙の膜（涙膜）は角膜側から粘液層、水分層、油層の3層になっておりバランスよく角膜表面を保護している。
- KCSは3層のうちの水分層の不足によって起こり、涙液の過剰な蒸発が起こるものと涙液の産生低下が原因となるものの2種類のタイプに分類される。
- 涙液の蒸発が原因となるKCSは、眼球が完全に閉じない短頭犬種でみられる。また、免疫介在性疾患や、甲状腺機能低下症、サルファ剤の投与、チェリーアイ（瞬膜腺の突出）の治療として、瞬膜腺の摘出をした場合の合併症として生じるものは涙液の産生減少が原因となっている。

2）検査・診断

●病歴聴取
- 看護動物が乾性角結膜炎の好発犬種に該当するのかを確認する。全身的な身体検査をおこない、眼以外に甲状腺機能低下症などの全身性疾患がないかを確認するために検査を進める。
- ジステンパーウイルス感染症によるドライアイを鑑別するためにワクチン接種歴を尋ねる。特に涙液量の減少をもたらす麻酔薬や内服薬、点眼薬の使用やその期間などの既往を問診する。
- その他では、涙液の減少をもたらす顔面神経・三叉神経の障害をきたす内耳炎・中耳炎をともなう慢性外耳炎や腫瘍、症状のひとつであるホルネル症候群を示しているか、過去に瞬膜腺を外科的に切除していないかも重要となる。

●視覚検査
- 威嚇まばたき試験、眩目試験、瞳孔対光反射をおこなうことで、視覚の有無を判定する。角膜の混濁、色素沈着を角膜に生じているため視覚障害をきたすが、緑内障による視神経障害が原因である視覚喪失との鑑別をおこなう。
- 本疾患では、色素沈着が角膜全面にまで及んだままで、長期間にわたり放置した場合でも視覚を失うことがある。

●涙液量検査（シルマー涙試験、フェノールレッド綿糸試験）
- 診断および治療効果を考慮する上で非常に重要な検査である。
- 犬ではシルマー涙試験の判定は≦5mm/分は重度な涙液の減少、6～10mm/分は軽度な涙液の減少、11～14mm/分は涙液減少の疑い、≧15mm/分は正常と判定される。また、猫では16.92±5.73mm/分が正常と報告されている。

●角結膜上皮の細胞診、および細菌・真菌・ウイルス培養検査
- 慢性のKCSでは2次的な細菌の過増殖が生じている。そのため、患眼の眼脂を細菌培養検査ならびに感受性検査に供しても治療指針にならない。診断および治療期間に、細菌の増殖の程度と性状の確認をおこなう。

- 若齢～中年齢に発症する傾向がある。性差では、雄犬より雌犬に多い。好発犬種としてはコッカー・スパニエル、シー・ズー、イングリッシュ・ブルドッグ、ウエスト・ハイランド・ホワイト・テリア、キャバリア・キングチャールズ・スパニエル、ラサ・アプソなどが挙げられる。
- 乾性角結膜炎の原因は先天性、神経性、自己免疫性、涙腺の炎症、特発性などが挙げられるが、ほとんどが特発性といわれている。また、薬剤性ではサルファ剤の投与や、チェリーアイ（瞬膜腺の突出）の治療として、瞬膜腺の摘出をした場合に合併症を引き起こすことがある。眼瞼縁にあるマイボーム腺から分泌される油層の不足で眼球表面が乾きやすくなったり、眼瞼縁から涙が漏れ落ちることで、眼球表面の涙が不足して起こることもある。

○症状
〈急性期〉
- 眼脂の増加
- 角膜の光沢欠如
- 角膜反射の鈍麻
- 表在性角膜炎
- びまん性結膜炎
- 疼痛と眼瞼けいれん

〈慢性期〉
- 眼脂の増加（粘着濃厚な眼脂）
- 強い不快感
- 結膜の肥厚
- 角膜の乾燥
- 角膜の血管新生

- 治療が奏功しない場合には細菌培養検査をおこない、抗生物質の選択と投与を実施する。

●眼瞼部の検査
- 眼瞼疾患（眼瞼内反症、眼瞼外反症など）や睫毛の疾患（睫毛重生、異所性睫毛など）が原因となる角膜障害は"赤目"の原因となるため鑑別のための検査をおこなう。マイボーム腺開口部を含む眼瞼炎を観察する。この部位の検査の意義は、マイボーム腺分泌障害が原因となり、涙を構成する油層成分の欠如で生じるドライアイが診断されることである。

●前眼部像（前眼部：角膜の内側から水晶体の前面までの部分）
- 暗室内で検査する眼球を動物の耳側（外側）からフィノフトランスイルミネーターなどの光源を用いて角膜全体を照らして、非球面レンズやヘッドルーペなどで拡大して詳細に観察する。

●前眼部像（前眼部：角膜の内側から水晶体の前面までの部分）
- KCSの臨床症状を詳細に観察する検査である。粘性の眼脂にともなう結膜充血、角膜光沢の低下、浮腫、色素沈着、血管新生、角膜潰瘍形成などの角結膜の症状について観察をおこなう。

●スリットランプ（細隙灯）検査
- 暗室内で幅の狭いスリット光を被験眼に照射すると角膜の断面像を観察することができる。角膜の不整や角膜圧の変化、血管新生の有無、上皮のびらん、潰瘍の位置と深さなどの診断をおこなう。

●生体（角膜）染色検査
- 上皮欠損部位に浸透するフルオレセインびまん性陽性所見や点状染色陽性所見を、コバルトフィルターを用いて観察する。また、涙液水成分の１つであるムチン（粘液成分）の欠損している角結膜上皮細胞部分を染める、ローズベンガル染色陽性を観察する。
- これらの所見が陽性の場合は角結膜上皮障害を示すため、KCSの診断や症状を把握する重要な検査のひとつである。

- 角膜の色素沈着
- 細菌性結膜炎の続発

● **フルオレセインによる涙液層破壊時間試験（FBUT）**
- KCS は涙液膜を構成する涙液水成分の不足が原因となる角結膜炎の総称であるが、油成分とムチン成分の影響も受けている。また、症状が進むと角膜表面が皮膚の表皮に類似する角膜上皮化生をおこす。その結果、角膜上皮細胞が供給していたムチンが減少して涙液膜の更なる不安定化を招き、角膜表面の乾燥が進む。
- KCS の特徴として、涙液層破壊時間は非常に低下している。

● **眼圧測定（シェッツ圧入眼圧計、トノペン、トノベット）**
- 角膜潰瘍が生じているため、一般的にはおこなわない。しかし、緑内障を鑑別診断するために、"赤目" を呈した看護動物は眼圧の測定をおこなうことが推奨されている。

● **隅角鏡検査**
- 緑内障が疑われる際に鑑別診断のためにおこなう。しかし、角膜混濁や色素沈着を両側性に起こしている KCS の場合は検査する機会がない可能性がある。

● **眼底検査**
- 角膜の混濁や色素沈着のため、眼底検査は容易でない。"赤目" の原因となる鑑別診断のためにおこなうことがある。

● **超音波検査**
- "赤目" を示す疾患の鑑別診断の補助として実施することがある。ブドウ膜炎の原因となる水晶体脱臼やブドウ膜に生じた腫瘍の診断に用いられる。

3）治療

- 原因がある場合は、基礎疾患の治療をおこなう。甲状腺機能低下症では甲状腺ホルモン療法をする。サルファ剤の投与がおこなわれている場合は中止する。

〈内科療法〉
- 眼軟膏と点眼薬の投与が中心となる。使用する薬剤には、涙腺刺激剤、人口涙液、粘液溶解剤、抗生物質、抗炎症薬が用いられる。
- 涙液刺激剤：シクロスポリン含有の眼軟膏が犬の KCS のほとんどの症例で用いられる。
- 人工涙液・人工粘液：涙の成分に近い人口涙液やヒアルロン酸ナトリウム含有液剤の点眼薬が長期間のコントロールをおこなう場合に重要である。
- 粘液溶解剤：初期段階で、アセチルシステインなどの粘液溶解剤が粘液を取り除くために有用である。

- 抗生物質：細菌の過剰増殖によって症状が悪化した場合、広域スペクトルをもつ抗生物質の点眼が必要になる。抗生物質は細菌培養と感受性試験に基づいて選択する。感染症が抑制された時点で中止する。
- 抗炎症薬：免疫介在性であると疑われる場合に使用される。ただし、角膜潰瘍がある場合は使用を控える。KCS に随伴する表在性の角膜、結膜の症状に有効である。

〈外科療法〉
- 耳下腺管転移術が選択される。唾液が排泄される耳下腺管を口腔から結膜へ移動する手術手技で、耳下線分泌液（唾液）を眼球表面に導くことにより眼球の湿潤を保つ手術である。涙液産生を認めず、さらに飼い主家族が内科治療で管理できない、あるいは内科治療で臨床症状を管理できない場合に考慮する。
- 手術後に、唾液が角膜に対する刺激となってかゆみを招いたり、カルシウムの複合物と考えられている白色の沈着物が認められることがある。加えて、手術実施後も内科療法を継続することが推奨される。

8-3. 緑内障

1）特徴

- 眼球内には房水が循環しており、その産生と流出が一定に保たれていることで眼球内の圧（眼圧）が維持されている。緑内障とは何らかの原因で房水の流出が阻害されたため生理学的許容範囲を超えて眼内圧が上昇して、一時的もしくは永久的に視神経や網膜に障害が生じて視覚が失われる疾患である。
- 緑内障は先天性緑内障、原因不明の原発性緑内障、基礎疾患が原因で生じる続発性緑内障に分けられる。
- 原発性緑内障では、好発犬種として、アメリカン・コッカー・スパニエル、シベリアン・ハスキー、バセット・ハウンド、スプリンガー・スパニエル、柴犬、シー・ズー、チワワなどの犬種で発生が多い。一方、猫では原発性緑内障の発生はまれで、続発性緑内障が一般的な原因である。

○**病態**
- 眼房水は、栄養物の運搬と代謝物の排泄をおこなうとともに、眼球内の構造物の立体的配置と屈折の維持に寄与する。眼房水は毛様体で産生され、水晶体前面から瞳孔を通り角膜と虹彩の根部（隅角）にある櫛状靭帯から流出する。櫛状靭帯から流出した房水は強膜静脈叢、房水静脈叢を経て眼外の血管へ排泄される（線維柱帯流出路）。もう1つの流出経路としてブドウ膜と強膜の間から流出するブドウ膜強膜流出路がある。眼房水の産生と排泄の均衡がとれて眼圧が維持されている。（図2）
- 緑内障は原発性、続発性、先天性に分類される。原発性緑内障は隅角の形態に基づいてさらに開放または閉塞に分類される。

2）検査・診断

- "赤目"の症状を示す眼疾患が鑑別診断の対象となる。眼瞼炎、結膜炎、角膜炎、上強膜炎、前部ブドウ膜炎、前房出血、眼窩疾患（球後膿瘍、球後腫瘍）などが鑑別疾患に挙げられる。
- 犬の原発性緑内障の場合、両眼性に発症する。ほとんどは片眼が発症してから数ヵ月後にもう一方の眼にも発症する。発症した側の角膜は浮腫で混濁して観察が難しい場合が多いため、緑内障でない対側眼で検査をおこなう。
- 視覚があるか、または回復する可能性があるのか診断する。これは治療方針の決定に重要な所見である。患眼が正常に近いほど視覚の回復が期待されるため、視覚検査や視神経の障害の程度を判定する。
- 眼球が明らかに腫大した状態（牛眼）や角膜線条、強膜ブドウ腫、慢性角膜障害などの慢性緑内障の所見がみられる看護動物では視覚の回復は期待できないと判断する。

●**病歴聴取**
- 視覚低下～喪失に関連した行動の異常（性格の変化、活発さ、障害物への衝突）や歩行の異常（障害物からの避けるか、自然に歩くか）を示しているのか
- 品種、年齢、性別、視覚の有無、外傷の病歴、症状が急性か慢性に発現したか、症状の持続期間、症状の進行性、両眼性か片眼性か、他の疾患の有無
- 診察室での観察：行動の異常、歩行の異常、顔貌の様子、眼球の不対称性、眼瞼けいれん、羞明の有無、疼痛の有無、外傷の有無

●**視覚検査**
- 威嚇まばたき試験、綿球落下試験、障害物試験をおこない視覚の有無を判定する。

●**涙液量検査（シルマー涙試験、フェノールレッド綿糸試験）**
- "赤目"の原因のひとつである乾性角結膜炎との鑑別のために施行する。

・原発開放隅角緑内障：隅角の幅に異常がなく、前房の深さも正常な病態である。ノルウェジアン・エルクハウンドおよびビーグルに好発する。発症の初期から中期において線維柱帯網は正常に発達しており隅角は開放しているが、緑内障が進行してくると隅角は徐々に狭くなり、最終的に閉塞する。原因は不明であるが、細胞外マトリックスの増加やグルコサミノグリカンが線維柱帯網に蓄積し、房水流出抵抗が増大され、眼圧上昇を呈することが報告されている。
・原発閉塞隅角緑内障：おもとして櫛状靱帯が発育不全または異形成によって、隅角が狭いか完全閉塞の状態にあるものを指す。先天性、遺伝性要因が強く示唆されている。好発年齢は6〜8歳である。好発犬種として、ミニチュア・ダックスフント、ミニチュア・プードル、シー・ズー、柴犬、アメリカン・コッカー・スパニエル、シベリアン・ハスキー、バセット・ハウンド、イングリッシュおよびウェルシュ・スプリンガー・スパニエルなどで発生が多い。
・続発性緑内障：眼球内の問題や全身性の基礎疾患が原因となって生じる病態である。原因としては、ブドウ膜炎、水晶体前方脱臼、膨張性白内障、水晶体誘発性ブドウ膜炎、前眼房出血、眼内腫瘍などである。
・先天性白内障：先天的な眼球形成異常が原因となり生後まもなく発症する。原因疾患として、櫛状靱帯形成不全や隅角形成不全があるが、犬での発生はまれである。

○症状

・緑内障の臨床症状は眼圧上昇の程度によりさまざまであり、また、その進行にともない多くの症状が引き起こされる。
・初期にみられる症状として結膜充血、上強膜充血、流涙症、疼痛や羞明などは多くの眼科疾患でもみられる。
・急性期には、強い疼痛が特徴で元気の消失、食欲不振などをともなうことがある。また、角膜浮腫、上強膜血管の充血、散瞳などの症状もみられる。

●結膜上皮の細胞診、および細菌・真菌・ウイルス培養検査

・"赤目"の原因となる結膜炎の診断の一環としておこなう。細菌性（例、猫：クラミジア、マイコプラズマ）、ウイルス性（例、犬：ジステンパーウイルス、猫：ヘルペスウイルス、カリシウイルス）、アレルギー性（例、アトピー性皮膚炎）、全身性免疫性疾患（犬・猫：天疱瘡、猫：好酸球性肉芽腫症候群など）といった原因の鑑別に有用である。

●眼瞼部の検査

・眼瞼疾患（眼瞼内反症、眼瞼外反症など）や睫毛の疾患（睫毛重生、異所性睫毛など）が原因となる角膜障害は"赤目"の原因となる。

●スリットランプ（細隙灯）検査

・"赤目"の鑑別診断とともに、続発性緑内障の基礎疾患となる眼球内の異常を検査する。ブドウ膜炎、水晶体脱臼、膨張性白内障、水晶体誘発性ブドウ膜炎、前眼房出血、眼内腫瘍、無水晶体眼、巨大裂孔性網膜剥離、眼球内手術後の高眼圧など多岐にわたる。

●生体（角膜）染色検査

・潰瘍性角膜炎や真菌性角膜炎、乾性角結膜炎などの"赤目"の原因となる角膜疾患の類症鑑別に使用する。

●眼圧測定（シェッツ圧入眼圧計、トノペン、トノベット）

・緑内障の確定診断をおこない、治療方針の決定にも重要な検査である。そのため、緑内障を疑う看護動物には眼圧測定が必須である。赤目、瞬膜突出、疼痛、瞳孔の散大などの臨床症状から、ある程度の診断が可能であるが、初期の緑内障では前述の症状が表出していないことが多いため眼圧測定が必須である。また、緑内障の治療判定や看護動物の予後を推定するためにも必要な検査である。

・慢性期には、眼内圧の上昇にともないデスメ膜の裂傷が生じて線条の瘢痕がみられたり（角膜線）、眼球が腫大する（牛眼）。

〈急性緑内障の症状〉
・赤目（結膜充血、上強膜充血）
・羞明、流涙、瞬膜突出、眼瞼痙攣
・散瞳（虹彩不動）
・広汎性角膜浮腫
・眼圧上昇（25～30 mmHg 以上）
・元気消失、食欲不振
・目をこする、目を細くする
・疼痛

〈慢性緑内障の症状〉
・牛眼
・疼痛を示す症状の減少
・上強膜の血管怒張
・角膜の線条痕
・虹彩の変性
・水晶体脱臼
・乳頭陥凹をともなう視神経萎縮
・網膜萎縮

●隅角鏡検査
・発症した側の角膜は浮腫で混濁している場合が多いため、緑内障でない対側眼で検査をおこなう。この対側眼で診断に必要な異常所見が見つかった場合は原発性と診断することができる。

●眼底検査
・視神経乳頭の陥没が緑内障の進行にともなって陥没するため、眼底検査を実施して視神経乳頭の観察をおこなう。

●超音波検査
・続発性緑内障の原因となるブドウ膜炎の原因となる水晶体脱臼やブドウ膜に生じた腫瘍の診断に応用される。

3）治療

・眼圧の上昇が著しい場合、1～3 日持続することで視神経は不可逆的な障害を受ける。そのため、眼圧の上昇から緑内障であると診断がされると、緑内障が原発性か続発性か診断するとともに、早急に視覚の回復する可能性があるか否か判断する必要がある。いったん、視覚の回復が期待されると判断した場合は緑内障の治療は緊急を要する。

〈内科療法〉
・眼圧を降下させる内科療法には点眼と全身投与がある。
①点眼薬
・房水流出を促進させるものと房水産生を抑制するものに大別される。

《房水流出を促進させる点眼薬》
・交感神経β遮断薬（チモロール、カルテオール）、炭酸脱水酵素（ドルゾラミド）：どのタイプの緑内障にも使用できる。眼局所と全身への副作用が少ない。
交感神経$α_2$受容体刺激薬（アプラクロニジン）：毛様体光凝固などのレーザー治療後の一過性の眼圧上昇に用いる。
・異常な高眼圧である場合、慢性的な緑内障に進行した看護動物には上記の薬剤を適応する機会は限られる。

《房水産生を抑制する薬剤》
・副交感神経刺激薬（ピロカルピン）、プロスタグランジンF2α誘導体（ウノプロストン、ラタノプロスト、タフルプラスト）：犬の原発性隅角緑内障に対して中心的な治療薬。非常に優れた眼圧降下作用を有しているため、緊急時の原発性緑内障の治療薬にも使用される。犬では強力な縮瞳作用を示すため、ブドウ膜炎を増悪または再発させることがある。これらの薬剤は使用時に注意が必要である。
・交感神経α_1受容体遮断薬（ブナゾシン）

②全身投与薬
・眼圧を低下させる全身投与薬には、炭酸脱水素阻害剤（アセタゾラミド）の経口投与や、高浸透圧利尿薬（マンニトール、グリセオール）の静脈内投与がある。
・マンニトールの場合、1～2 g/kg を 30～60 分かけて点滴静脈内投与をおこなう。眼圧下降は投与後から 15～30 分ほどで得られ、その効果は 6 時間続く。高浸透圧利尿薬は血液房水関門を通過できないため眼球内と細胞外液との浸透圧差が生じることが眼圧を下げる機序である。しかし、ブドウ膜炎を起こしている緑内障の看護動物では、血管が破たんしているため眼球内へ利尿薬が通過する。そのため、期待通りの眼圧降下をしめさない。

〈外科療法〉
・犬の緑内障に対する外科療法は、点眼薬と同様に、房水流出を促進させる治療と房水産生を抑制する治療に分類される。視覚がある緑内障に対しては、房水流出を促進させる外科療法を、すでに視覚が失われた緑内障には房水産生を抑制する外科療法に簡易的に分類できる。ここでは簡単な説明に留めたため、専門性の高い手術内容の詳細は獣医眼科学の専門書を参照のこと。

《房水流出を促進させる外科療法（バイパス手術）》
①緑内障バルブ装着術：房水を排泄するチューブを前眼房内へ挿入して過剰な房水を結膜下や眼窩外に排泄して、眼圧を一定に保つインプラントを設置する方法。国内で認可されておらず個人輸入することになるため高価である。長期的な管理が期待できるが、やはり永続的な治療とはならない。
②管錐術：直径 2～3 mm のトレパンを使用して強膜にバイパスを作成する手術。バイパスから房水が流出することで眼圧が下がる。強膜や毛様体からの出血（術後のブドウ膜炎）や術後のいたみなどの合併症がある。永続的な治療ではなく、内科療法も併用する必要がある。
・その他に、虹彩切除術、虹彩嵌置術、毛様体切除術などの手術法がある。詳細は獣医眼科学の専門書に譲る。

《房水産生を抑制する外科療法（毛様体破壊術）》
①毛様体光凝固術：毛様体をレーザーにより破壊し、房水の産生を抑制することによって眼圧を降下させる術式である。眼圧を降下させることに有用な方法であるが、視覚の維持については満足な成績が得られていない。

〈慢性期の緑内障の治療〉
　実際の臨床では多くの緑内障看護動物は視覚を喪失している場合が多い。慢性化すると眼圧上昇による疼痛、眼球拡大による合併症（角膜潰瘍）といったQOL（生活の質）の低下が生じる。点眼薬のみによる維持は困難なため眼球の腫大を抑制できない。そのため、以下に挙げる根本的な治療となる外科的処置が選ばれる。
①眼球摘出術：術後の合併症の可能性が低いが、審美的な面で問題が生じる。

8. 感覚器系（目）疾患看護

②毛様体破壊術：手技が簡便で短時間で実施できる。飼い主家族の経済的負担が少ない。術後の眼球の大きさに予想がつかない欠点がある。極端に萎縮してしまった場合、眼窩と眼球の間に眼脂などの貯留物が生じるため眼周囲の清拭や角膜のケアが生じたり、審美的に劣ってしまうことになる。
③強膜内シリコン義眼挿入術：審美的に優れた方法。眼球内容物を除去した後に、シリコンボールインプラントを挿入する術式。術直後の疼痛、術後の涙液量の減少などが生じる場合がある。
・以上の手技に関する詳細は獣医眼科学の専門書に譲る。

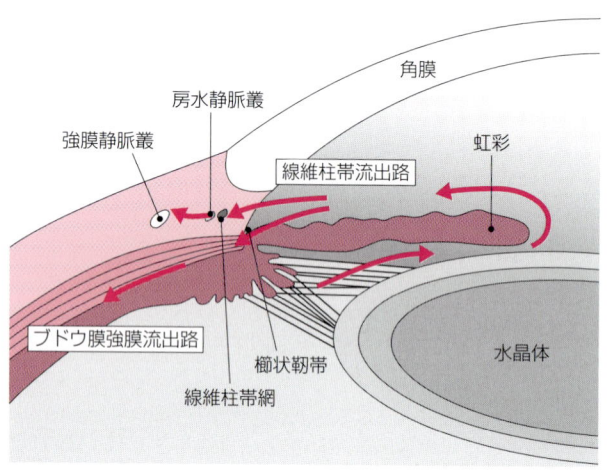

図2

★看護解説 —感覚器編—

❶視覚障害をもつ看護動物が入院したときは

　眼の治療であるかないかにかかわらず、他の疾患であっても視覚障害のある看護動物が入院した時は、環境に適応し、安全に入院生活を送れるように特別な配慮が必要です。

　診察や処置においても、急に看護動物に触って驚かせることがないように、なにかするときには必ず名前を呼んでからおこなうようにしてください。食事のときは時間の許す限り名前をよびながら手から食事を与えてみて下さい。こうすることで動物看護師の名前や臭いとよい印象が結びつき、保定などで関わるときも安心感を与えることができます。

　歩行を介助する場合は、パイプにリードを通した器具で誘導したり、頭部や胴に触角のような装置を付けて障害物にぶつからないようにする装置を用いるとよいでしょう。また、床にはできるだけ物を置かないようにし、つまずきや転倒を予防しましょう。

❷視覚障害をもつ看護動物の飼い主家族

　何不自由なく暮らしていた動物が突然目が見えなくなるような障害を受けた場合、動物自身のみならず、飼い主家族に大きなショックを与えることがあります。以前のように見えるようにはならないと聞かされた時の精神的なダメージは大きく、深い悲しみをもつことになります。当の看護動物は残された機能を最大限に活用し、徐々に視覚障害に適応していきますが、飼い主家族の方がいつまでも悲観的な気持ちを引きずることがあります。

　しかし、「できなくなったこと」よりも「まだできること」に目を向けることができれば、動物との楽しい豊かな生活を送ることは難しいことではありません。飼い主家族が前向きに考えられるように支援しましょう。同じような疾患をもちながらも前向きに生活を楽しんでいる飼い主家族のことを話したり、機会があれば視覚障害をもつ看護動物と飼い主家族の集いなどへの参加を促したりすることも大切です。

　飼い主家族が疾患を受容できるまで精神的な道のりを共にしながら、前向きな変化をしっかりと把握し、言葉にして伝えることからはじめましょう。

❸外用薬の投薬方法

　投薬方法のちがいによる特徴を説明します。点眼薬は、消炎、角膜保護、血管収縮、散瞳・縮瞳等を目的として下眼瞼結膜に滴下します。一方、点鼻薬

は、消炎、血管収縮を目的として鼻粘膜に薬液を滴下します。これらの外用薬は結膜や粘膜から吸収され、そのおもな部位に作用します。薬剤の用い方によっては全身に作用します。投薬前に、滴下部位の状態を十分に確認することが大切です。

例えば点眼する前に目ヤニが出ている場合は獣医師に報告し、指示のもとで目ヤニを取り除いてから投薬します。乾いたティッシュなどでは、角膜に傷がつくこともあります。洗浄すると眼に必要なムチンというたんぱく質まで取り除いてしまうこともありますので、目の周りに出ている目ヤニをノミとりコームなどですくい取るようにしてください。また、目ヤニがこびりついて目が開かない時などは、少し水分で濡らしてふやかすと取りやすいでしょう。耳においては鼓膜が穿孔していないかなどを確認することが大切です。

これらの外用薬は、効果の発現まで日数を要することがありますので、効果が現れないからといって飼い主家族が自己判断で使用を中止しないように伝えます。入院している看護動物に実施する場合は、必要であれば他のスタッフに保定をしてもらうよう頼みます。

❹点眼方法

点眼液は眼の治療によく使用されます。懸濁性の点眼液は、使用時によく振って液を均一化します。看護動物のあごに手を置いて頭を上に向け、下眼瞼を軽く引いて、上から1滴、滴下します。その時、点眼瓶の先端に直接、指や眼球が触れないように注意してください。点眼瓶が細菌に汚染されたり、変質する危険があるからです。点眼薬は、無菌製剤ですので使用期限は通常2週間から1カ月です。

一般的に点眼瓶から滴下したときの1滴の容量は、0.04 mL～0.05 mLといわれています。そのうち結膜の中には 0.02 mL しか入らないといわれていますので、正確に入れば1回の点眼量は1滴で十分です。それ以上多く点眼しても、眼から溢れ出て鼻腔内や口腔内に入ってしまいます。あふれた薬液は、拭き綿（ワッテ類）で拭きとりましょう。ティッシュは固いので角膜が傷ついてしまうおそれがあります。眼からあふれた薬液が眼瞼炎などの原因になることもあります。両目を拭く場合は、感染予防のために、左右別々の拭き綿を使用してください。

2種類以上の点眼液を点眼する場合には、獣医師の指示のもと、間隔をあけて点眼してください。続いて点眼すると点眼薬が混ざりあってしまいます。それぞれの点眼薬の十分な濃度と量が投薬されにくくなり効果が減ってしまいます。

点眼剤により保存方法は異なりますので注意しましょう。開封後、多くの点

眼剤は遮光室温保存しますが、中には冷所保存の点眼液もありますので 必ず確認しましょう。また、眼軟膏の保存は、高温を避けて室温保存が一般的です。

❺眼軟膏（塗布法）

　眼表面の乾燥防止効果や角膜炎におけるいたみの軽減などを目的とした、眼軟膏という薬剤があります。眼軟膏を塗布する場合は、軟膏が手にふれる心配もありますので、手袋をはめておこないます。清潔なガラス棒に眼軟膏をとり、下眼瞼を下方へ引き、ガラス棒を下眼瞼結膜の目頭から目じりの方向へ水平に静かに引き、下眼瞼の内側に軟膏を塗ります。直接チューブから塗る場合は、チューブの先を清潔なガーゼ等で拭き、眼瞼内側に細長く軟膏を塗ります。眼瞼を閉じ、眼瞼の上から瞬きするように軽くマッサージします。はみ出した軟膏は清潔な綿やガーゼで拭きとります。チューブの先を清潔なガーゼで拭いて蓋をします。

❻点耳法

　看護動物の耳介を持ち、必要量を滴下します。耳の疾患の場合は、いたみをともなっている場合が多いため、耳を持とうとしたり周辺部位に手が触れたりするだけでも嫌がって攻撃的になることがあります。口輪などをし、人を咬む経験をさせないようにしましょう。滴下後は、外耳道の上のあたりをやさしくマッサージします。あふれた薬液や耳垢は、拭き綿（ワッテ類）で拭きとり、使用済みの拭き綿はすぐにゴミ袋に捨てます。使用した溶液の点耳薬を適切な場所に保管します。

第9章 生殖器系

生殖器系とは

生殖器は、**生殖腺**と**副生殖器**からなります。生殖腺は雄では精巣、雌では卵巣のことをいい、生殖子、すなわち雄の精子と雌の卵子を生産する器官です。また、生殖腺はホルモンも分泌します（**表1**、解剖については「ビジュアルで学ぶ動物看護学」図⑨-1〜6を参照して下さい）。

表1

産生部位	ホルモンの名称	作用
精巣	テストステロン	男性化作用
卵巣	エストロゲン	女性化作用
	プロゲステロン	女性化作用

生殖器のしくみ

◎雄性生殖器

犬と猫では、生まれた直後には、精巣はまだ腹腔内に存在しています。陰嚢内への精巣下降が終了するのは、犬で生後約30日、猫では生後約20日です。精巣で精子が作られるためには、体温よりも低い温度条件が必要となります。そのため、陰嚢壁の厚さを変え、精巣の位置を変え、血管がはたらくことで、陰嚢内は体温よりも約4〜6℃低い温度に保つことができるようになっています。したがって、鼠径部もしくは腹腔内に精巣が存在する潜在精巣の場合には、精巣が高い温度環境にあるために、正常な精子形成をおこなうことができません。

犬の副生殖腺である前立腺は加齢とともに肥大しますが、去勢することによって縮小します。これに対して、猫の前立腺は小さく、加齢にともなって前立腺が肥大することはありません。

犬の陰茎の基部には亀頭球という特徴的なふくらみがあり、交尾時に雌犬の腟に陰茎が挿入された後に完全な勃起が起こり、この亀頭球がふくらむことに

よって膣から抜けにくくなります。この状態をコイタルロックといい、勃起がおさまると交尾が終了します。

猫の陰茎は約 1〜1.5 cm 程度の大きさで、周囲にはとげのような突起物があります。この突起物は、去勢をおこなうと消失します。

◎ **雌性生殖器**

雌の生殖器である卵巣、卵管および子宮は、それぞれの間膜によって腹膜からつり下げられています。

犬の発情徴候としては、外陰部の腫大、外陰部からの出血および頻尿がみられます。猫では独特な鳴き声、人にすり寄るしぐさやローリング（床の上で寝転ぶ）などの行動の変化が起こります。

犬では卵胞が完全に発育すると排卵が起こります（自然排卵）。しかし、猫では交尾によって排卵が誘起されます（交尾排卵）。交尾がないと排卵は起こらず、成熟した卵胞は排卵されずにやがて閉鎖してしまいます。

排卵後の卵胞には黄体が形成され、黄体から黄体ホルモン（プロゲステロン）が分泌されます。犬では排卵後のプロゲステロンの分泌は、妊娠の有無にかかわらず約 2ヵ月間（妊娠とほぼ同じ期間）続きます。この期間に犬は**偽妊娠**の状態になり、乳汁の分泌や巣作り行動をすることがあります。

乳房の数は犬では 5 対、猫では 4 対存在しますが、個体によってその数に若干の差がみられます。

観察ポイント

◎ **雄性生殖器**

陰嚢（精巣）および陰茎（包皮）の外傷の有無や、形態異常（左右不対称など）のほか、陰嚢の中に精巣が正常にあるかどうかといった、潜在精巣のチェックもおこないます。また触診時にいたみの有無について確認をします。

◎ **雌性生殖器**

外陰部の異常は、見て確認することができます。外陰部の大きさおよび形態を観察し、外陰部から異常な分泌物が出ていないかを見ます。卵巣や子宮は、外観からは確認できません。けれども、卵巣や子宮が腫大するような卵巣腫瘍、子宮蓄膿症などの疾患では、腹部膨満が認められることがあるため、お腹が急にふくらんできていないかを確認します。また、雄、雌ともに乳腺に異常がないかを確認します。丁寧に触診することによって乳腺腫瘍を見逃さない

ようにします。

検査

◎雄性生殖器
○直腸検査
　雄犬の前立腺肥大症では、直腸に手を入れて前立腺を触診することによって、肥大しているかを確認することができます。ゴム製の手袋を使用し、潤滑のためにキシロカインゼリー®などを手袋に塗りこむことが多いです。

○超音波検査
　前立腺の検査をするときに有効です。異常がある時は針吸引生検などをおこなえば、良性か悪性かを判定できることがあります。また潜在精巣も、腫大化していれば容易に検出できることがあります。

○血液検査
　セルトリ細胞腫という精巣腫瘍では、血中のエストロゲン値が高くなり、骨髄抑制がみられることがあるため、CBC検査が必要となります。

◎雌性生殖器
○超音波検査
　妊娠診断においては、超音波検査がもっとも有効です。妊娠しているかを早期に確認できるだけでなく、胎子の心臓の動きをとらえることで、胎子の生死を判別することができます。妊娠中の異常、たとえば外陰部からの異常な出血や分泌物がみられた時は流産が起こっている可能性があり、超音波検査によって胎子の生死を確認することが必要となります。また、子宮蓄膿症や子宮水症などの子宮内に液体が貯留する疾患では、非常に有効な検査法となります。

○血液検査
　子宮蓄膿症では、白血球数の上昇や炎症が全身の臓器に影響を与えるため、CBC検査および血液生化学検査をおこなう必要があります。

○X線検査
　腹部が膨満している時に、腹腔内の状況を確認するのに有効です。また犬では妊娠約45日齢以降、猫では妊娠約40日齢以降の胎子の骨が骨化する時期

以降であれば、胎子数を正確に判定する手段として役立ちます。胎子の頭蓋骨と脊椎の数を数えれば、胎子数を知ることができます。

◯膣スメア検査

雌犬の発情中に膣内の細胞を採取し、塗抹・染色をおこなって、有核上皮細胞（ゆうかくじょうひさいぼう）と角化細胞の割合を観察します。発情段階のうちで、現在どの状況にあるかを観察することができます。発情中、膣内の有核上皮細胞は卵胞から分泌されるエストロゲンによって角化細胞に変化します。この検査をおこなうと、交配適期をある程度決定できます。

生殖器系の病気

◎雄性生殖器の病気

潜在精巣は幼齢期のワクチン接種の時期に発見されることが多いです。そのため、その時期に陰嚢に精巣が正常にあるかを確認するとよいでしょう。潜在精巣では精子形成はおこなわれません。また、幼齢期に潜在精巣があると、高齢になるにつれて前立腺疾患や精巣腫瘍の発生率が増加します。精巣腫瘍の危険性は正常であった場合に比べて、約10倍以上であることが知られています。精巣が、腫大・硬結などの異常を触知した場合は、精巣腫瘍の可能性が考えられます。

前立腺疾患は血尿、失禁、便が出にくいなどの症状を示します。このような症状があり、触診による疼痛や、元気・食欲の低下などがみられる高齢の犬では、検査をして前立腺疾患を確定診断する必要があります。

◎雌性生殖器の病気

高齢になるにつれて、子宮蓄膿症および乳腺腫瘍などが多くみられます。

子宮蓄膿症は子宮腔内に膿液が貯留する疾患です。黄体期に起こることが多く、この疾患を疑う場合には、最終の発情出血がいつ起こったかを確認する必要があります。また強い全身症状を示していることが多く、適切な対症療法をおこなったあとに卵巣・子宮全摘出術をおこなうのが一般的な治療法です。

乳腺腫瘍は乳腺にできる腫瘤のことで、良性腫瘍と悪性腫瘍（乳腺癌）があります。触診により腫瘤が触知できた場合は、針生検をおこなうことが多いです。しかし、針生検では必ずしも良性か悪性かを判定することができないため、外科手術により腫瘍を摘出し、病理組織検査をすることによって確定診断をおこないます。

Step Up

生殖器系疾患をもつ動物の看護

①子宮蓄膿症をもつ看護動物
入院目的：卵巣子宮全摘術と静脈内抗生物質投与術後の管理
治療：外科療法、術後の創部消毒と抗生剤の投与

1）一般的な看護問題
①高齢のため、麻酔のリスクが高く状態が急変する可能性がある。
②慢性及び末期のため、多臓器不全となり死にいたるおそれがある。
③術後の疼痛により、元気食欲が減退するおそれがある。
（④初めての入院の場合、入院のストレスから回復が遅れるおそれがある。）

2）一般的な看護目標
①手術後3～5日目に状態が急変せず退院できる。
②創部の二次感染を起こさない。
③術後疼痛による元気消失、食欲減退を起こさない。
（④ストレス症状を起こさず、退院できる。）

3）観察項目
・TPR、元気さ、食欲、嘔吐・下痢の有無、疼痛の有無
・多飲多尿、脱水、おりものの有無と性状、陰部周辺の汚れ
・腹部の膨大、尿毒症の症状の有無
・創部の状態のチェック（出血・腫れ・浸出液の有無、癒合状態）
・点滴管理、ストレス症状のチェック（脱毛、食欲不振）

4）看護介入
・術前検査（超音波検査、胸のX線検査、心電図検査、血液検査）を安全安楽にスムーズにおこなう。
・この疾患では初めて入院する看護動物が多いため、飼い主家族の臭いのついているのものを持ってきてもらうなど、看護動物が安心できるような工夫をする。
・術前の点滴を確実におこない、術中も管理する。
・指示通りの抗生物質の投薬を確実にする。
・手術前に、必ず飼い主家族に検査結果を報告する。
・術前の検査結果をもとに麻酔のリスクを考え、術中のモニタリングに注意し、状態の変化に気をつける（エマージェンシーボックスを準備しておく）。
・摘出された病変部は、写真撮影をし、膿盆（のうぼん）に保存し、飼い主家族に説明できるようにする。
・術後体温が38度以下なら、ヒーターを使用する。

- 覚醒した後、カラーをする。
- 上記の観察事項を見回りのたびにチェックし、朝夕の回診時と状態が変化した時に獣医師に報告する。術後は頻繁に観察する。
- いたみがひどい様子なら、鎮痛剤を投与する。
- 創部を消毒（中性水・ゲンタシン軟膏）し、ケージ内のタオルをこまめに替えて清潔にする。必要なら湯拭きして被毛を清潔にする。
- 軟膏は、創部を合わせるように、細かく塗る。
- 必要があれば、出血が止まった後にレーザー治療を促す。
- 排尿を我慢しないように、促すようにする。
- 食欲がない場合は、缶詰などを与え、食欲を促すようにする。
- 優しい声がけと優しい接し方をする。

②乳腺腫瘍をもつ動物の看護

入院目的：乳腺腫瘍切除術とそれにともなう術後の管理
治療方針　外科療法、術後の創部消毒と抗生剤の投与

1）一般的な看護問題
①高齢のため、麻酔のリスクが高く状態が急変するおそれがある。
②創部が大きいため、二次感染しやすく、癒合がうまくいかないおそれがある。
③術後の疼痛により、元気食欲が減退するおそれがある。
（④初めての入院の場合、入院のストレスから回復が遅れるおそれがある。）

2）一般的な看護目標
①手術後3日目に状態が急変せず退院できる。
②創部の二次感染を起こさない。
③術後疼痛による元気消失、食欲減退を起こさない。
（④ストレス症状を起こさず、退院できる。）

3）観察項目
- TPR、元気さ、食欲、嘔吐・下痢の有無、疼痛の有無
- 創部の状態のチェック（出血・腫れ・浸出液の有無、癒合状態）
- ドレーンの滲出液の有無、きちんと挿入されているかを確認
- ストレス症状のチェック（脱毛、食欲不振）

4）看護介入
- 術前検査（胸のX線検査、心電図検査、血液検査）を安全安楽にスムーズにおこなう。
- この疾患では初めて入院する看護動物が多いため、飼い主家族の臭いのついているものを持ってきてもらうなど、看護動物が安心できるような工夫をする。

9. 生殖器系

- 可能であれば、術前のシャンプーをする。
- 術前の点滴を確実におこない、術中も管理する。
- 手術前に、必ず飼い主家族に検査結果を報告する。
- リスクが低ければ、避妊手術も一緒にすすめる。
- 術前の検査結果をもとに麻酔のリスクを考え、術中のモニタリングに注意し、状態の変化に気をつける（エマージェンシーボックスを準備しておく）。
- 摘出された病変部を検査に出すか確認し、固定液を準備し、すみかに郵送する。
- 飼い主家族に検査結果に時間がかかることを説明する。
- 術後体温が38度以下なら、ヒーターを使用する。
- 覚醒した後、カラーをする。
- 上記の観察事項を見回りのたびにチェックし、朝夕の回診時と状態が変化した時に獣医師に報告する。術後は頻繁に観察する。
- いたみがひどい様子なら、鎮痛剤を投与する。
- 創部を消毒（中性水・ゲンタシン軟膏）し、ケージ内のタオルをこまめに替えて清潔にする。必要なら湯拭きして被毛を清潔にする。
- 軟膏は、創部を合わせるように、細かく塗る。
- 排尿を我慢しないように、促すようにする。
- 食欲がない場合は、缶詰などを与えて食欲を促すようにする。
- 一日2回の投薬。投薬ができるか確認する。
- 優しい声がけと優しい接し方をする。
- 抜糸は2回にわけることを説明する。

看護時と日常的な生活での配慮

◎雄性生殖器

　幼齢期の雄犬が来院した時には、必ず陰嚢内に精巣が正常にあることを確認します。また、陰嚢に腫れがないかなども確認しましょう。血尿や排尿障害などの症状が認められた場合には、尿検査、X線検査、超音波検査、直腸検査などをおこなって、前立腺疾患と膀胱炎の鑑別をきちんとおこなう必要があります。

◎雌性生殖器

　発情のサイクルが正常であるかを確認する必要があります。そのためには問診時に、発情出血がいつごろあったかを確認します。発情出血が30日以上続いている場合には、卵巣の異常などが考えられますので注意が必要です。ま

た、飼い主家族に乳腺の位置を説明しておきます。そうすることによって、日々のスキンシップをおこなう際に、乳腺の位置にしこりがないかどうかを確認することができるようになります。

看護アセスメント

排泄の援助

開腹手術や乳腺腫瘍を全切除した場合は、排泄物で創部が汚れやすくなります。排泄後に創部の状態を観察し、清潔に保ちましょう。また、いたみがあるとトイレを我慢することもみられます。十分に水分をとれるようにしておき、決まった時間に排泄を促すようにします。疼痛が強い場合は鎮痛剤を獣医師に処方してもらい、疼痛が緩和しているかどうかを観察しましょう。

9. 生殖器系　疾患看護

●代表的な疾患
9-1. 前立腺疾患

1）特徴

○病態
- 犬でよく認められ、良性前立腺肥大症、前立腺嚢胞、前立腺膿瘍および前立腺癌に区分される。

○症状
- 前立腺疾患は血尿や、尿のしぶり、失禁や便が出にくいなどの症状を示す。触診による疼痛が認められることもある。そのほかの症状では元気・食欲の低下などがみられる。

2）検査・診断

○身体検査
●視診、触診
- 前立腺癌で、骨盤や腰椎への転移病変がある場合、後肢の跛行、触診による疼痛が認められることがある。
- 前立腺膿瘍が悪化した場合、発熱、元気・食欲の低下などがみられることがある。

○検査
●血液検査
- 前立腺膿瘍が悪化した場合には、白血球の上昇や、好中球の左方移動が認められることがある。

● X 線検査
- 前立腺に腫大や石灰化が認められることがある。

●超音波検査
- 良性前立腺肥大症では、均質で、肥大した前立腺の画像がみられる。
- 前立腺嚢胞では、前立腺の中に大小の嚢胞（エコーフリー）を形成しながら、前立腺が肥大する。
- 前立腺膿瘍では、大小の膿が充満した嚢胞が確認できる。
- 前立腺癌では、不整に腫大した前立腺が認められることがある。

●直腸検査
- 雄犬の前立腺肥大症では、直腸に指を入れて前立腺を触診することによって、肥大しているかを確認する。この際にはゴム製の手袋を使用し、潤滑のためにキシロカイン®ゼリーなどを手袋に塗りこむことが多い。

●精液検査
- 前立腺膿瘍の場合、採取した前立腺液の中に白血球が多数みられることによって診断できる。

●尿検査
- 前立腺疾患などの生殖器系疾患の場合には、血尿が主訴であることが多い。よって尿検査をおこない、泌尿器疾患との鑑別をする。

3）治療

- 良性前立腺肥大症、前立腺囊胞、前立腺膿瘍の場合に去勢をすると、前立腺が縮小する傾向がある。去勢のほかに抗アンドロゲン製剤を用いた内科療法が可能となるが、根治治療ではない（再発する可能性がある）。
- 前立腺膿瘍では、全身的な抗生物質治療をおこなう。前立腺癌では前立腺を摘出する必要がある。

看護アセスメント

4）一般的な看護問題	5）一般的な看護目標
・排尿・排便障害により看護動物のQOLが低下している。 ・夜間も頻尿が続いている。 ・残尿により尿路感染を引き起こす可能性がある。 ・前立腺癌の場合には、摘出の際の術創、尿路から感染を起こす可能性がある。 ・術創のいたみ、尿道留置カテーテルによる違和感がある。 ・去勢を選択した場合は、手術による麻酔リスクがある。	・看護動物のQOLが上昇される。 ・看護動物が自力で排尿・排便がコントロールできる。 ・尿路感染を起こさない。 ・看護動物の術後のいたみ、違和感がコントロールされる。

6）看護介入

①診察・治療を受ける際の援助
- 高齢動物に麻酔をかけて去勢をする場合が多いため、術前の検査と飼い主家族へのインフォームド・コンセントを十分におこなう。
- 内科療法を選択する場合は、根治治療ではないため再発する可能性があるということを、飼い主家族に十分インフォームド・コンセントする。
- 前立腺癌では骨盤または後肢の骨、肺などへの転移が多いため、手術をしても予後が悪いことが多い。飼い主家族に十分なインフォームド・コンセントをしたうえで治療を開始するべきである。

②前立腺疾患症状の緩和
- 良性前立腺肥大症、前立腺囊胞、前立腺膿瘍では去勢をおこない、適切に治療をすることで予後は良い。

9-2. 乳腺腫瘍

1) 特徴

○病態
- 乳腺にできる腫瘤のことで、良性腫瘍と悪性腫瘍（乳腺癌）がある。犬の乳腺腫瘍の発生率は、全腫瘍の30%であるといわれている。乳腺腫瘍の約50%が悪性であり、平均発症年齢は10～11歳である。猫の乳腺腫瘍は全腫瘍の約17%であり、発症年齢は9～14歳で、犬と異なり80～90%が悪性腫瘍であることが知られている。
- 早期に避妊手術をすると、乳腺腫瘍の発生率が低下することが報告されている。炎症性乳癌の予後は非常に悪い。

○症状
- 乳腺にしこりが確認できる。

2) 検査・診断

○身体検査
●視診、触診
- しこりの硬さや大きさをチェックする。
- 単発性でないことも多いため、必ずすべての乳腺を確認する。
- 腋窩リンパ節や浅鼠径リンパ節に転移することも多いため、必ずリンパ節の触診をおこなう。

○検査
●血液検査
- CBC
   白血球の増加は、自壊している部位に感染が起こっている場合か、炎症性乳癌の場合に認められる。
- 血液生化学検査
   炎症性乳癌の症例では、C反応性蛋白（CRP）が上昇する。そのほか高齢時に多くみられる疾患であるため、腎機能や肝機能に悪化が認められないかを評価する。
   摘出手術には全身麻酔が必要であるため、術前に血液検査をおこない、麻酔が可能であるかを評価する。

●針生検検査
- 乳腺腫瘍の針生検では、乳腺腫瘍であるかどうか判定できる（脂肪腫や肥満細胞腫との鑑別）。良性腫瘍か悪性腫瘍かを確定診断するためには、摘出後の病理組織検査が必要である。

3) 治療

- 外科手術による腫瘍の摘出

看護アセスメント

4) 一般的な看護問題	5) 一般的な看護目標
・術後の疼痛、浮腫が起こる可能性。 ・術創からの感染が起こる可能性。	・術後の疼痛が最小限である。 ・二次感染を防ぐ。

6) 看護介入

①術前の看護
- 高齢であることが多いため、動物の一般身体検査をよく評価する。
- 指示された薬物療法を確実に実施する。
- 点滴量および尿量を正確に把握する。

②術中、術後の看護
- 指示された薬物療法を確実に実施する。
- こまめに状態を把握する。
- 尿量を定期的に確認する。
- 体温を定期的に測定する。
- 術後の傷口の様子を確認する。
- いたみがある場合はストレスによって傷の治りが悪くなることも考えられるため、獣医師と相談し鎮痛処置も検討する。

③飼い主家族への支援
- 手術のリスクの説明。
- 術前に一般身体検査、血液検査、X線検査などで全身状態を評価したうえで、手術のリスクを飼い主家族に十分に説明する。

9-3. 子宮蓄膿症

1）特徴

○病態
- 原因菌は大腸菌であることが多い。子宮内で増殖した細菌が産生する内毒素（エンドトキシン）によりさまざまな症状を引き起こす。
- エンドトキシン血症になるとさまざまな臓器にダメージを与える。特に腎不全を引き起こすと死亡する可能性もある。

○症状
- 避妊をしていない高齢犬で食欲不振、元気消失、発熱、嘔吐、腹部膨満、外陰部からの排膿および多飲多尿などの症状が認められたら本疾患を疑う。

2）検査・診断

○身体検査
●視診、触診
- 腹部膨満、外陰部からの排膿が認められることがある。

●体温測定
- 発熱が認められる。

○検査
●血液検査
- 白血球数の増加が特徴的な所見となる。白血球の中でも特に桿状核好中球の増加（左方移動）が認められる。血液生化学所見では、BUN、CRE、ALP値の上昇が認められることがある。

●排膿液の検査
- 外陰部からの排膿液を染色後に顕微鏡で見て、細菌や変性した好中球が認められれば本疾患が疑われる。

●画像診断
- X線検査や超音波検査をおこない液体の貯留により腫大した子宮を確認する。（「ビジュアルで学ぶ動物看護学」図⑨-19を参照）

9. 生殖器系　疾患看護

3）治療

- 輸液による脱水の補正や抗生物質による対症療法をおこなった後に、卵巣・子宮全摘出術をおこなうのが一般的な治療法であり、もっとも推奨される。手術ができない場合（飼い主家族の同意を得られない、全身状態の悪化により麻酔がかけられないなど）は内科的治療（プロスタグランジン製剤または抗プロゲステロンレセプター剤）が適用される。
- 手術は一般的な避妊手術とは異なり、術後の合併症なども含めてリスクがあるため、飼い主家族とよく相談をして治療方針を決定するべきである。

看護アセスメント

4）一般的な看護問題	5）一般的な看護目標
・症状が悪化してしまう。 ・食欲不振および嘔吐による栄養状態の悪化。 ・高体温が持続してしまう。 ・敗血症による腎不全の危険性。	・飼い主家族が症状の悪化を防止できる。 ・食欲の改善。 ・脱水の改善。 ・活動性の亢進。 ・合併症（腎不全など）の予防。

6）看護介入

①術前の看護
- 指示された薬物療法を確実に実施する。
- 点滴量および尿量を正確に把握する。
- 重篤な症状であることが多いため、こまめに状態を確認する。
- 体温をこまめに測定する。
- 起立不能の場合は体位の交換を必要に応じておこなう。

②術中、術後の看護
- 指示された薬物療法を確実に実施する。
- こまめに状態を確認する。
- 嘔吐がなければ飲水を開始し、食事の開始時期も検討する。
- 術後に合併症が起こっていないか（不整脈、腎不全など）確認する。
- 心電図モニターを設置する。
- 尿量を定期的に確認する。
- 体温を定期的に測定する。
- 術後の傷口の様子を確認する。
- 血液検査による炎症改善の程度をみる。

③飼い主家族への支援
- 手術のリスクを説明する。
- 内科療法の副作用やその後の再発の可能性を説明する。

★看護解説 —生殖器編—

❶清潔を保つ

　雌性生殖器の疾患では、外陰部から分泌物が出る症状がみられることがあります。常に全身と陰部を清潔に保つ必要があります。あまりにも分泌物（帯下）が多い場合はナプキンを当てることも必要になるかもしれません。その際は、頻繁に交換するようにしてください。排泄のたびに、陰部の洗浄や清拭が必要になります。清潔に保持すれば治癒しやすくなりますし、二次感染の予防にもつながります。

❷飼い主家族の心理

　乳腺腫瘍の片側全切除などでは、手術の痕が大きいことに飼い主家族は大きなショックを受けることがあります。そのショックをしっかりと表出できるように信頼関係を築いておくことが大切です。動物看護師は飼い主家族の話を聞きつつ、創部が大きくなった理由を繰り返し説明し、看護動物の変化を飼い主家族が受けとめられるように支援します。

　飼い主家族の中には避妊・去勢についても否定的な人がいます。そのような時には、なぜその手術を嫌だと感じるのかしっかりと思いを表出してもらいましょう。その中から飼い主家族がどんな価値観をもっている人なのかパーソナリティの分析をし、どのような伝え方ならば受け入れてもらえるのかを考えます。

　犬や猫などの愛玩動物は野生動物と異なり、人間が繁殖しながら作り出しているものであること、現在の法律では、繁殖家として届け出をしている人が繁殖活動をおこない、一般の家庭犬では避妊・去勢手術をして飼養することが条例として謳われていること、何より避妊・去勢手術を施すことで中高齢での生殖器系の疾患のリスクが減ることなどを伝えます。

　飼い主家族の思いこみや感情による判断で決定されることのないように、話し合える時間や場所を設定することも大切でしょう。

第10章 外皮系

外皮系とは

　皮膚、被毛、羽毛、鱗、爪、皮膚腺とそれらの生成物（汗、皮脂、粘液）をまとめて外皮系とよびます。外皮系は動物のもっとも大きい器官系で、動物を外界から守るはたらきをすると同時に、まわりの環境に関する情報を脳に伝える役割を果たしています。

外皮系のしくみ

○皮膚

　皮膚は、動物の体を構成する重要な臓器の1つであり、体の外側全体を包んでいます。皮膚の厚さは体のどこでも均一というわけではありません。前額部、頸背部、背側部、臀部、尾根部の皮膚は分厚く、外耳、腋窩部、鼠径部、肛門周囲では非常に薄くなっています。皮膚の構造は、表皮、真皮、皮下織（皮下組織）という3つの層に分かれています。

　表皮は皮膚のもっとも外側に位置していて、頑健なシートにたとえられます。多層構造になっており、真皮との境にある最深部から基底層、有棘層、顆粒層、角質層（角層）の4層に分かれています。基底層には角化細胞という特殊な細胞層があり、ここで新しい細胞が次々に生み続けられていきます。生まれた細胞は有棘層・顆粒層へ押し上げられながらケラチン質を作り続けます。これを角化といいます。やがて角化細胞は死を迎えて角質（角質細胞）となり、ケラチン質そのものになります。角質にはケラチン質だけではなく天然保湿因子（NMF）という、肌にうるおいを与えるアミノ酸も含まれています。角質は最終的にたんぱく分解酵素のはたらきにより剥がれ落ちます。この一連の過程を皮膚のターンオーバー時間とよび、犬や猫では20～25日間のサイクルで皮膚が生まれ変わっていきます。

　表皮の内側にあるのが真皮で、下部は脂肪織と接しています。表皮と真皮は基底膜というシート状の線維で隔てられています。真皮はコラーゲンを代表とする線維とその線維間を埋めるゲル状の基質でできています。基質にはヒアル

ロン酸などの糖質が含まれています。真皮に存在する線維は膠原線維、弾性線維、細網線維、基質で構成されており、ひとくくりに細胞外マトリックスともよばれています。このうち膠原線維は真皮の約70%を占めていますが、その8割はⅠ型コラーゲンで、太い線維を形成して強靭な性質を示します。それに対して弾性線維は真皮に柔軟性を与え、基質に水分を保持したり、線維どうしを結合させて安定化させる役割を果たしています。これらの真皮の成分は建物における鉄筋コンクリートと同じようなはたらきをもっており、毛髪を生み出す毛包や脂腺、血管、リンパ管、神経といったさまざまな組織や細胞を保持しています。

　皮下組織とは真皮の下方にある層のことで、真皮と筋膜との間に挟まれた部位を指します。大部分が脂肪細胞で構成されており、脂肪の貯蔵所としての役割のほか、物理的外力に対するクッションの役目や体温喪失の遮断、熱産生といった保温機能にも重要な役割を果たしています。

○被毛

　被毛とは、体の表面を覆う動物の毛のことです。毛髪を囲む組織を毛包とよび、毛根にある毛母細胞が分裂を繰り返して毛髪が伸びます。毛の成長には周期があり、毛髪が伸びる時期（成長期）、抜ける準備をする時期（退行期）、抜け落ちるまでの時期（休止期）の3つの時期を繰り返します。これを毛周期とよび、時期によって毛根の形に違いがみられます。

○肉球

　犬や猫の指の数は前肢が5本、後肢が4本で、各指ごとに1つずつ肉球があります。前肢と後肢にある一番大きな肉球をそれぞれ掌球、足底球とよびます。肉球は犬や猫の外皮の中で被毛に覆われていない、もっとも負荷のかかる特殊な構造をもつ部位です。一般的に毛の生えている部分の表皮の厚さは0.02〜0.04 mmですが、肉球部の表皮は猫で1 mm前後、犬の肉球はさらに厚みがあります。足底（パッド）が分厚くなることを過角化とよびますが、これは寒暖の厳しい環境に曝されたり、屋外での活動が多かったり屋外で飼われている動物に多くみられます。一般的に加齢によってもパッドの過角化が生じます。また、整形外科的疾患を罹患して患肢を使用しなくなった場合（廃用）にも過角化します。これは地面に足を着かなくなり、パッドの角質層が剥離や磨耗しなくなったためです。四肢の廃用や加齢などから生じる過角化はひび割れを起こす原因にもなるため、フットケアの必要があります。

　一方、足底疣贅、いわゆるイボは人の足裏では一般的にみられますが、犬ではあまりみられません。グレイハウンド、特に競技に参加している犬などにた

10. 外皮系

まにみられる程度です。

　パッドの厚い表皮の下層には真皮がありますが、毛細血管を介さず動脈と静脈が直接結合する「動静脈吻合」という特殊な構造をしています。さらに豊富な静脈層があり、極地のような寒冷地でもパッドの温度を一定にして凍傷を防ぐ機能を果たしています。動静脈吻合はシベリアンハスキーやアラスカンマラミュートなどでよく発達しているといわれています。

　真皮の下層の脂肪織にも特徴があり、膠原線維と弾性線維が網目状に脂肪組織を構成して、非常に分厚くなっています。この構造は脂肪球ともよばれ、衝撃を吸収するクッションの役割と断熱効果による保温のはたらきをもつと考えられています。

○爪

　形状こそ違いますが、犬の爪は組織学的には人の爪と同じような構造をしています。爪が伸びる速度は、2歳までのビーグル犬で1.9 mm/週、加齢にともない 0.8 mm/週に低下するという報告があります。人の手指の爪は伸長率が高いといわれますが、成長のピークでも 0.7 mm/週程度で、さらに足趾の爪の成長率は手指の 1/2〜1/3 ほどです。人に比べると犬の爪の伸びる速度は非常に速いことがわかります。室内犬の爪が定期的に処置をしないと巻き爪になってしまうのも頷けるでしょう。また、爪の基部は皮膚との移行部分が陥入しているため、細菌やマラセチアが増殖しやすい部位です。

　一方、猫の爪は人や犬と違って層状に剥がれます。脱皮するように剥がれる爪を爪鞘（つめさや）といいます。爪鞘は爪とぎをする際の衝撃によりひびが入って脱落し、新しい爪鞘が現れます。猫は、爪とぎ器などを与えると爪の手入れをしますが、爪を研いでいても先端は鋭いため、家具や他人、自らを傷つけてしまうことがあります。定期的に爪を切ったり爪先にキャップをつけるなどのケアが鋭い爪先から守るために必要でしょう。また、高齢の猫では爪をしっかり研げないため爪鞘が剥がれないこともあるので、その場合は爪を切ってあげましょう。

観察ポイント

　皮膚病の観察ポイントには、2つの側面があります。1つは体のどの部分に皮膚の病変（皮疹）があるのか、という全体をみる視点。もう1つは皮疹の形態を観察して判断するという細部をみる視点です。この2つの方法から皮膚病の所見をとらえます。ここでは、重要度の高い寄生虫疾患である疥癬と毛包虫症と、近年動物病院を訪れる看護動物の中で占める割合が増えている犬の

アレルギー性皮膚疾患について説明します。

○疥癬

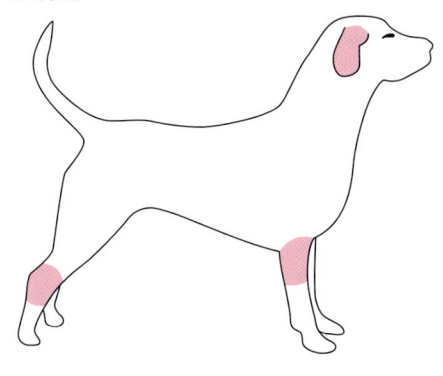

病因はヒゼンダニの感染です。もっともかゆい皮膚病で、診察台の上で処置をしていても掻くことを繰り返す看護動物が多くみられます。

【皮疹が生じやすい部位】 耳介の辺縁部分。踵関節部や肘部の伸側部（外側部）に皮疹が生じます。耳介の耳道入り口や耳介平面ではブドウ球菌とマラセチアによる皮膚炎が多くみられますが、辺縁部分のみに強い症状が現れるときは疥癬が強く疑われます。

【皮疹の特徴】 強いかゆみがある箇所を掻くことで生じたびらんや痂皮をともなう擦過症と厚い鱗屑が覆っている皮疹が特徴です。ただし、他のそう痒性皮膚炎でも生じる、脂漏症や二次的に生じた毛包炎も併発します。

○毛包虫症

ニキビダニ（おもに *Demodex canis*）が毛包内で増殖し、炎症を起こすことによって生じる皮膚炎です。1箇所、または数か所の皮疹が生じる場合は局所型といい、全身の5か所以上か、2肢以上の足に生じた場合は全身性に分類します。診断はおもに皮膚掻爬試験と抜毛試験で虫体を検出することでおこないます。

【皮疹が生じやすい部位】 眼瞼およびその周囲、口唇およびその周囲、四肢、特に前肢の末端部が好発部位ですが、どの場所にも起こりえます。

【皮疹の特徴】 脱毛が生じて、鱗屑が目立つ紅斑を示します。慢性経過をたどると、色素沈着を起こします。毛穴（毛包）の深い所でニキビダニが増殖するため、続発性皮膚疾患である深在性膿皮症を併発してびらんや血痂(けっか)、排膿、結

節が生じることもあります。

○ノミアレルギー性皮膚炎

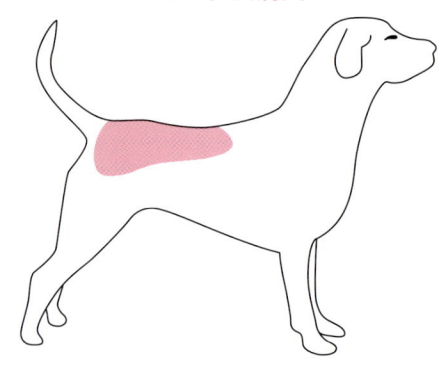

寄生したノミが吸血する際に、真皮内に注入した唾液に対するアレルギー反応を起こした結果生じるとされています。犬アトピー性皮膚炎や食物アレルギーを基礎疾患にもつ看護動物はノミアレルギー性皮膚炎を生じやすいため、これらの皮膚炎とオーバーラップしている場合が多くみられます。

【皮疹が生じやすい部位】腰から尾の付け根あたりにかけて皮膚症状が現れます。
【皮疹の特徴】脱毛、丘疹、痂皮をともなう紅斑を呈する急性湿疹。強いかゆみのため、背中を擦りつけたり噛んだり掻いたりします。その結果、高度な色素沈着をともなったり続発性の表在性膿皮症になったりします。

○犬アトピー性皮膚炎

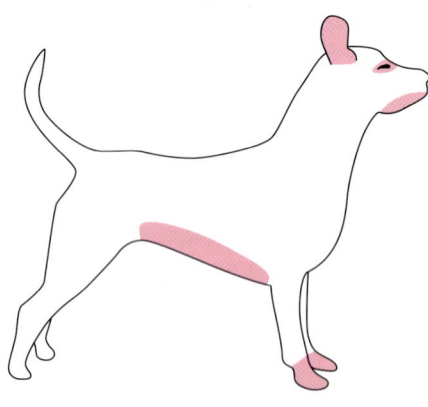

遺伝性素因が関与した、かゆみを主徴とする慢性の皮膚疾患。
【皮疹が生じやすい部位】顔面（特に眼瞼と口唇周囲）、外耳の内側と耳道、四肢端（足先）とパットの間、腹部（特に腋窩と鼠径部）、肘と膝の内側のいずれかの部位に皮疹がみられます。
【皮疹の特徴】紅斑をともなう湿疹で、かゆみの程度で脱毛の程度が違います。慢性病変では、色素沈着を起こし皮膚が厚くなった（肥厚した）皮疹を示し、苔癬化とよばれる湿疹病変がみられます。表在性膿皮症とマラセチア皮膚炎などの続発性疾患が高頻度で生じるため、毛包炎、膿胞、脂漏性皮膚炎などをともなう高度な苔癬化病変を示すことがあります。

○解剖学的な特徴や品種特異的な解剖学的な形態、個体の基礎疾患による非特異的な湿疹の発症

　全身性の皮膚病では、左右両側に病変が出ます。しかし、実際には片側に湿疹が強かったり、耳や足先のみに病変が偏ったりします。

　外耳炎を発症している際には、耳介だけでなく頚部を後肢で強く掻く傾向があります。皮膚表面より深部にある耳道にかゆみがあるために結果的に頚部をひっかく行動がみられます。また、股関節形成不全や膝蓋骨脱臼の看護動物では、罹患部や症状の重い患肢をかばって同一側の後肢を使い続けたり同じ向きで側臥位を取り続けたりするため、変則的な湿疹がみられることがあります。猫の場合は、掻く行動だけでなく舐めることがかゆみやいたみに対する行為として現れることがあります。猫のアレルギー性皮膚炎では両側性の脱毛を呈したり、膀胱炎がある際には鼠径部を中心に舐性の脱毛症が生じることがあります。

○そう痒が原因となる自傷行為の予防

　アレルギー性皮膚炎はかゆみの原因となるだけでなく、続発性皮膚疾患を引き起こし非常に強いかゆみに発展します。慢性的に掻くことで皮膚炎を増悪させた結果、掻くという行動が自傷行為に発展させてしまうことを防ぐためにも、毎日のケアの一環として爪を切ることを勧めましょう。アレルギー性皮膚炎が原因となる眼瞼部のかゆみから、慢性的な頭部の擦り付けや眼瞼周囲のひっかき行為が生じます。慢性的に掻くことでかゆみを増強し、細菌性結膜炎、眼瞼部の表在性膿皮症やマラセチア皮膚炎を生じてさらに強いかゆみになってしまったり、掻き過ぎて角膜潰瘍を生じたり、角膜穿孔に至ってしまう可能性もあります。このような疾患を招かないよう、エリザベスカラーやムーンカラーなどを積極的に使用して掻くことを予防しましょう。

> **看護ポイント！**
> 皮膚病を引き起す基礎疾患として代謝性疾患を覚えておきましょう。代表的疾患は、甲状腺機能低下症とクッシング症候群です。

検査

○皮膚スクラッチ検査（皮膚掻爬検査）

　おもに、疥癬、ニキビダニ、真菌の検出を目的とします。病変部の一部をメス刃や鋭匙、スパーテルを用いて掻きとり、顕微鏡で検査します。たとえば、

10. 外皮系

鱗屑（フケ）が多い部分、脱毛部分、紅斑や丘疹を呈している皮膚病変を対象とします。

【準備するもの】
　メス刃（または、鋭匙、スパーテル）、鉱油（ミネラルオイル、流動パラフィン）、DMSO 添加 KOH 溶液（KOH・DMSO 溶液）、スライドグラス、カバーグラス　注：KOH：水酸化カリウム（10～15%程度の濃度で添加）、DMSO：ジメチルスルホキシド（角層などへの浸透促進させるため添加）

【方法】
　メス刃（または、鋭匙、スパーテル）を用いて病変部を掻きとり、検体を採取します。ニキビダニや疥癬を疑っている場合は、病変部に鉱油を滴下したあと、皮膚をつまんで絞り出すイメージで掻きとりましょう。準備したスライドグラスに鉱油や KOH・DMSO 溶液を滴下しておきます。その上に病変部分から掻きとった検体（被毛、落屑、痂皮、丘疹部から掻きとったもの）を移します。その後、適度にサンプルを広げてカバーグラスをかけます。KOH 溶液の場合、数分から数十分静置してから観察する。被毛や角質が軟化して透過性が高まり観察が容易にできるようになる。

○毛検査

被毛の状態を観察し、皮膚糸状菌や毛包虫を簡易的に検出することを目的とした検査です。

【準備するもの】
　鉗子（モスキート鉗子など）、KOH・DMSO 溶液、スライドグラス、カバーグラス

【方法】
　鉗子を用いて病変部から抜毛をおこないます。皮膚糸状菌の検出を目的とする場合は、準備したスライドグラスに KOH 溶液を滴下しておき、検体である被毛を載せてカバーグラスをかけておきます。そして、数分から数十分静置してから観察する。

○直接塗沫検査

細菌とマラセチア菌、そのほかの病原体や細胞成分の検出をおこなうための検査です。

【準備するもの】
　スライドグラス、染色キット（簡易染色セット、ライトギムザ染色、グラム染色）、封入剤（マリノール、キシレンなど）、カバーグラス

【方法】
　病変部にスライドグラスを圧着させて、サンプルを取ります。耳道内や皺壁(すうへき)、指間（趾間）などは清潔な綿棒で病変部から検体を採取して、綿棒をスライドグラスに転がしながら検体を塗りつけます。その後、必要であればスライドグラスを乾燥させてから、染色します。再度観察したり外部の検査機関に提出する際は、定法に従って封入剤を用いてカバーガラスを被せて標本を保存しましょう。

○テープストリッピング検査
　直接塗沫検査の変法です。
【準備するもの】
　セロハンテープ（有機溶媒により変色しない高品質のものが望ましい）、染色液（簡易染色キットの第三液、ニューメチレンブルーなど）
【方法】
　病変部にセロハンテープを張り付けて、はがすと粘着面にサンプルが採取されます。スライドグラス上に数滴分の染色液を載せておき、その上にセロハンテープを貼り付けます。そのまま、顕微鏡で観察します。

○ウッド灯検査
　波長365 nmの紫外線を発光するランプ（ウッド灯）をもちいる検査です。犬と猫の真菌感染では、*Microsporum canis*という皮膚糸状菌の一種がウッド灯検査で検出されます。また、感染動物の約50％以上がウッド灯陰性といわれているため、陰性だった場合は追加検査として真菌培養検査をおこなうべきか検討します。
【準備するもの】
　ウッド灯
【方法】
　ウッド灯を点灯してから3～5分程度たち輝度が安定してから使用しましょう。暗室かもしくは暗くした検査室で、看護動物の病変部にライトを当てて蛍光を発する皮膚や被毛を探します。鱗屑なども感染に関係なく発光するため、"青りんご色"に蛍光する毛髪などを確認します。また、確定診断のため発光している検体を採取して培養検査に供するとよいでしょう。

○培養検査
　細菌培養と真菌培養検査があります。細菌培養の際は、理想的には新鮮で破れていない膿疱に注射針で穴をあけて流出する膿を採取します。理想的な病変

10. 外皮系

部がない場合は、病変部を滅菌綿棒で 15〜20 秒ほど拭って採取するスワブ法をおこないます。その際、乾燥した病変部では綿棒を滅菌水などで湿らせてから採取します。真菌培養検査には、真菌の感染の有無を調べる検査と治療効果を調べる検査があります。おもに後者ではマッケンジーブラシ法により広範囲から検査材料を採取する方法がとられます。

【準備するもの】
細菌培養：輸送培地、注射針、ディスポーザブル手袋（理想的には滅菌手袋）
真菌培養：皮膚糸状菌試験用培地（DTM 培地）、鉗子（モスキート鉗子など）、新品の歯ブラシや小型の櫛（個包装されているものが良い）

【方法】
　細菌培養の場合は、外部検査機関に依頼するのが一般的でしょう。その場合、検査機関に送るための培地である輸送培地を使用します。輸送培地のキットに付属している滅菌綿棒を使って新鮮な膿疱を注射針で破り、流出した膿を採取します。そのまま、輸送培地に差し込んで送ります。この作業をするときは手指に付着した細菌が混入しないように、ゴム手袋を使用することが大切です。

　真菌培養の際は、病変部、特に脱毛した病変部の辺縁の被毛を鉗子で採取して、DTM 培地に接種します。また、治療効果を確認する場合は、感染部位を中心として清潔な歯ブラシや櫛で広範囲に検体（落屑や被毛）を採取して培地に移します。最初の 7〜10 日は毎日観察をして培地の変色を確認します。とくに、2 週間以上の培養して培地全面に真菌が増殖した培地が変色した場合は、皮膚糸状菌でない可能性があるため真菌の同定をする必要があります。

○皮膚生検

　非典型的な皮膚病変、腫瘍、深在性の感染症、自己免疫性皮膚疾患を疑う病変などが対象となります。

【準備するもの】
　生検用ディスポーザブルパンチ（一般的に直径 4〜8 mm を使用）、剃毛用剪刀、スピッツ管など（検体用の容器）、10％ホルマリン溶液、厚紙（濾紙など）、簡易用手術セット（1 例として、眼科剪刀、鑷子、針つき縫合針（モノフィラメントのナイロン糸など）、持針器、メス柄が最低限含まれていること）

【方法】
　検体用の容器（スピッツ管など）に 10％ホルマリン溶液を入れて準備をします。病変部を生検用ディスポーザブルパンチで採取します。根元にあたる組織を眼科剪刀で切断したのち、検体を載せる大きさに切った厚紙に載せま

す。その後、ホルマリンの入った容器に移します。検体の入った容器を、病理検査をおこなう外部検査機関に送ります。

○ アレルギー検査

　アレルゲンとなる抗原の皮内注射をおこなってアレルギー反応を観察する皮内検査と血液中にある IgE が環境抗原に反応するか調べる抗原特異的 IgE 検査があります。最近では、血液中のリンパ球を用いた抗原特異的リンパ球刺激試験、アレルギーに関連するサイトカインやリンパ球の表面抗原を検査する新しい検査も登場しています。ただし、皮内反応検査に関しては、国内での抗原の入手が難しく、一部の機関でしかおこなわれていない状況であるため、ここでは説明を省きます。

【準備するもの】
　注射針、注射筒、血清用の採血管（または検査機関から提供された採血管）
【方法】
　外部検査機関が推奨する血液量を採取する。血清用の分離管に移して、血清を分離した後に指定のサンプル管に移して外部検査機関に送ります。

○ 血液検査

　総血球計算、生化学検査、電解質検査、血中ホルモン検査をします。特に、血中のホルモン検査は内分泌疾患を基礎疾患とした皮膚病が疑われる場合に重要です。この検査では検体を外部検査機関に送る場合が多いので、血液の分離方法を確認する必要があります。内分泌疾患を基礎疾患とする皮膚病については、内分泌系の項目を参照してください。

【準備するもの】
　注射針、注射筒、各種採血管
【方法】
　定法に従うため、説明を省略します。

外皮系の病気

　外皮系の病気は、原発性皮膚疾患と続発性皮膚疾患にわけられます。原発性皮膚疾患とは、原因となる因子により直接皮膚病が起きる疾患です。一方、続発性皮膚疾患は、ある疾患に罹っている場合に、その影響で生じる皮膚疾患を指します。続発性皮膚疾患には、膿皮症とマラセチア皮膚炎が属しており、犬の皮膚病の中で大きな割合を占めているため重要な概念です。

10. 外皮系

　また、症状から分類するときには、そう痒性皮膚疾患と脱毛症、そのほかの皮膚病という大きな括りでわける概念があります。来院する看護動物の中でもっとも多いのがそう痒性皮膚疾患ですが、原因は実にさまざまで、外部寄生虫の感染、微生物（細菌、真菌）による感染、アレルギー性疾患（ノミアレルギー性皮膚炎、アトピー性皮膚炎、食物アレルギーなど）、内分泌疾患の基礎疾患となる続発性疾患（甲状腺機能低下症、副腎皮質機能亢進症など）があります。

　脱毛症には、そう痒性皮膚炎による外傷性脱毛、感染症による脱毛（内分泌性皮膚疾患による脱毛（甲状腺機能低下症、副腎皮質機能亢進症など）、性ホルモンに関連した脱毛（アロペシアX、エストロゲン過剰症など）、炎症による脱毛（全身性エリトマトーデス、円形脱毛症など）、腫瘍（菌状息肉症、猫腫瘍随伴性脱毛症など）、先天性脱毛（無毛症、色素希釈性脱毛など）、その他（特発性、薬剤性、栄養障害、瘢痕性脱毛症、休止期脱毛状態など）があり、同じような症状でも原因は多岐にわたります。その他の皮膚病の中で重要な疾患は、自己免疫性皮膚疾患です。発生率は低いものの、落葉状天疱瘡と全身性エリトマトーデスに遭遇する頻度が高いでしょう。

看護時と日常的な生活での配慮

　人獣共通感染症について正確な知識を持ち、罹患している看護動物と飼い主家族が家庭で生活するうえで気をつけるべきポイントを、担当獣医師とコンセンサスをもってアドバイスする必要があります。

看護アセスメント

皮膚疾患の看護動物と飼い主家族の特徴

　皮膚症状は皮疹のかたちをとって、看護動物のかゆみやいたみを飼い主家族に気付かせ、さまざまな問題を引き起こします。慢性に経過する場合には、慢性疾患特有の問題（精神的・身体的負担や生活活動の制約）を引き起こすことも少なくありません。

　皮膚病変にともなう症状として、そう痒（かゆみ）は、皮膚疾患あるいは皮膚病変のもっとも代表的な症状です。かゆみは局所的なものと全身的なものがありますが、程度は個体差があります。必ずしも皮膚病変の程度や範囲とは一致しないことに注意が必要です。そう痒がある場合、看護動物は反射的に脚で

その部分を掻いたり、口で噛んだりすることが多く、足や口が届く範囲で掻いていることあります。

　掻くことは一時的にはかゆみを軽減するかもしれませんが、さらにそう痒感が増強したり、皮膚を掻き壊して症状を悪化させたり、二次感染を引き起こしたりといった問題も生じます。ですから、まず第一にそう痒感をできるかぎり軽減するケアが必要になってきます。

　かゆみを強く感じる場面を考えてみましょう。

　皮膚面が温まったり乾燥したりするとかゆみが増強します。室内の湿度を保ち、乾燥している場合は保湿性のあるスプレーを噴霧することも有効です。局所的なそう痒ならワセリン類を塗布することもできます。散歩や運動の後は、冷たいタオルで清拭してあげるとかゆみが軽減するでしょう。

　疾患によっては、いたみ（疼痛）や発赤・腫脹をともなうことがあります。持続的な疼痛は、身体的にも精神的にも大きなストレスとなるため、ときには平静が保てなくなり、イライラしている様子がみられます。日常の生活に支障が出るようなら、一時的に薬物の使用を獣医師に相談することも必要です。いったん、いたみが落ち着いた時にケアなどをするとよいでしょう。

　落屑は、飼い主家族へ不快感を与えることがあります。特に、血液や膿汁・漿液などの分泌物のある病変部は、不潔になりやすく悪臭が増強します。局所皮膚を清潔に保ち（保清）、適切に処置することが重要です。皮膚疾患に対する治療法は、外用薬による外用療法（軟膏療法）がおもなものですが、長期の療養を要する慢性の疾患では、原因療法と並行して対症療法をおこない、再発や増悪を抑制します。皮膚疾患では、飼い主家族の精神的な苦痛と不安が強くともなうのが特徴といえます。病変が見えるため、見る者に不快感や嫌悪感を与えるような皮膚病変や広範囲な皮膚の変化があると、飼い主家族の大きな精神的苦痛となります。愛犬の外観の変化に思い悩む飼い主家族が多くいることを覚えておきましょう。

　これらの苦痛が飼い主家族の精神的なストレスとなり、情緒不安定になり十分なケアをすることができなかったり、思うような治療の経過を得ることができずさらに悩んでしまったりすることもあります。

●代表的な疾患

10-1. 膿皮症

1）特徴

膿皮症は、毛包と隣接する皮膚における皮膚表面の細菌の感染症である。この疾患は犬では非常に多い皮膚病の1つだが、猫ではほとんどみられない。表在性膿皮症を理解する上で重要なのは、皮膚表面の常在菌のひとつであるブドウ球菌属の増殖が原因となっていることが多い点である。この疾病は感染症に分類されるものの、健康な動物では皮膚表面や毛包に原因菌が存在していても異常増殖したり病気を引き起こすことはない。表在性膿皮症に罹患した看護動物が皮膚病になりやすい状態であること（基礎疾患があること）が膿皮症の発症に係わる。

①病態

- 原因菌は *Staphylococcus pseudintermedius*、*Staphylococcus schleiferi*、*Staphylococcus aureus* などのブドウ球菌である。
- 病因による分類：原発性（一次性）、続発性（二次性）に分類される。続発性が最も頻繁にみられ、皮膚自体の異常や、免疫学的、代謝性の異常で生じ、そう痒性皮膚疾患（犬アトピー性皮膚炎、疥癬、ノミアレルギーなど）、内分泌性疾患や免疫抑制剤の服用（後天的な免疫機能の低下）に続発するものを指す。原発性は、原因がない（現時点で原因が究明できない）場合や、遺伝的な免疫機能不全症が該当する。
- 病態による分類と疾患の分類：膿皮症は、表面性膿皮症と表在性膿皮症、深在性膿皮症に分類される。表面性膿皮症には、化膿性外傷性皮膚炎と間擦性皮膚炎（皮膚の皺壁皮膚炎）がある。表在性膿皮症には膿痂疹（若齢犬の膿皮症）、表在性毛包炎、表在性拡大性膿皮症がある。深在性膿皮症はさらに、癤（フルンケル）と癰（カルブンケル）、蜂窩織炎（フレグモーネ）に分類されて、深在性細菌性毛包炎、化膿性外傷性毛包炎、肛囲膿皮症、指間の癤腫症（指間掌蹠の面

2）検査・診断

●問診

- 発症年齢、避妊または去勢、雌の場合は春機発動や発情、入手先、そう痒発生時の年齢、飼い主家族の観察によるそう痒の部位の聞き取り、食事内容、飼育環境（散歩コースも含めて）、同居動物や他の動物との接触、同居動物のそう痒、飼い主家族の皮膚病、過去の皮膚病の既往歴と季節性、ノミの発生と予防に関して聞き取る。

●皮膚スクラッチ検査（皮膚搔爬検査）

- 疥癬または毛包虫を検出する重要な検査である。これらの感染症に続発する単純性膿皮症や毛包虫が原因となる深在性膿皮症も一般的に認められるため皮膚病の診断に頻繁に使用される検査手技である。

●毛検査

- 皮膚糸状菌の検出および毛包虫を簡易的に検出することが目的である。猫のそう痒症や脱毛症では必ず皮膚糸状菌症の鑑別診断として実施する。

●テープストリッピング検査

- 細菌の検出とともに、好中球を観察して変性や菌体の貪食像を検査する。また、マラセチア菌の検査をおこない、マラセチア皮膚炎、または膿皮症とマラセチア皮膚炎の併発を確認することが重要である。

●直接塗沫検査

- 化膿性外傷性皮膚炎や深在性膿皮症では、血様漿液や膿をスタンプして直接塗沫標本を作成して検査をおこなう。テープストリッピング検査と同様の目的である。

胞および毛包囊腫)、ジャーマン・シェパードの膿皮症、蜂窩織炎がある。

② 症状
- 表面性膿皮症：化膿性外傷性皮膚炎は非常に強いかゆみを生じる。日本では夏に下毛の厚い犬種で生じることが多く、強いかゆみに対する自傷のため、境界明瞭な脱毛部は発赤して腫脹している。間擦性皮膚炎は、顔面や口唇、外陰などの皺襞、尾根部、肥満犬の腋窩や鼠径部など間擦部に生じ、かゆみが強い。
- 表在性膿皮症：膿痂疹は春機発動前の若齢犬の発症が多い。腋窩部や鼠径部に生じ、症状は軽度で、痂皮の付着した膿疱や表皮小環ができ、かゆみは強くない。表在性毛包炎は毛包に一致した紅斑から丘疹、膿疱を呈し、かゆみが強い。表在性拡大性膿皮症では、表皮小環は環状で脱毛して周囲に鱗屑を付着する。皮疹には発赤や腫脹をともなうことが多い。治癒すると色素沈着を残す。かゆみは軽いものから強いものまでさまざまである。
- 深在性膿皮症：丘疹、膿疱、色素脱失、脱毛、血疱、びらん、潰瘍、痂皮、瘻孔からの血様漿液や膿の排出。病変部は非常にかゆみが強いか、痛々しい症状を示す。また、所属リンパ節の腫脹がみられる。体幹部や圧迫部に現れることが多いが、どの部位にもできうる。看護動物が敗血症に至っている場合、発熱や食欲不振、沈鬱などを含むさまざまな臨床症状を示す。

● ウッド灯検査
- 皮膚糸状菌症の検出のため実施する。特に、猫のそう痒症や脱毛症では必ず確認をする。

● 培養検査
- 第1選択薬の抗生物質で治療の反応が悪い場合や深在性膿皮症が疑われる場合に実施する。

● 皮膚生検
- 膿皮症以外の疾患を鑑別するためにおこなう。毛包虫症や落葉状天疱瘡、多形紅斑、皮膚上皮向性リンパ腫などと鑑別する。
- 深在性膿皮症の場合は、皮膚生検で採取した組織を培養検査に提出することもある。

● 血液検査
- 総血球計算、生化学検査、電解質検査、血中ホルモン検査が対象である。
- 基礎疾患となる代表的な疾患は、犬では、甲状腺機能低下症、副腎皮質機能亢進症である。

3）治療

- 表面性、および表在性膿皮症の抗生物質の選択は第1選択薬としてセフェム系抗生物質を使用する。クラブラン酸アモキシシリン、トリメトプリム・サルファジアジン、オフロキサシン、ミノサイクリンなど多岐にわたる抗生物質を使用することができる。意図した治療効果を示さない場合は、多剤耐性ブドウ球菌や緑膿菌の感染を疑い、細菌培養・抗生物質感受性検査を実施した上で抗生物質を選択する。
- 抗生物質の投与と並行して、薬浴を実施することが勧められる。酢酸クロルヘキシジンを含有した薬用シャンプーが使用される。0.5％濃度のものを用いることが多いが、多剤耐性ブドウ球菌や基礎疾患を有している看護動物には2％の酢酸クロルヘキシジンを含有するスクラブ製剤が使われる。過酸化ベンゾイル、乳酸エチル含有の薬用シャンプーも同様の効果を期待して使用できる。

- 膿皮症は一般的にはグルココルチコイドの使用は勧められない。ただし、化膿性外傷性皮膚炎は強いかゆみが原因のためグルココルチコイドの皮下投与や服用を5〜10日間おこなう。さらに、病変部の皮膚を剃毛し、局所の洗浄を積極的におこなう。
- 深在性膿皮症の場合は、原則的に抗生物質の感受性検査をする。必要であれば、皮膚生検をおこない、採材した組織を用いて細菌培養・抗生物質感受性検査をする。感受性検査に基づいた抗生物質の服用を長期間継続する（最低でも6〜8週間）。
- 深在性膿皮症では症状に合わせて毎日〜週2回程度薬浴をする。多くの場合、体表面に多数の痂皮が付着しているが、薬浴に合わせてできるだけ浸軟させて除去していく。多剤耐性ブドウ球菌が原因の場合は1日おき、もしくは毎日の薬浴が必要である。

＊看護アセスメントについてはP.244のStep Upを参照。

10-2. マラセチア皮膚炎

1）特徴

マラセチア皮膚炎はおもに *Malassezia pachydermatis* が原因菌である。マラセチア菌は健常な動物の皮膚にも存在する常在菌叢のひとつであるが、過剰増殖することで病原性を生じて皮膚炎を起こすと考えられている。マラセチアが過剰増殖するのは、皮膚を掻くことなどにより皮膚バリア機能が破たんしたり、基礎疾患の影響で免疫が低下したり、肥満や短頭種でみられる深い皺（皺壁性皮膚炎）が原因である。マラセチア皮膚炎の好発犬種は、ウエストハイランド・ホワイトテリア、ダックスフント、シーズー、コッカー・スパニエル、ジャーマン・シェパード、シェットランド・シープドック、コリー、プードル等と多岐にわたり、これらの犬種を脂漏（症）犬種と称することもある。

① 病因
- 犬のマラセチア皮膚炎はなんらかの基礎疾患の影響により原因菌が過剰増殖し、その結果として発症する。基礎疾患あるいは背景として、犬アトピー性皮膚炎や食物アレルギー、内分泌疾患（特に甲状腺機能低下症）、脂漏症（炎症性皮膚炎や内分泌疾患などが原因となる皮脂の増加）、寄生虫感染（特に毛包虫症）、グルココルチコイドの長期間の服用などが挙げられる。

2）検査・診断

● 問診
- 発症年齢、避妊または去勢、雌の場合は春機発動や発情、入手先、そう痒発生時の年齢、飼い主の観察によるそう痒の部位の聞き取り、食事内容、飼育環境（散歩コースも含めて）、同居動物や他の動物との接触、同居動物のそう痒、飼い主家族の皮膚病、過去の皮膚病の既往歴と季節性、ノミの発生と予防に関して聞き取る。

● 皮膚スクラッチ検査（皮膚掻爬検査）
- 疥癬または毛包虫を検出する重要な検査である。これらの感染症に続発する単純性膿皮症や毛包虫症が原因となる深在性膿皮症も一般的に認められるため皮膚病の診断に頻繁に使用される検査手技である。

● 毛検査
- 皮膚糸状菌の検出および毛包虫を簡易的に検出することが目的である。猫のそう痒症や脱毛症では必ず皮膚糸状菌症の鑑別診断として実施する。

● テープストリッピング検査
- マラセチアの検出にもっとも頻繁に用いられる検査法。顕微鏡で強拡大（対物レンズ×40や×100）して観察する。形態が楕円形で、発芽をして"雪だるま"状にみられるのが典型的マラセチアの菌体である。

- 猫では、猫免疫不全ウイルス（FIV）感染症や糖尿病、内臓の悪性腫瘍といった基礎疾患にともなってマラセチア皮膚炎がよく認められる。また、猫が腫瘍随伴症候群に罹ると脱毛をともなって重度の脂漏症になり、全身性のマラセチア皮膚炎の原因となる。

②病態
- 犬と猫のマラセチア皮膚炎の原因菌となるのは、ほぼ *Malassezia pachydermatis* である。このマラセチア属は健康な犬や猫の正常細菌叢にも存在し、正常犬では口唇と足先でもっとも多い。猫でも耳道内や皮表から検出される。

③症状
- かゆみは一般的に強い。局所あるいは全身にいたる発赤、脱毛、擦過傷、脂漏をみとめる。マラセチア皮膚炎が慢性化すると、病変部の皮膚が硬くて分厚くなり（苔癬化）、皮膚の色が茶褐色から黒色に着色し（色素沈着）、さらに変化が進むと"象皮様"と形容される皮膚になる。そのような皮膚は独特の不快な体臭を放つことから診断がつきやすい。

【好発部位】
頭部　：耳道内（外耳炎）、耳介内側（耳道入り口付近が多い）、口唇（特に皺壁）
体幹部：頸部腹側、腋窩、腹側部（鼠径部や腹部の正中線が多い）、肛門周囲、外陰部の皺壁
四肢　：指とパットの隙間、大腿部内側、四肢の屈曲部

- 膿皮症との鑑別または併発している場合には、細菌の検出とともに、好中球を観察して変性や菌体の貪食像を検出する。

●直接塗沫検査
- 化膿性外傷性皮膚炎などの急性湿疹を示す過度の掻き壊しによる病変部や深在性膿皮症では、血様漿液や膿をスタンプして直接塗沫標本を作成して検査をおこなう。マラセチアが原因または併発しているか検査する。テープストリッピング検査と同様の目的である。

●ウッド灯検査
- 皮膚糸状菌症の検出のためおこなう。特に、猫のそう痒症や脱毛症では必ず確認をする。

●培養検査
- マラセチア皮膚炎の診断にはあまり実施されない。ただし、多剤耐性菌のブドウ球菌による膿皮症の併発が疑わしい場合には実施する。
- テープストリッピング検査で陰性で、マラセチアに対するアレルギーを疑う場合にクロモアガー・マラセチア・カンジダ培地で酵母菌の培養をおこなう場合がある。

●皮膚生検
- マラセチア皮膚炎以外の疾患を鑑別するためにおこなう。毛包虫症や落葉状天疱瘡、多形紅斑、皮膚上皮向性リンパ腫などが鑑別となる。

●血液検査
- 総血球計算、生化学検査、電解質検査、血中ホルモン検査が対象である。
- 基礎疾患となる代表的な疾患には、犬では、甲状腺機能低下症、副腎皮質機能亢進症である。

＊看護アセスメントについては P.244 の Step Up を参照。

10-3. 毛包虫症

1）特徴

①病因

- 毛包虫症とは犬でよくみられる、しばしば重症となる皮膚疾患である。通常よりも多くのニキビダニ（毛包虫）が皮膚で増殖することによって引き起こされる。宿主の免疫機能の低下や先天的な異常によりニキビダニの増殖を抑えられないことが原因と考えられている。
- ニキビダニ科はニキビダニ属 Demodex 属のみであり、広く哺乳類の皮膚の分泌腺に寄生する。全ての種の哺乳類に、特異的に種分化したニキビダニが寄生していると考えられている。生活史は、卵から幼虫、第1若虫、第2若虫を経て、合計3回の脱皮を経て成虫となる。犬の毛包虫症の原因となるニキビダニとしては、D. canis、D. cornei、近年確認された D. Injai の3種類が存在している。
- 出生直後には毛包虫を認めないが、生後2〜3日の間に授乳する母犬から新生仔へ直接的に伝搬する。ほとんどの健康な犬の皮膚では宿主によりダニの数が低く抑えられているので Demodex の虫体を検出することは困難である。また、毛包虫症を発症した看護動物から健康な成犬への伝播は生じないこともわかっている。毛包虫は生活環の全期にわたって表皮や毛包内で生活する。宿主を離れた一般的な室内環境（気温20度、湿度40％）の下では、45〜60分以内に急速に死滅する。
- D. canis は健康な犬のほとんどに存在し、皮膚に常在する寄生虫として共生していると考えられている。毛包内や皮脂腺、皮脂腺管にすみ、細胞や皮脂、表皮壊死物を食べて生活している。ほとんどの毛包虫症で検出されるニキビダニである。
- D. cornei は、D. canis と同時に発見される。体長が D. canis の雌の約半分であり、角質層に生息しているのが特徴である。おそらく、D. canis と同じく皮膚に常在しており、出生後早い段階で母犬から移るものと考えられている。
- D. injai の雄は D. canis の雄の2倍以上、雌は D. canis の雌の1.5倍以上と体が長い。胴体の背側によく認められ、D. canis とおなじく毛包や皮脂腺に生息している。

2）検査・診断

○診断

- 毛包虫症は通常、皮膚掻爬検査で虫体を検出することで診断される。ニキビダニは皮膚で共生する寄生虫であるが、過剰に増殖しない限り検査で虫体を認めることは滅多にない。

●問診

- 発症年齢、避妊または去勢、雌の場合は春機発動や発情、入手先、そう痒発生時の年齢、飼い主家族の観察によるそう痒の部位の聞き取り、食事内容、飼育環境（散歩コースも含めて）、同居動物や他の動物との接触、同居動物のそう痒、飼い主家族の皮膚病、過去の皮膚病の既往歴と季節性、ノミの発生と予防に関して聞き取る。
- 若年発症型の全身性毛包虫症では、栄養不良、手術の侵襲、一時預け、発情（雌）などのストレスに関連する出来事の有無を聴取する。また、治療でステロイド剤の投与歴（経口薬、外用薬、注射薬）が重要であり、抗生物質などその他の治療歴も聴取する。

●皮膚スクラッチ検査（皮膚掻爬検査）

- 疥癬または毛包虫を検出する基本的な検査である。これらの感染症に続発する単純性膿皮症や毛包虫が原因となる深在性膿皮症も一般的に認められるため皮膚病の診断に頻繁に使用される検査手技である。
- 掻爬する部位は看護動物によって異なり、病変が1か所であれば1か所でよいが、全身性毛包虫症が疑われる場合では3か所以上の検査を実施すべきである。

- 猫の毛包虫症の原因となるニキビダニとしては、3種類が存在するとされている。*Demodex cati* と *Demodex gatoi* で、他の１種類の猫のニキビダニは命名されていない。前者は正常な猫に常在しているニキビダニである。犬の *Demodex canis* と同じく毛包に住んでいる。後者は、体長が *Demodex cati* の約半分程度と非常に短いことが特徴である。寄生箇所は皮膚の角質層である。

② **病態**

【犬の毛包虫症】毛包虫症の臨床的分類は局所性、全身性、足皮膚炎の３型に分類される。また、発症年齢から若年発症型と成犬発生型にわけられる。

- 局所型毛包虫症：発症のピークは３～６ヵ月齢で、通常は治療をしないでも治癒する。治癒後の再発はまれで、全身性へ進展することもほとんどない。耳道にのみ生じる感染様式があり、耳垢が多い外耳炎（耳垢性外耳炎）の症状を示す。
- 全身型毛包虫症：全身性毛包虫症の病態は完全にはわかっていない。虫体が病気を起こす作用が強いわけではなく、宿主である犬がニキビダニの数を抑制することができずに増殖してしまったために発病すると考えられている。
- 純血種に多いこと、同腹仔がほとんど罹患すること、常染色体劣性遺伝の形式で発症していることから、発症しやすい因子は遺伝性をもつと考えられている。発病する動物は、ダニ特異的Tリンパ球の機能異常のためニキビダニの増殖を抑えることができないという仮説があり、全身性毛包虫症を発症した看護動物とその兄弟と両親は繁殖に用いるべきでないとされている。
- 一般的に18ヵ月齢未満の犬で多いが（若年発症型）、4歳を超えて発症した全身性毛包虫症（成犬発症型）の看護動物は、副腎皮質機能亢進症や甲状腺機能低下症、糖尿病、リンパ網内系悪性腫瘍などによって免疫能が低下している場合が多い。診断した時点で前述のような基礎疾患が診断されない場合も、12～18ヵ月後に発症することもある。そのため、成犬発症型の全身性毛包虫症では、明らかな基礎疾患が見つからない場合も引き続き経過を見ることが重要である。

- 生存ダニ/死滅ダニの比率、卵・若虫に対する成虫の比率を記録する。一般的に、最初は、虫卵と生きている若虫の割合が成虫より多く、治療中にも虫卵と生存若虫の割合が多ければ治療方法のなんらかの変更が必要であることを示す。死滅ダニの比率が増加すれば治療の成果が上がっているため、治療法の継続を支持する検査結果となる。
- 猫の毛包虫症では、*D. gatoi* が感染性のそう痒性疾患のため、検査時に *D. cati* と *D. gatoi* の鑑別をすることが勧められる。

● **毛検査**

- 被毛の毛周期の検査、皮膚糸状菌の検出および毛包虫の簡易的な検出を目的とする検査である。
- 四肢の肢端や眼瞼の皮膚といった敏感な部位や保定が難しい部位の検査に向いている。
- 患部から引き抜いた被毛をスライドガラス上に静置して鉱油（パラフィンなど）とカバーガラスをかけて観察する。観察時のポイントは、被毛の毛根（毛包）部の周辺を観察することである。毛検査は非常に容易な検査のため毛包虫の検出にもよくおこなわれるが、皮膚掻爬検査より感度が低い可能性があるため、毛包虫症の鑑別診断といった重要な検査をする際には皮膚掻爬検査を省くべきでない。

● **テープストリッピング検査**

- 膿皮症とマラセチア皮膚炎の鑑別や毛包虫症の併発疾患を検査するためにおこなわれる。また、毛包虫が検出されることもある。

- 膿疱性毛包虫症：犬の全身性毛包虫症の多くの看護動物で、膿皮症が併発している。丘疹や膿疱をともなった表在性膿皮症にかかっているが、毛包内で増殖した虫体の影響でブドウ球菌などの感染が生じる。続いて細菌感染が進むと毛包が炎症反応で破壊される癤腫症に進行する。毛包は真皮の深い所に達しているため、周辺の奥の毛包に生じた癤腫症が融合すると、広範囲の真皮を傷害する蜂窩織炎へと拡大する。指間部にこの病変が生じることが多く、重篤な毛包虫性足皮膚炎となる看護動物がみられる。
- 毛包虫性足皮膚炎：全身性毛包虫症の看護動物が治癒に向かった際に、足先の病変だけが残る場合が多い。また、全身性毛包虫症にかかっていないが、足先のみ毛包虫症に罹患する場合もある。指と指間の病変は続発性の膿皮症に進展しやすいため、症状が進んで慢性化しやすい。その結果、いたみが強く炎症の強い蜂窩織炎に発展する傾向がある。

【猫の毛包虫症】
- *D. cati* による毛包虫症は、免疫異常や全身性基礎疾患のある看護動物に発症する。*D. cati* は常在している毛包虫であるため、一般的に他の猫への感染は問題とならない。基礎疾患として、糖尿病や甲状腺機能亢進症、FIV、FeLV をともなうことが多い。また、サイアミーズやバーミーズに好発する傾向がある。
- *D. gatoi* による毛包虫症は、*D. cati* とは違って、健康な猫に感染するとそう痒性の皮膚疾患を起こすため、猫の間での感染性のそう痒性皮膚炎と捉えられている。*D. gatoi* による毛包虫症は、猫の皮膚病として比較的新しく認められた疾患である。北米では、南部に発生地域が集中するが、ヨーロッパでは、イギリス、フランス、オーストラリア、フィンランドなどで散発的な報告があることから、*D. gatoi* が発生している地域の繁殖施設やキャットショウでの感染が原因となって拡散した可能性があると考えられている。

③症状
【犬の毛包虫症】
- 局所型毛包虫症：顔面と前肢に好発する１か所から数か所の小さな紅斑や落屑をともなって、慢性化すると色素沈着をともなう脱毛斑として生じる。発症のピークは３〜６ヵ月齢の若齢で生じる。

●直接塗沫検査
- 化膿性外傷性皮膚炎などの急性湿疹を示す、過度の掻き壊しによる病変部や深在性膿皮症では、血様漿液や膿をスタンプして直接塗沫標本を作成して検査する。マラセチアが原因または併発しているか検査する。テープストリッピング検査と同様の目的である。

●ウッド灯検査
- 皮膚糸状菌症の検出のためおこなう。皮膚糸状菌症はさまざまな皮疹を呈するため、局所性毛包虫症の鑑別診断に必要である。特に、猫のそう痒症や脱毛症では皮膚糸状菌症を疑って検査をおこなうべきである。

●培養検査
- 毛包虫症の検査・診断には用いられない。ただし、併発する多剤耐性菌のブドウ球菌の感染による膿皮症の併発が疑われる場合に適切な抗生物質の選択のために実施する。

●皮膚生検
- 皮膚搔爬検査が陰性の場合でも、看護動物が本症に罹患していることが強く疑われる場合は、皮膚生検を実施する。疥癬と異なり毛包虫症の看護動物では病理組織学検査により虫体が発見されることが多い。
- 毛包虫が原因となる深在性膿皮症と混同しやすい疾患として、無菌性結節性脂肪織炎、深在性の真菌症と鑑別する必要がある。また、落葉状天疱瘡や多形紅斑、皮膚上皮向性リンパ腫などの鑑別としてもおこなわれる。

- 全身型毛包虫症：全身にわたる感染、2肢以上の病変、あるいは5か所以上の病変を指す。18ヵ月齢未満の犬で始まる。春機発動以降の発症は少なく、4歳以降の成犬で発症することはさらに少ない。
- 膿疱性毛包虫症：犬の全身性毛包虫症の多くの看護動物で丘疹や膿疱をともなった表在性膿皮症にかかっているが、慢性化すると癤腫症へすすみ、広範囲を患うと蜂窩織炎へと拡大する。非常に強いいたみと排膿を認め、痂皮をともなう滲出性のびらんや潰瘍が生じる。この状態は深在性膿皮症という。重症な場合には、元気を消失し発熱し、全身のリンパ節の腫脹が生じて、敗血症に至る場合もある。
- 毛包虫性足皮膚炎：四肢の先端にあたる手背部（手・足の甲）や指間部に病変部が限局している。深在性膿皮症に進展して、疼痛や浮腫といった症状が強い場合が多い。

【猫の毛包虫症】
- *D. cati* による局所性毛包虫症は非常にまれであるが、眼瞼部や眼の周囲、頭部、頸部に認められる。かゆみの強さはさまざまで、斑状の脱毛、落屑、痂皮の付着といった症状を示す。また、耳垢の多い外耳炎（耳垢性外耳炎）を起こす。基礎疾患が改善すると自然治癒することもある。*D. cati* による全身性の毛包虫症では、犬の全身性毛包虫症のような重度な皮膚炎にはならない。かゆみがないものから強いものまでさまざまで、脱毛をともなう淡い紅斑、鱗屑、痂皮などが観察される。病変部は、顔面、頸部、体幹部、四肢端にもっとも認められる。全身性疾患の症状を認めないことがある。
- *D. gatoi* は、*D. cati* とは違って、伝染性の毛包虫症である。同居猫や近隣の猫などにも同様の症状が発生したという来院時の訴えが重要な情報である。臨床症状は非常に強いかゆみである。鱗屑や折れた被毛、脱毛、自傷による擦過傷がみられる。とくに頭部、頸部、肘、胸側部、腹部、後肢に症状が生じて、色素沈着もすることもある。症状は両側性に生じるため、アレルギー性皮膚炎などの鑑別を要する。

●血液検査
- 総血球計算、生化学検査、電解質検査、血中ホルモン検査が対象である。
- おもな基礎疾患となる病気は、犬では、甲状腺機能低下症、副腎皮質機能亢進症である。犬の全身性毛包虫症の半数以上で、血清サイロキシン（T_4）のベースラインの値が低下しているが、甲状腺刺激試験をすると甲状腺機能は正常であることが多い。この場合は真の甲状腺機能低下症ではないとされ、偽甲状腺機能低下症とよばれる。

＊看護アセスメントについては P.244 の Step Up を参照。

10-4. 犬アトピー性皮膚炎

1）特徴

犬アトピー性皮膚炎は、遺伝的な素因と関連する炎症性でそう痒性の皮膚疾患で、一般的に環境中のアレルゲンに対するIgE抗体が関与する、特異的な臨床症状を示す皮膚疾患を指す。

①病態

- アトピー性皮膚炎の病態は完全には解明されていない。これまではIgEが関連する、環境中のアレルゲンに対するⅠ型とⅣ型アレルギー反応が病態に関与するという理解が一般的であったが、近年は皮膚バリア異常が病態の発症に重要であるとの説が有力である。また、屋外飼育よりも室内飼育の犬に発症が多いことから、感染症などに曝露されない衛生的な環境で過ごすことが発症に関与するという衛生仮説も根強く支持されている。遺伝的な側面も重要だが、アレルギー要因と皮膚バリア異常、環境要因の3要因により発症するといえる。
- 犬アトピー性皮膚炎はさまざまな症状を示す症候群を指すため、病気の診断は診断基準（クライテリア）に従って決定される。ただし、この診断基準は改変が続いている。P.244のStep Upに診断基準の原点であるWillemse（ウイルムス）の診断基準および最新の診断基準であるファブロ（Favrot）2010年診断基準を1例として挙げておく。

②症状

- 皮膚のかゆみ
- 慢性、再発性の皮膚炎
- 病変（皮疹）部位に傾向がある。顔面（特に眼瞼と口唇周囲）、外耳の内側と耳道（外耳炎）、四肢端（足先）とパットの間、腹部（特に腋窩と鼠径部）、肘と膝の内側のいずれかの部位に皮疹を認める。
- 続発性皮膚疾患（おもに、表在性膿皮症とマラセチア性皮膚炎）

2）検査・診断

●問診

- 発症年齢、親と同腹仔の病歴、症状の発症と期間、掻いている部位、掻く行動がみられる時期と場所（環境）、食事の内容、外部寄生虫の感染歴と予防の有無、入浴（シャンプー）の頻度、住環境（屋内環境と地域）、環境の変化（引越しや家族構成の変化）、同居動物の有無と同居動物の症状、飼い主家族の皮膚疾患（皮膚糸状菌症と刺咬症）

●皮膚検査

- 被毛ブラッシング検査、抜毛検査、皮膚掻爬検査、テープストリッピング検査、直接塗沫検査

●ウッド灯検査

●培養検査

- DTM培地（皮膚糸状菌の培養）、クロモアガー・マラセチア・カンジダ培地（マラセチアなど酵母菌の培養）、微生物輸送培地（細菌の培養と抗生物質の感受性検査を外部検査機関に依頼するため）

●アレルギー検査

- 皮内反応検査（限られた動物病院や大学でのみ実施されている）。抗原特異的IgE検査（国内では複数機関で利用できる）。その他に、食物抗原を検索するためのリンパ球幼若化試験、犬アトピー性皮膚炎の診断や治療効果を判定するアレルギー強度検査と命名されている特殊検査が利用できる。

●血液検査

- 総血球計算ならびに生化学検査、血中ホルモン検査（甲状腺ホルモン、コルチゾール測定）をおこなう。一部の看護動物でアレルギー性皮膚炎にともなって好酸球数が増加する場合がある。
- 犬では甲状腺機能低下症と副腎皮質機能亢進症が基礎疾患にあり続発性皮膚炎に罹患してそう痒が生じる。鑑別診断として血中ホルモン検査を含む血液検査から判断する。

3) 治療

- 続発性皮膚炎の治療が優先される。多くは表在性膿皮症とマラセチア皮膚炎である。この治療に並行して薬浴をおこない、寛解（症状が治まる）した後も一般の動物用シャンプーや犬アトピー性皮膚炎や脂漏症に適したシャンプーなどを利用して定期的に入浴（シャンプー療法）を継続する。
- 強いかゆみには低用量から頓服によるステロイド剤を投与する。抗ヒスタミン薬などのアレルギー薬は併用することが多い。体質改善を目的に、減感作療法やイヌインターフェロンガンマ療法などの免疫療法もおこなう。近年は急速減感作療法や舌下免疫療法など負担の少ない方法も試されている。強いかゆみがあるためにステロイド療法から離脱できない看護動物には、ステロイドの副作用を懸念して、シクロスポリンという免疫抑制薬の服用への変更がおこなわれている。
- 食物アレルギーを併発している看護動物には低アレルゲン食、新奇タンパク質食とよばれる手作り食または処方食の利用を勧める。

看護アセスメント

4）一般的な看護問題	5）一般的な看護目標
・そう痒の減少による生活の質の改善。 ・ステロイド剤（グルココルチコイド）とシクロスポリン服用による負担の評価。 ・入浴（シャンプー）の指導と継続。	・ステロイド剤の服用頻度の減少。 ・そう痒によるストレスを軽減する工夫をおこなう。 ・飼い主家族が望ましい保健行動をして、疾患の再発や増悪を招かないように適切に行動できる（入浴回数を増やす、動物病院に早期に連れて行くなど）。 ・看護動物のそう痒が軽減することで飼い主家族が安心できる。

＊看護介入については次頁の Step Up を参照。

10. 外皮系　疾患看護

Step Up

食物アレルギー
・皮膚疾患における食物アレルギーは、食物抗原が原因となって皮膚のそう痒を生じるそう痒性皮膚炎である。人では、食物アレルギーの症状のひとつにアトピー性皮膚炎が含まれる。一方、獣医療における犬アトピー性皮膚炎は環境抗原のみに限局されており、食物抗原が原因となる場合は食物アレルギーと厳密に分類する傾向がある。

Willemse（ウイルムス）の診断基準
大基準：かゆみ、慢性あるいは再発性の皮膚炎、アトピー性皮膚炎の好発犬種、アトピー性皮膚炎の家族歴、肢端・顔面の皮膚症状、足根の屈筋面あるいは手根の伸筋面の苔癬化

小基準：3歳以下で発症、顔面・口唇の炎症、細菌性結膜炎、表在性膿皮症、外耳炎、多汗症、抗原特異的IgGの上昇、抗原特異的IgEの上昇、皮内反応試験の陽性所見

最新の診断基準　ファブロ（Favrot）2010年診断基準
1. 発症年齢が3歳以下。
2. 飼育環境の多くが室内。
3. グルココルチコイドに反応する痒み。
4. 慢性・再発性のマラセチア感染症。
5. 前肢に皮膚病変を認める
6. 耳介に皮膚病変を認める
7. 耳の辺縁には皮膚病変がない
8. 腰背部には皮膚病変がない

5項目以上が該当する。

Step Up

皮膚疾患のある看護動物の看護
1）一般的な看護問題
・皮膚の刺激、乾燥によるそう痒感が強い
・皮膚の刺激物によって症状が悪化するリスクがある
・飼い主家族が薬を適切に使用できない場合に増悪するリスクがある
・皮膚のバリア機能低下と掻くことによる皮膚感染症のリスクがある
・飼い主家族が疾患による看護動物の外観の変化を受け入れられない
・治療が長期化することによって飼い主家族が治療の意欲を失ってしまう

2）一般的な看護目標
- そう痒感が軽減する（掻く頻度が減少する）
- 皮膚症状が寛解する
- 皮膚病変が寛解する
- 皮膚感染症が生じない
- 飼い主家族が疾患を受け入れることができる
- 飼い主家族が治療に対する意欲を維持できる

3）看護介入
①観察項目
- そう痒の程度と部位
- 皮膚の刺激物の有無
- 皮膚の乾燥の有無と程度
- 掻いた痕の有無と程度
- 症状の寛解の有無と程度
- バイタルサイン
- 皮膚の感染徴候の有無と程度
- 湿疹の形態と分布
- 薬の副作用
- 飼い主家族が外観の変化をどの程度受け入れているか
- 飼い主家族が治療への意欲を失っている理由や程度
- 血液検査などのデータ

②援助項目
- 皮膚の刺激物を除去する
- 皮膚の乾燥を予防するための処置をおこなう
- 指示通りの内服ができるように援助する
- スキンケアをおこなう
- 運動後や就寝前にスキンケアをおこなう
- 飼い主家族と外観に対する思いを話し合う
- 飼い主家族と疾患の特性について話し合う

③飼い主家族への支援
- 皮膚の刺激物を避けるための方法を指導する
- スキンケアの方法を指導する
- そう痒への対処を指導する
- 薬の使用方法を指導する
- 感染の徴候がわかるように指導する
- 疾患の寛解に向けて、おこなう必要があることを指導する

★看護解説 —外皮系編—

❶発疹

　皮膚または粘膜の病変を発疹とよびます。また、皮膚の発疹を皮疹、粘膜の発疹は粘膜疹といいます。これらの皮膚病変は、その経過によって原発疹と続発疹に大別されます。

　原発疹とは、健康な皮膚に初めて現れた発疹をいい、いくつかの種類にわかれています。皮膚面が隆起せずに一定の大きさの病変があるものを斑といい、赤みを帯びた紅斑を発赤といいます。皮膚面から隆起したものは大きさによって、丘疹（約5mm以下）、結節（約5mmから3cm）、腫瘤（約3cm以上）とよばれています。しかし、これらの大きさの区別は厳密なものではありません。また、被膜をつくり内容物を含むものを水疱（約5mm以上）、小水疱（約5mm以下）といいます。これらは内容物により、血疱、膿疱、嚢腫などともよびます。膨疹は、一過性の皮膚の隆起で、瘢痕を残さず消失するものです。

　続発疹は、原発疹に続発して生ずる発疹です。皮膚の欠損としては、びらん（表皮の欠損）、潰瘍（皮下組織まで達する組織欠損）、表皮剥離（掻き壊しによって生じた表皮の欠損）、亀裂（皮膚の線状の切れ目）などがあります。発疹のある皮膚の表面に角質が異常に蓄積した状態を鱗屑、鱗屑がはがれて脱落する状態を落屑といいます。浸出液や血液、膿または壊死組織が固まって皮膚表面に付着したものを痂皮といいます。

　発疹の性状を正しく理解するためには、個々の発疹の性状を詳細に観察することが重要です。発疹の種類、単発か多発か、多発の場合は発疹の数、大きさ、形、色調、固さ、配列の仕方、分布の特徴といった観点から観察していきます。

❷皮膚疾患での動物看護師の役割

　皮膚疾患の看護動物の特徴と問題点を十分に認識し、身体的な問題を明確にすることが大切です。そしてさらに、飼い主家族が看護動物の病態と治療上の条件を理解して前向きに治療に取り組み、少しでも犬との共生生活が快適に送れるように援助する必要があります。

　皮膚疾患は内外のさまざまな環境要因によって大きな影響を受けます。温度・湿度・日光など、皮膚に影響を与える環境条件を検討しましょう。適した生活環境（外的環境要因）を整えるとともに、被毛の手入れ・食事・排泄・睡眠などの生活習慣を調節し、体調の維持と環境への順応をはかります。

特に、皮膚疾患の回復を促し健康な皮膚を維持するためには、治療に適した食事を摂取することが必要です。栄養上の配慮がされた病状に即した食事を用意し、気持ちよく食べられるように援助することが重要です。食事には、飼い主家族の協力が不可欠ですので、飼い主家族への食事指導をしていきます。また、寝具は皮膚機能を保護すると同時に、直接皮膚に触れるものです。直接皮膚に触れる部分は、通気性のよい木綿製品を用いたり、必要に応じて頻繁に交換したり、保温・吸湿・通気性などに配慮することが大切です。なによりも清潔と乾燥を心がけましょう。

　そして、最後に、飼い主家族への精神的な援助をおこないます。慢性の皮膚疾患の場合、見た目だけでなく臭気などに悩まされることがあります。その結果、愛犬との生活が不快になってしまいます。飼い主家族が病態や治療の意義を正しく受け止め、意欲を低下させることなく治療を継続できることが重要です。飼い主家族の社会的な背景（経済状態や生活環境）なども把握して、疾患の治療と看護動物との共生生活が両立できるように支援していきましょう。

❸皮膚病の薬物治療について

　皮膚病の薬物治療としては、内用療法と外用療法があります。外用療法には、ノミ・ダニなどを除去する外部寄生虫駆除剤、炎症や免疫を抑えるための副腎皮質ステロイド剤、ヒスタミンの作用を抑えることによりかゆみを和らげる抗ヒスタミン剤、なめたり掻いたりする傷から細菌が入って二次的な感染が起こるのを防ぐ抗生物質、真菌を殺したり増殖を抑える抗真菌剤などが使われます。

　外用療法に使われる薬には、軟膏、クリーム、ローションがあります。それぞれ使用目的に応じて、ステロイド剤、抗生物質、抗真菌剤などが含有されています。しかし、犬や猫の場合は被毛が密であることと、なめとり飲み込んでしまう問題があるため、使用が制限されてきました。通常は顔面などのなめとられない部位に使用しますが、最近は、ローションを基材としたスプレー形式のステロイド製剤が発売されています。欧米での使用実績と効能が優れているため、今後はスプレー型の外用剤の使用が増えると予想されます。

　外用剤は使用の制限があるため補助的治療として使用されてきたのに対して、動物の皮膚病で主要な治療手段となっているのが、薬浴です。ただし薬浴といっても薬液に浸すのではなく薬用シャンプー剤を使用する方法を指します。薬用シャンプーを使うときには、看護動物の皮膚疾患に有効な製剤を選択し、適切に使用することが大切です。薬用シャンプーには、皮膚の乾燥を防いで角質層の水分を維持し、刺激物質や抗原などの侵入を防ぐための保湿性シャンプー、過剰な角質や脂質を除去し表皮の代謝機能を改善する角質溶解性（脂

質溶解性）シャンプー、細菌の増殖抑制のための抗菌性シャンプー、角質層のセラミドなどの脂質除去を抑制したアトピー性皮膚炎用のシャンプーなどがあります。

　また、通常のシャンプーの方法との違いもしっかりと把握しておきましょう。薬用成分を加えた薬用のシャンプーであるため、泡立ちは通常のシャンプーとは異なります。シャンプーの種類によっては手袋をして、まず症状の進行している部位から洗い始めてください。1回目のシャンプーで洗浄し、2回目のシャンプーでは5〜10分かけて薬用成分を皮膚に馴染ませるように心がけます。このような使用方法を飼い主家族にしっかりと伝えましょう。なお、使用後は皮膚の状態の観察を忘れずにおこなうようにします。

❹保湿剤について

　シャンプー後は、汚れやフケ、アレルゲンなどと共に皮膚表面の皮脂膜、皮膚バリア機能に寄与する角質層内の脂質や天然保湿因子も洗い流されてしまいます。薬用シャンプーを使用しているような皮膚疾患がある場合は、獣医師が保湿剤が必要かどうかを判断するでしょう。保湿が必要な場合は、リンス剤やセラミドなどを含有した機能性保湿剤などを塗布して保護をします。

❺副腎皮質ステロイド剤の使用について

　そう痒や炎症、免疫を抑えるための副腎皮質ステロイド剤があります。短時間作用性、中時間作用性、長時間作用性があり、抗炎症作用の強さに違いがあります。注射や内服薬として投薬しますが、炎症を起こしている場所以外にも全身に作用してしまうために副作用に注意する必要がある薬剤です。症状は劇的に良くなりますが、長期間あるいは大量に投与すると医原性の副腎皮質機能亢進症や易感染状態、消化性潰瘍を起こすなど副作用がみられる場合があります。

　外用剤では、患部では強い効果を示すものの、体内に吸収されると分解され、低活性の物質にかわるように分子構造に手を加えられ、全身性の副作用が少なくなるように開発された薬（アンテドラッグ）が使用される機会が増えています。全身性の副作用が出にくいものの、局所である皮膚にはステロイド皮膚症が生じることがあります。しかし、むやみにおそれる薬ではありませんので、慎重に使用する薬剤であることを理解しておきましょう。

❻食物アレルギーの治療としての処方食の考え方

　低アレルゲン食は10〜12週間続ける中で、症状が改善するか観察します。手作り食の場合は一つのたんぱく源とひとつの炭水化物源を用いて作りま

す。その中には、以前使用したことがある調味料は用いません。また、間食として、ジャーキーやトリーツなども一切与えません。気を付けなければならないのは、味付けしたフィラリア薬やそのほかの薬剤も単純な剤型へ変更する必要があることです。手作り食は煩雑なため各フードメーカーから販売されている低アレルゲンの処方食を用いることが多いでしょう。また、犬では、アレルゲンとして牛肉と乳製品がもっとも一般的です。これらの食品を抜くことからはじめるのも良いでしょう。他のアレルゲンとして、鶏、卵、大豆、コーン、小麦などが知られています。現在のところ、皮内検査や抗原特異的IgE検査の結果から食物アレルゲンを同定することは推奨されていません。

索　引

[あ]

アトピー性皮膚炎　　178, 184, 185, 201, 226, 232, 236, 242~244, 248
アドレナリン　　45, 66, 129
アポクリン腺　　185
アミラーゼ　　91
アルドステロン　　83, 129, 133
アルブミン　　40, 91, 95, 98, 109, 147
アレルギー検査　　185, 231, 242
アレルギー性皮膚炎　　178, 184, 185, 226, 227, 232, 241, 242
アンギオテンシン変換酵素阻害薬　　77, 83, 116, 126
胃　　31, 66, 90~93, 96, 98~100, 111, 136
胃炎　　92, 111, 126
胃潰瘍　　92, 116
威嚇まばたき試験　　190, 196, 200
陰茎　　11, 124, 208, 209
飲水　　67, 70, 75, 122, 124, 127, 134, 135, 137, 146, 147, 152, 160, 173, 220
インスリノーマ　　94, 139
インスリン　　129, 136~141, 147~150
インターフェロン　　103, 243
咽頭　　40, 49, 98, 177, 192, 193
陰嚢　　208, 209, 211, 214
ウッド灯検査　　179, 229, 235, 237, 240, 242
会陰ヘルニア　　107
エストロゲン　　129, 208, 210, 211, 232
嚥下　　48, 98, 193
嚥下障害　　98
横隔膜　　35, 37, 38, 44, 45, 48, 88
黄体期　　147, 211
黄体形成ホルモン　　129
黄体ホルモン　　209
黄疸　　66, 74, 95

嘔吐　　21, 30, 45, 47, 48, 50, 66, 69, 72, 90, 92~97, 99, 101~105, 107, 111, 112, 114, 116, 117, 119, 123, 126, 130, 131, 135, 136, 142, 143, 146, 147, 149, 152, 171, 172, 212, 213, 219, 220

[か]

外耳炎　　170, 177, 181, 183~186, 195, 196, 226, 227, 237, 239, 241, 242, 244
疥癬　　178, 184, 224, 225, 227, 228, 234, 236, 238, 240
回腸　　90
外鼻孔　　46, 50, 193, 192
外分泌　　91, 94~96, 128
化学療法　　46, 47,
拡張型心筋症　　64, 68
角膜　　187~189, 191~193, 194, 196, 197, 199, 200~207, 227
可視粘膜　　36, 74, 116
下垂体　　128, 129, 134, 135, 138, 145, 146, 149
ガストリノーマ　　94
滑膜　　16, 24, 31
カリシウイルス感染症　　92, 201
眼圧　　188, 193, 194, 198, 200~203
眼瞼反射　　99
肝酵素　　95, 133, 134, 143, 164, 165
眼振　　156, 171
乾性角結膜炎　　196, 197, 200, 201
関節炎　　24, 29
関節可動域　　20, 22, 24, 26, 27, 31, 32, 174
関節軟骨　　11, 16, 22, 31
肝臓　　61, 74, 90, 91, 93, 95, 96, 98, 131, 136, 139, 142, 147
眼底検査　　193, 194, 198, 202
気管虚脱　　50
偽妊娠　　209
急性腎不全　　110, 111, 113, 116
急性膵炎　　94

強心薬　66
胸水　69, 84, 85, 87, 94, 98
胸椎　12, 153, 166
去勢　137, 208, 209, 217, 221, 234, 236, 238
巨大結腸症　107
巨大食道症　92, 96, 99, 100
空腸　90
クッシング症候群　134, 135, 145~147, 227
クモ膜　152, 166
グルタラール　104
クレアチニン　109, 113, 147
下血　93
血圧　42, 51, 54, 59, 66, 74, 77, 78, 83, 84, 87, 88, 109, 116, 120, 129, 131, 132, 142, 143, 158, 162, 174
血色素尿　74
血清クレアチニン（CRE）　112, 147
結石　110, 113, 121, 123, 124, 127
血中尿素窒素（BUN）　113
結腸　91, 107
血尿　112, 118, 119, 121, 123, 211, 214, 216
血便　93, 94, 102, 105
結膜　187~189, 190~192, 196~203, 205~207, 227, 244
ケトン体　137, 147
下痢　30, 66, 90, 91, 93, 94, 96, 97, 102, 104~108, 111, 117, 130, 131, 135, 136, 142, 143, 146, 147, 174, 212, 213
原尿　109
原発疹　246
抗炎症薬　45, 198, 199
交感神経　38, 45, 59, 78, 107, 149, 151, 152, 202, 203
抗菌薬　45, 110
抗菌薬反応性腸症（ARE）　93
高血圧症　77, 83
虹彩　187~189, 191, 200, 202~204
高脂血症　60
口臭　111, 116
甲状腺　49, 99, 128~132, 138, 142~144, 149, 179, 185, 196, 198, 227, 232, 235~237, 239~242

甲状腺機能亢進症　130~132, 142, 144, 240
甲状腺機能低下症　49, 99, 130~132, 144, 145, 179, 185, 196, 198, 227, 232, 235~237, 239, 241, 242
甲状腺ホルモン　129~132, 138, 142~144, 149, 198, 242
抗真菌薬　185
喉頭　49, 50
喉頭麻痺　49
抗ヒスタミン薬　126, 243
交尾排卵　209
誤嚥性肺炎　92, 96, 97, 100, 101, 106
股関節形成不全　19, 25, 227
呼吸抑制　45
骨折　16, 19, 25, 32, 33, 166, 172
鼓膜　177, 180, 183, 184, 186, 195, 206
コリンエステラーゼ阻害剤　100
コルチゾール　129, 133~136, 145, 146, 147, 242

[さ]

細菌培養　19, 179, 182, 183, 196, 197, 199, 229, 230, 235, 236
サイロキシン　129~132, 138, 142, 144, 241
左室肥大　69, 77
左心不全　64, 65
三尖弁　69, 74, 76, 78
散瞳　162, 187, 191, 194, 201, 202, 205
次亜塩素酸　104
ジアルジア　95
子宮蓄膿症　210~212, 219
耳鏡　170, 180~184
軸椎　12
耳垢検査　185
歯周炎　92
視床　152
視床下部　128, 129, 138, 149, 152, 162
糸状虫症（フィラリア症）　71, 74, 75
歯石症　92
舌　36, 37, 41, 43, 54, 92, 98, 100, 111, 154, 177, 192
膝蓋骨脱臼　26, 227
失神　22, 42, 50, 65, 69, 74, 81, 82

251

歯肉炎　　　92, 98
しぶり　　　93, 216
斜頸　　　158, 171〜173
重症筋無力症　　　99, 100
十二指腸　　　90, 91, 136
羞明　　　190, 200〜202
縮瞳　　　162, 171, 187, 203, 205
瞬膜　　　171, 187, 189, 196, 197, 201, 202
消化器型リンパ腫　　　95
症候性てんかん　　　163, 164
脂溶性ビタミン　　　91
小腸　　　90, 91, 93, 94, 98, 106, 107
小脳低形成　　　103
食事管理　　　24, 26, 114, 126, 127, 141
食事反応性腸症（FRE）　　　93
食道　　　90, 92, 93, 96〜100
食道狭窄　　　99
自律神経　　　60, 151, 154
心外膜　　　58, 60
心筋　　　31, 54, 58〜60, 64, 66, 68〜71, 78, 86, 103, 154
真菌培養　　　179, 229, 230
神経学的検査　　　157, 163, 166, 168, 170
心雑音　　　51, 64, 66, 77, 79, 131, 142
心室中隔欠損症　　　76, 79
人獣共通感染症　　　232
振戦　　　79
腎臓　　　83, 93, 109〜116, 126, 127, 132, 133, 140, 143, 147
心電図検査　　　51, 64, 123, 212, 213
浸透圧利尿薬　　　203
真皮　　　222〜224, 226, 240
腎不全　　　83, 110, 111, 113, 114, 116, 121, 126, 127, 132, 143, 219, 220
随意筋　　　31, 152
膵炎　　　94〜96, 147
膵外分泌不全症（EPI）　　　94〜96
水晶体　　　187〜189, 191, 194, 195, 197, 198, 200〜202, 204
膵臓　　　90, 91, 94, 96, 129, 136, 137, 139
髄膜　　　37, 152, 153
膵リパーゼ免疫活性（PLI）　　　95
ストルバイト　　　123, 127
スリットランプ　　　191〜193, 197, 201
スリル　　　66, 77〜79

精液検査　　　216
生検　　　46, 113, 179, 183, 210, 211, 218, 230, 235〜237, 240
性行動　　　152
精子　　　208, 211
生殖器　　　70, 129, 208〜212, 214, 216, 221
性腺刺激ホルモン　　　129
性腺刺激ホルモン放出ホルモン　　　129
精巣　　　208〜211, 214
精巣下降　　　208
成長ホルモン　　　128, 129
脊髄　　　10, 151〜154, 157, 158, 163, 166〜169
赤血球　　　10, 20, 35, 51, 79, 95, 103, 119
セルトリ細胞腫　　　210
潜在精巣　　　209〜211
前十字靱帯断裂　　　29
仙椎　　　12, 153
前庭疾患　　　158, 170〜172
前立腺　　　113, 208, 210, 211, 214, 216, 217
造影剤　　　71, 78, 96, 166
僧帽弁　　　61, 64, 65, 67, 69, 71, 76
測尺障害　　　103
続発疹　　　246

[た]

タール便　　　93
対光反射　　　152, 162, 190, 196
第三眼瞼　　　187, 189
大腸　　　90, 91, 93, 94, 106, 107, 108
脱水　　　21, 35, 71, 91, 93, 94, 96, 97, 102〜105, 108, 110〜112, 114, 117, 119, 120, 126, 127, 137, 139, 146〜148, 167, 202, 203, 213, 221
多発性筋炎　　　99, 100
タペタム　　　187
胆汁　　　90, 91, 95, 106
短頭種気道（閉塞）症候群　　　50
蛋白喪失性腸症　　　94
蛋白尿　　　121, 123
チアノーゼ　　　20, 36, 43, 48, 49, 52, 55, 59〜61, 65, 76, 77, 79, 85, 100
チェリーアイ　　　196, 197
肘関節形成不全　　　24

中枢神経系　　22, 45, 149, 151, 152, 154, 158, 172
腸閉塞　　94, 96
直腸　　91, 106, 210, 214, 216
直腸検査　　210, 214, 216
椎間板ヘルニア　　17, 166～169
低血糖　　137～139, 141, 148～150, 163
てんかん　　158, 159, 163～166
点眼薬　　195, 196, 198, 202, 203, 205, 206
天疱瘡　　178, 179, 201, 232, 235, 237, 240
糖尿病　　37, 136～138, 141, 145, 147, 148, 237, 239, 240
洞房結節　　86
動脈管開存症　　76, 77
動揺病　　93
トキソプラズマ　　158
特発性てんかん　　163
吐出　　92, 93, 96, 97, 99～101
トリコモナス　　95
トリプシン　　91, 95
トリプシン様免疫活性（TLI）　　95
トリヨードサイロニン　　129, 130, 138
ドロワーサイン　　29

[な]

内耳炎　　170, 183, 196
軟口蓋　　50
軟膜　　152
ニキビダニ　　225, 227, 228, 238, 239
乳腺癌　　211, 218
乳腺腫瘍　　209, 211, 213, 215, 218, 221
乳糜胸　　84
尿　　21, 44, 45, 61, 66, 69, 76, 83, 98, 104, 109, 111～127, 129, 130, 133～136, 139～142, 145～148, 160, 161, 168, 174, 212～214, 216, 217, 219
尿管　　109, 110, 112, 113, 118
尿検査　　112, 113, 116, 121～124, 134, 135, 137, 147, 170, 214, 216
尿失禁　　112, 118, 119, 126, 161
尿石症　　119, 123, 127
尿沈渣　　112, 113, 121, 123
尿糖　　136, 137, 141, 147

尿道　　109, 110, 112, 113, 119, 123, 124, 126, 193, 217
尿毒症　　111, 112, 115, 116, 119, 120, 123, 124, 126, 127, 212
尿比重　　112, 113, 116
尿量　　61, 67, 70, 75, 113, 114, 120, 124, 127, 129, 135, 136, 218～220
尿路閉塞　　110, 113, 119, 123
猫下部尿路疾患（FLUTD）　　112, 113
猫喘息　　48
ネフロン　　109, 111, 115
捻髪音　　24, 29, 41, 51
脳脊髄液　　152, 157
膿皮症　　130, 144, 147, 179, 225～227, 231, 234～244
ノルアドレナリン　　66, 129

[は]

肺循環　　51, 59
肺水腫　　51, 65, 69, 74
肺動脈狭窄症　　76, 78
排尿障害　　112, 121, 123, 126, 214
排尿痛　　121, 123
白内障　　136, 147, 148, 188, 191, 194, 195, 201
跛行　　26, 27, 29, 72, 73, 216
バソプレシン　　129
バリウム　　96, 99
パルスオキシメーター　　43, 54
パルボウイルス　　95, 102～104
パンティング　　29, 37, 41, 134, 145
汎白血球減少症　　102
皮疹　　178, 224～226, 232, 235, 240, 242, 246
ヒゼンダニ　　182, 184, 225
肥大型心筋症　　68, 69, 71
避妊　　137, 147, 214, 218～221, 234, 236, 238
皮膚糸状菌　　178, 179, 228, 229, 230, 234～237, 239, 240, 242
皮膚生検　　179, 230, 235～237, 240
皮膚掻爬検査　　178, 184, 227, 234, 236, 238, 239, 240
標準予防策（スタンダードプリコーション）　　104

ビリルビン	95
貧血	46, 74, 102, 103, 105, 111, 116, 117, 126, 131, 144
頻尿	112, 121, 123, 209, 217,
ファモチジン	103
フィラリア	74, 75, 249
副交感神経	38, 107, 151, 152, 203
副腎皮質機能亢進症	134, 145~147, 185, 232, 235, 237, 239, 241, 242, 248
副腎皮質機能低下症	99, 110, 135, 146, 179
副腎皮質刺激ホルモン	128, 129
腹水	65, 68~70, 74, 76, 78, 87, 94, 98
浮腫	20, 30, 32, 42, 49, 61, 66, 68, 70, 74, 76, 83, 87, 98, 111, 161, 174, 188, 197, 200~202, 218, 241
不整脈	45, 64, 66, 69, 70, 76, 78, 81, 82, 111, 158, 220
ブリストル大便スケール	106
プレドニゾロン	45, 49, 100
プロゲステロン	129, 208, 209, 220
プロラクチン	128, 129
変形性関節疾患	27
便失禁	108
膀胱	109, 110, 112, 113, 118, 119, 121, 123, 124, 126, 160, 168
膀胱炎	44, 113, 118, 121, 123, 124, 127, 137, 147, 214, 227
膀胱結石	113, 121, 123
膀胱破裂	110, 113, 119, 120, 124
ボディーコンディションスコア（BCS）	21

[ま]

マイボーム腺	187, 191, 197
末梢神経	10, 151, 154, 166
マラセチア	179, 184, 185, 224~228, 231, 234, 236, 237, 239, 240, 242, 243
マロピタント	103
慢性腎不全	83, 110, 111, 114, 116, 126, 127
慢性腸症（CE）	93, 96
ミクロフィラリア	74, 75
ミネラル	123, 126

ミミヒゼンダニ	182, 184
ムチン	24, 191, 192, 197, 198, 206,
眼脂	196, 197, 204
免疫抑制薬反応性腸症（IRE）	93, 95
免疫力	40, 102, 117, 124
盲腸	91
毛包虫	178, 225, 228, 234~241
網膜萎縮	202
網膜剥離	194, 201
門脈体循環シャント（PSS）	95

[や]

幽門狭窄	96

[ら]

ラットテール	130
理学療法	24, 25, 28, 30, 174
利尿薬/利尿剤	66, 69, 70, 75~78, 83, 126, 203
リパーゼ	91
緑内障	188, 193, 196, 198, 200~203
リンパ管拡張症	84, 94, 95
リンパ腫	46, 92~96, 235, 237, 240
涙液量検査	190, 196, 200

[わ]

ワクチン	97, 102~104, 196, 211

[A-Z]

ACTH 刺激試験	100, 135, 145, 146
ALP	95, 131, 134, 135, 142, 145, 219
ALT	95, 131, 134, 142, 145, 147
AST	95, 100, 131, 134, 142
BUN	112, 114~117, 119, 123, 126, 131, 142, 143, 147, 219
CRE	112, 114, 116, 117, 119, 123, 126, 131, 142, 143, 219,
CRH	128, 129
CRP	47, 100, 218
fT4	130, 131, 138, 144
GGT	95
PCR	95, 102
T3	129, 130
T4	100, 129~133, 142~144, 241

おわりに

　2009年4月、わが国において初めての動物看護職の職能団体となる一般社団法人日本動物看護職協会が発足し、「動物看護者の倫理綱領」が策定されました。この綱領では、動物看護の目的とは多様な環境に生存する多様な動物種を対象として、動物の健康の保持と増進、病気の予防と動物医療の補助に努め、動物たちが健やかな一生を全うするように援助することである、と定められています。また、動物看護職は動物医療の最前線で活動する専門職であり、言葉を持たない動物たちが何を望んでいるのかを常に考え、動物たちの思いに応えなくてはならない、とも書かれています。

　著者自身は、動物看護とはすべての健康レベルの動物に対して健康を保持増進できるようにすることだと考えています。病気を患っているときは、動物の生命および体力を守り、入院生活環境を整え、日常生活への適応を援助し、早期に活動できるように支援します。看護動物の生活に大きな影響を与えている飼い主家族の支援もおこないます。看護動物が死に臨む場合には、"平和な死"への援助をすることも大切です。「安楽死」という選択肢を動物福祉の観点から考え、残される飼い主家族の心理も理解しておかなければならないでしょう。このように、すべての健康レベルへの援助をしていくことが「動物看護の目的」であるといえます。

　現在、獣医療における動物看護師の役割は、ヒトの医療における薬剤師、栄養師、臨床検査師、歯科衛生士、診療放射線技師、保健師の活動領域など、多岐にわたっています。しかも、動物看護師は看護動物の飼い主家族も対象にして看護を実践する専門職としての役割を果たしています。こうした状況を鑑みるに、早急に動物看護の本質を明らかにし、動物看護学を確立すること、さらに動物看護師法といった法律が立法されることが必要になっていると思います。本書が動物看護学のさらなる進展のための一歩となり、安心して獣医療を受けたいという飼い主家族・社会の要望に応える一助になれば幸いです。

2012年3月

執筆者を代表して
松原孝子

■日本獣医生命科学大学　獣医保健看護学科　臨床部門

　日本獣医生命科学大学獣医学部獣医保健看護学科は、平成17年度に設置された。獣医保健看護領域の学問として、動物看護、公衆衛生、動物保健衛生・管理、動物のトレーニングまで幅広い知識と技術を習得し、先端獣医療に対応できる動物看護師や獣医保健衛生分野の専門技術職の育成を目指している。臨床部門では、伴侶動物の看護学を中心として、臨床動物看護学、臨床栄養学、臨床検査学、臨床動物行動学などの分野の研究を行っている。獣医学部の中に実践能力の高い獣医保健・看護職を育成する日本で初めて設置した4年制学科である。

疾患別動物看護学ハンドブック

Midori Shobo Co.,Ltd

2012年4月20日　　第1刷発行
2020年4月1日　　　第3刷発行

編著者　　日本獣医生命科学大学　獣医保健看護学科　臨床部門Ⓒ

発行者　　森田　猛

発行所　　株式会社　緑書房
　　　　　〒103-0004
　　　　　東京都中央区東日本橋3丁目4番14号
　　　　　ＴＥＬ 03-6833-0560
　　　　　http://www.pet-honpo.com

印刷所　　アイワード

ISBN 978-4-89531-027-7　Printed in Japan
落丁、乱丁本は弊社送料負担にてお取り替えいたします。

本書の複写にかかる複製、上映、譲渡、公衆送信（送信可能化を含む）の各権利は株式会社緑書房が管理の委託を受けています。

JCOPY 〈(一社)出版者著作権管理機構 委託出版物〉
本書を無断で複写複製（電子化を含む）することは、著作権法上での例外を除き、禁じられています。本書を複写される場合は、そのつど事前に、（一社）出版者著作権管理機構（電話03-5244-5088、FAX03-5244-5089、e-mail：info @ jcopy.or.jp）の許諾を得てください。
また本書を代行業者等の第三者に依頼してスキャンやデジタル化することは、たとえ個人や家庭内の利用であっても一切認められておりません。